Roland Paskoff et les littoraux : regards de chercheurs

Photographie de couverture : Roland Paskoff, Tunisie, 2004

5-7, rue de l'Ecole polytechnique ; 75005 Paris

http://www.librairieharmattan.com
diffusion.harmattan@wanadoo.fr
harmattan1@wanadoo.fr

ISBN : 978-2-296-13264-1
EAN : 9782296132641

Direction scientifique et coordination
Virginie DUVAT, Yvonne BATTIAU-QUENEY,
Christine CLUS-AUBY et Marie-Claire PRAT

Roland Paskoff et les littoraux : regards de chercheurs

L'Harmattan

Collection Milieux naturels et Sociétés
– Approches géographiques –

Cette collection des éditions de l'Harmattan consacrée aux interactions entre les milieux naturels et les sociétés entend privilégier les approches géographiques de ces phénomènes. Des vallées montagnardes aux espaces littoraux, des zones urbaines aux grandes plaines alluviales, des forêts tropicales aux régions volcaniques, les milieux les plus divers sont concernés dès lors qu'ils ont à supporter une emprise humaine. Il s'agit de comprendre comment l'Homme agit sur son environnement en modifiant, volontairement ou non, la dynamique naturelle des espaces qu'il occupe et de montrer comment ces impacts s'opèrent et se répercutent à différentes échelles spatiales. Destinée à un public de chercheurs, universitaires et étudiants, la collection est ouverte à tout ouvrage, manuel, thèse, HDR, synthèse de colloque ou de programme de recherche répondant à cette thématique.

P. Durand et L. Goeldner-Gianella

Ouvrages de la même collection

CAZES-DUVAT Virginie, PASKOFF Roland, 2004, *Les littoraux des Mascareignes entre nature et aménagement*, L'Harmattan, coéd. Université de la Réunion.

DURAND Paul, GOELDNER-GIANELLA Lydie (éd.), 2005, *Milieux littoraux. Nouvelles perspectives d'études.*

CHADENAS Céline, 2008, *L'Homme et l'oiseau sur les littoraux d'Europe.*

ANDREU BOSSUT Vincent, 2008, *La nature et le balnéaire. Le littoral de l'Aude.*

MARRINER Nick, 2009, *Géoarchéologie des ports antiques du Liban.*

PREFACE

Virginie DUVAT*
* *Professeur de Géographie, UMR LIENSs,*
Université de la Rochelle-CNRS 6250

Publications et activité scientifique de Roland Paskoff

De 1957 à 2007 en raison de quelques écrits à titre posthume, Roland Paskoff a été l'auteur ou le co-auteur de plus de 330 publications dont une quinzaine d'ouvrages. Sa bibliographie témoigne, d'une part, de son rayonnement international et d'autre part, de sa capacité à allier publications scientifiques et travaux de vulgarisation à destination des acteurs du littoral et du grand public.

La liste de ses écrits fait d'abord apparaître deux grandes régions d'investissement scientifique qui correspondent à deux périodes majeures de sa vie (fig. 1). La première est centrée sur le Chili, où Roland Paskoff a occupé un poste de Professeur à l'Université du Chili à Santiago (1962-1971), et elle s'étend, bien au-delà, de la chaîne des Cascades aux Andes méridionales sans oublier, au centre de l'océan Pacifique, la fabuleuse île de Pâques. Sur cet espace, on recense 94 publications dont plus de la moitié a été écrite entre 1963 et 1979, et dont la majorité traitent des recherches géomorphologiques qui ont permis à Roland Paskoff de soutenir, en 1969, sa thèse de doctorat intitulée *Le Chili semi-aride, recherches géomorphologiques.* Après avoir quitté le Chili, Roland Paskoff a continué à y effectuer des missions régulières, ce qui explique qu'il ait publié sur ce pays jusqu'à la fin de sa vie, donnant à ses textes une orientation plus strictement littorale à partir des années 1980. En 1975, s'ouvre une seconde période, tunisienne, riche de près de 90 publications. Depuis l'Université de Tunis où il exerça la fonction de Professeur de 1971 à

1985, Roland Paskoff rayonna sur une partie de la Méditerranée, comme l'illustrent ses écrits sur les côtes de l'Italie, du Liban, de la Sardaigne, de la Corse, de Malte et de l'Albanie. S'y ajoutent quelques textes de synthèse sur les littoraux méditerranéens. Après son retour en France, où il a occupé de 1985 à 1999 un poste de Professeur à l'Université Lumière à Lyon, Roland Paskoff est régulièrement retourné en Tunisie, ce qui lui a permis de continuer à écrire sur les littoraux de ce pays. Il s'est aussi intéressé à d'autres rivages, dont ceux d'îles de l'océan Indien occidental (Mayotte en 1984, les Seychelles et les Mascareignes entre 2002 et 2005).

À côté de ces publications consacrées à des régions spécifiques, sa bibliographie est riche de plus de 80 textes traitant de grandes questions, comme l'érosion des plages, l'aménagement et la gestion des littoraux, la formation et la protection des dunes, ou encore le changement climatique et l'élévation du niveau de la mer.

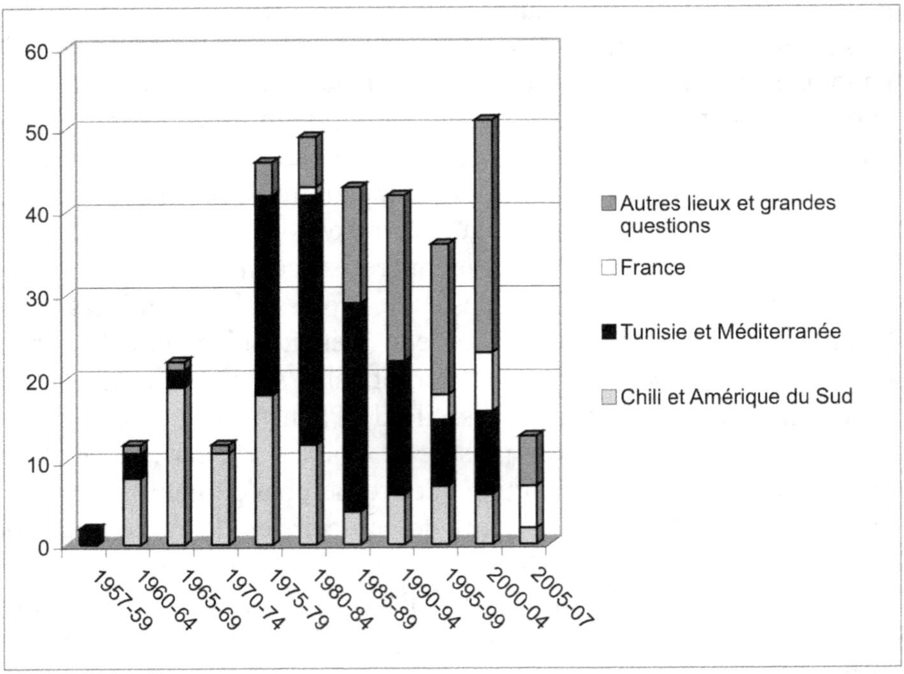

Fig. 1 – Répartition des publications scientifiques de Roland Paskoff
***Fig. 1** – Distribution of Roland Paskoff's scientific publications*

La nature de ses publications est très diverse. L'on recense cinq ouvrages majeurs qui ont valeur de manuels, *L'érosion des côtes* (1981), *Les littoraux : impacts des aménagements sur leur évolution* (3 éditions, datées de 1985, 1994 et 1998), *Côtes en danger* (2 éditions, datées de 1993 et 2004), *L'élévation du niveau de la mer et les espaces côtiers* (2001), et *L'érosion des plages : les causes, les remèdes* (2007), co-écrit avec Christine Clus-Auby. Il faut y ajouter une dizaine d'ouvrages, soit spécialisés sur une région en particulier, comme ceux qui portent sur la Tunisie ou le Chili, soit destinés au grand public, comme les deux petits livres publiés aux éditions Le Pommier, *Jusqu'où la mer va-t-elle monter ?* (2004) et *Les plages vont-elles disparaître ?* (2005). Par ailleurs, Roland Paskoff a écrit de nombreux articles scientifiques dans un large panel de revues internationales et produit des textes dont les formats sont extrêmement variés : comptes-rendus de la Société géologique de France et de l'Académie des sciences, articles dans des revues scientifiques à grande diffusion (une dizaine dans *La Recherche* et *Pour la Science*) et dans les quotidiens nationaux (*Le Monde, Le Figaro, Libération...*), chapitres d'encyclopédies, comme l'*Encyclopédie Universalis* et l'*Encyclopedia of Coastal Science* dirigée par M. L. Schwartz.

Roland Paskoff se distingue aussi par le caractère international de sa carrière. Ses longs séjours au Chili et en Tunisie lui ont permis, non seulement de développer de nombreuses collaborations, dont témoigne la longue liste des chercheurs avec lesquels il a publié, mais aussi de participer à des programmes de recherche importants, en particulier dans le domaine de la géoarchéologie méditerranéenne. Mais son rayonnement international va bien au-delà. Il s'est construit sur la base d'une ouverture précoce sur les États-Unis et d'une forte implication dans les débats internationaux relatifs aux questions côtières. En effet, dès 1970, il réalisait un premier séjour d'enseignement et de recherche aux États-Unis, qui fut suivi par trois autres, en 1974, en 1976 et en 1988. Ces séjours lui permirent de nouer des contacts importants et d'enrichir sa vision des problèmes côtiers, en particulier dans le domaine du traitement de l'érosion des plages. Parallèlement, il s'impliqua fortement dans les activités de la Commission sur l'environnement côtier de l'Union géographique internationale dont il fut le Président de 1984 à 1992 et dans celles de l'European Union for Coastal Conservation (EUCC). C'est ainsi qu'il devint, en 1999, membre du bureau directeur de la Coastal Education and Coastal Research Foundation (USA) au regard des « mérites [qu'il a] acquis dans la protection du littoral ». L'implication de Roland Paskoff dans les travaux de la Commission sur l'environnement côtier de l'Union géographique internationale l'amena à signer des articles ou des ouvrages avec des chercheurs renommés, tels que E. Bird (Australie), N. Psuty (États-Unis) et D. Kelletat (Allemagne). Ses principaux écrits, en particulier ses ouvrages, reflètent bien l'état des débats internationaux sur la question de l'érosion côtière dans les décennies 1970 à 1990.

L'activité internationale de Roland Paskoff se lit également à son intégration aux comités de rédaction de nombreuses revues : *Journal of Coastal Research* (États-Unis), *Bulletin de la Société de Géographie de Liège, Thalassas* (Espagne), *Estudos de Quaternário* (Portugal), *Revista de Géologica de Chile* (Chili)...

La liste des pays dans lesquels Roland Paskoff s'est rendu en tant que chercheur ou que consultant, en particulier pour le compte de l'UNESCO, s'étend à tous les continents : l'Afrique (Maroc, Lybie, Algérie, Togo, Ghana, Côte d'Ivoire, Sénégal), l'Europe et ses marges orientales et méridionales (Israël, Albanie, Bulgarie, Malte, Russie, Estonie, Yougoslavie, Liban, Finlande, Irlande, Pays-Bas, Belgique, Pologne, Danemark, Allemagne, Italie, Angleterre, Suède, Norvège, Espagne, Italie, Portugal), l'Amérique (États-Unis, Canada, Bolivie, Pérou, Guatemala, Mexique, Brésil, Chili), l'Asie (Chine, Singapour, Thaïlande, Japon) et l'Océanie (Australie, Nouvelle-Calédonie), un certain nombre de pays ayant fait l'objet de plusieurs missions. La vision planétaire des littoraux que s'est forgé Roland Paskoff est bien retranscrite par la diversité de l'iconographie mobilisée dans ses ouvrages.

À son retour en France en 1985, Roland Paskoff s'intéressa aux littoraux français qu'il arpenta aussi, à partir de 2000, dans le cadre des ateliers de terrain de l'EUCC-France qu'il créa. Sa photothèque personnelle témoigne ainsi d'excursions en Corse en 1985, 1986 et 1996, à Nice en 1986 et 1991, en Normandie en 1990, 1994 et 2002, sur les côtes du Languedoc en 1998, en Charente-Maritime en 2001 et 2004, sur la presqu'île de Giens en 1986 et 1989, en Aquitaine en 1983 et 2004, en Bretagne en 1986, 1987, 1999 et 2000. Sa remarquable connaissance des littoraux français lui a permis de jouer un rôle central dans l'orientation des politiques d'aménagement et de gestion du littoral d'acteurs majeurs, comme le Ministère de l'environnement et de l'aménagement du territoire ou le Conservatoire du littoral et des rivages lacustres dont il fut membre du Conseil scientifique pendant une dizaine d'années.

Philosophie et objectifs de cet ouvrage

Roland Paskoff n'appréciait pas le principe de l'ouvrage d'hommage classique composé de textes présentant les travaux de leurs auteurs. Il considérait que ce type de livre n'a pas grande signification, car il existe en général bien peu de liens entre les articles qu'il contient et le chercheur qu'ils sont censés honorer. Il y avait là une première raison de ne pas réaliser ce genre d'ouvrage. Par ailleurs, le rayonnement scientifique de ce grand géomorphologue français et la diversité des thématiques littorales qu'il a abordées au cours de sa carrière, qui a débuté par des travaux de géomorphologie structurale pour évoluer vers l'analyse des relations Homme/Nature à travers les thématiques de l'érosion des côtes et de l'élévation contemporaine du niveau de la mer, invitait à concevoir un type d'ouvrage qui mette en évidence cette richesse.

Peu après son décès, survenu le 14 septembre 2005, il a semblé important de réaliser plusieurs objectifs. D'abord, de retranscrire ce que ses cinquante années de vie scientifique engagée ont apporté à la géomorphologie littorale et à l'évolution de la « philosophie des rivages » en France et dans le monde. Roland Paskoff a fait partie d'une génération qui s'est battue, d'une part, pour que se construise une recherche scientifique internationale (*cf.* texte de N. Psuty ci-après), et d'autre part, pour faire progresser la gestion des côtes grâce à la diffusion des connaissances scientifiques auprès des acteurs. Par son rôle actif sur le terrain et auprès des décideurs, d'une part, et dans les instances internationales (Union géographique internationale et Union européenne de conservation des côtes), d'autre part, il a contribué à ce grand mouvement contemporain qui a permis de rapprocher la science des acteurs et de la société. Cet investissement et les résultats auxquels il a abouti méritent d'être communiqués. Cela a fait de lui un géographe et un chercheur complet, qui doit être connu des jeunes générations qui n'auront pas la chance d'arpenter des littoraux avec lui.

En deuxième lieu, il a paru intéressant de rendre compte à travers ce livre des grands débats scientifiques qui ont animé la géomorphologie littorale au cours des cinquante dernières années. La mise en perspective d'une œuvre comme la sienne permet de le faire.

Enfin, dans le même état d'esprit, il semble important de rappeler que le géographe, ici littoraliste, gagne à être le plus ouvert possible au monde, par la participation à des manifestations internationales, par la réalisation de missions de terrain dans des régions diverses, et tout simplement en vivant et en cultivant sa curiosité. De ce point de vue, Roland Paskoff a assurément été un modèle. Partager des travaux de géomorphologie avec lui ouvrait tout un monde, fait de liberté – il a remarquablement exercé la sienne, à laquelle il tenait plus que tout – d'humour, de curiosité et d'échanges. Il existe différentes façons de vivre sa carrière de chercheur et de concevoir son rôle au sein de la société. Il incarnait une certaine façon de faire de la recherche, celle de l'homme de terrain, du naturaliste engagé, et cela aussi est intéressant à dire.

Ces différentes motivations ont fait naître le projet de cet ouvrage. Il est original en ce qu'il vise à faire connaître les travaux, la pensée et « la philosophie des rivages » de Roland Paskoff tout en les replaçant dans leur contexte et en les mettant en regard avec l'évolution de la recherche sur les questions de géomorphologie, d'aménagement et de gestion des littoraux de ces trente dernières années. Ainsi, cet ouvrage livre non seulement des connaissances, à la fois théoriques et issues de travaux de terrain, mais aussi des réflexions et des positions scientifiques. L'une de ses missions est de discuter certaines postures de Roland Paskoff et de montrer quelle évolution connaît la recherche sur des thématiques et des terrains qu'il a abordés. Par là même, ce livre ouvre un espace au débat.

Il se présente sous la forme d'une succession de chapitres qui regroupent, par aire géographique ou par thème, les grandes questions scientifiques que Roland Paskoff a abordées au cours de sa carrière. Comme le constatera le lecteur, ce livre n'est pas exhaustif, car cela n'était ni réalisable, ni souhaité. La longueur des chapitres qui le composent est inégale, premièrement, parce qu'il a été difficile de réunir des contributeurs compétents et motivés pour s'adonner à l'exercice original et difficile qui avait été défini, et deuxièmement, parce qu'il nous a semblé que certaines questions méritaient davantage de développement que d'autres, en particulier celles qui restent débattues dans les milieux scientifiques et celles qui préoccupent les acteurs. Ce livre n'a en effet pas pour seule vocation de s'adresser à des chercheurs et à des étudiants, il est également destiné aux gestionnaires qui sont soucieux de connaître l'état, à ce jour, des réflexions et des connaissances scientifiques pour pouvoir les mettre à profit dans leur mission d'aménagement et de gestion des littoraux.

Plan de l'ouvrage

En préambule, le lecteur trouvera un texte écrit par Norbert PSUTY qui a très bien connu Roland Paskoff pour l'avoir côtoyé pendant près d'une trentaine d'années. Cette contribution témoigne à la fois de l'investissement international et de la philosophie de la recherche et des côtes qu'avait Roland Paskoff. À ce titre, il donne le ton, de l'homme comme de l'ouvrage.

Cet ouvrage suit ensuite une logique chronologique, présentant d'abord les résultats des travaux effectués par Roland Paskoff sur ses terrains chilien et tunisien, puis ses apports à l'aménagement et à la gestion des littoraux.

Écrit par Marie-Claire PRAT, le premier chapitre, intitulé *Roland Paskoff et le Chili,* analyse les apports des travaux de Roland Paskoff à la connaissance de la géomorphologie du Chili, qui tiennent en particulier à la proposition d'une nouvelle chronologie de l'orogenèse andine et à l'étude des variations quaternaires du niveau marin.

Le deuxième chapitre est consacré aux *Travaux réalisés en Tunisie*. Il est centré sur l'étude chronologique des variations de ligne de rivage. La contribution de Mongi BOURGOU présente la chronologie stratigraphique que Roland Paskoff et Paul Sanlaville ont élaborée à partir de l'étude des variations du niveau de la mer en Tunisie depuis le Tyrrhénien. Le texte d'Ameur OUESLATI la complète en présentant l'intérêt, les résultats et les prolongements récents des travaux de géoarchéologie qui ont été réalisés entre 1987 et 1997 par une équipe transdisciplinaire dont Roland Paskoff a fait partie.

Le troisième chapitre, qui s'intitule *L'intérêt majeur de Roland Paskoff pour les variations du niveau de la mer,* prolonge les deux premiers. Virginie DUVAT propose une synthèse sur la place que les variations du niveau de la mer occupent dans son œuvre. Parce qu'elles constituaient pour lui un facteur fondamental dans la formation et l'évolution des côtes, il les a traitées à différentes échelles de temps, du Quaternaire au XXIe siècle. Au regard du fort intérêt que Roland Paskoff manifestait pour les avancées du Groupe d'experts intergouvernemental sur l'évolution du climat (GIEC), et de la participation qui aurait dû être la sienne aux travaux de l'un de ses groupes, Paolo PIRAZZOLI propose un état actualisé des prévisions d'élévation du niveau de la mer pour le prochain siècle.

Le quatrième chapitre, intitulé *Plages et dunes*, retranscrit les apports théoriques, terminologiques et typologiques de Roland Paskoff sur ces deux composantes majeures et interdépendantes du système littoral. Tout d'abord, Martine AMBERT, Yvonne BATTIAU-QUENEY, Virginie DUVAT et Marie-Claire PRAT présentent la théorie de la pénurie sédimentaire, forgée par Roland Paskoff, et discutent de sa pertinence pour expliquer l'évolution des côtes dans différentes régions. La deuxième partie de ce chapitre, réalisée par Yvonne BATTIAU-QUENEY, Jean FAVENNEC et Helena GRANJA, présente le travail terminologique effectué par Roland Paskoff sur le concept d'avant-dune ainsi que son application à différents milieux côtiers. En dernier lieu, la contribution de Belisario ANDRADE et Hermann MANRIQUEZ expose la typologie des dunes chiliennes que Roland Paskoff a contribué à mettre en place, à partir de l'étude des facteurs de leur formation et de leur chronologie quaternaire.

Le cinquième chapitre, qui s'intitule *Gestion de l'érosion côtière et aménagement des littoraux,* expose la « nouvelle philosophie des rivages » que préconisait Roland Paskoff. D'abord, Mongi BOURGOU rappelle sa contribution majeure à la réalisation d'un diagnostic sur l'érosion des plages en Tunisie. Helena GRANJA présente l'engagement de Roland Paskoff contre les ouvrages lourds de défense des côtes dont elle illustre les effets néfastes par la situation du nord-ouest portugais, avant de dresser un état des lieux des méthodes souples de traitement de l'érosion que prônait Roland Paskoff. Ensuite, Paul DURAND montre les applications que la cartographie prospective de l'évolution du trait de côte, fortement recommandée par Roland Paskoff pour un aménagement durable des littoraux, a connues au cours des dix dernières années. Pour terminer, Catherine MEUR-FÉREC, Valérie MOREL et Christine CLUS-AUBY analysent les pratiques de recherche de Roland Paskoff, au service d'une gestion raisonnée des littoraux.

Le sixième et dernier chapitre, rédigé par Marie-Claude PASKOFF, évoque les *Petites études* réalisées par Roland Paskoff en marge de ses principaux centres d'intérêt, qui illustrent bien l'étendue de sa curiosité.

Que tous les participants à cet ouvrage soient ici chaleureusement remerciés, y compris Pascal BRUNELLO, cartographe de la cellule géomatique de LIENSs (UMR Université de la Rochelle-CNRS 6250), pour la réalisation de nombreuses figures.

ROLAND PASKOFF: HIS CONCERN AND SUPPORT FOR INTERNATIONAL SCIENTIFIC EXCHANGE

Norbert PSUTY*

**Professor in the Departments of Geography, Geological Sciences, and Marine and Coastal Sciences, Institute of Marine and Coastal Sciences, Rutgers, the University of the New Jersey, USA*

I wish to share with you, my interactions, thoughts, and memories of Roland Paskoff, my friend and colleague over several decades in our mutual quest for the interaction of coastal science at the international level. In particular, my focus is on the 12 years, 1984-1996, that I served with Roland on the Executive Board of the Coastal Commission of the International Geographical Union. Additional insights are offered on the Journal of Coastal Conservation and the arena of applied coastal geomorphology, including aspects of global climate change.

Perspective

I first met Roland in 1983 at an International Geographical Union (IGU) Coastal Commission gathering and field symposium in Aberdeen, Scotland. It was fitting that our first encounter was at this meeting because the gathering and the Coastal Commission served as the basis for a long and rewarding association, both personal and professional.

The gathering in Aberdeen was hosted by Bill Ritchie, a member of the Geography Department at the University of Aberdeen, and another long-time associate and member of the IGU Coastal Commission. It was at the initial informal welcoming of the participants that I first sought out Roland. I was especially interested in speaking with him because I had recently participated in a research project in coastal Peru and had been struck by the variety of bedrock platforms and colluvial surfaces that characterized the coastal locations. In my review of the literature on coastal platforms along this coast of South America, I encountered a number of publications by Roland (Paskoff, 1963; Fuenzalida, *et al.*, 1965; Paskoff, 1970, 1972, 1978) and I had a range of questions about features I had seen in Peru and whether he had made similar observations in Chile. Of course, I was also interested in his interpretations of the features and their sequential positions in the coastal setting. The discussion that ensued and the wide range of geomorphological implications were the start of a very long and very rewarding relationship.

Coastal Commission of the International Geographical Union

The IGU Coastal Commission was the vehicle through which I really began to interact with Roland and to share viewpoints on a variety of professional and personal matters. When Roland was asked to become the Chair of the Coastal Commission in 1984, he asked me to be the Secretary (1984-88), later the Vice-Chair (1988-92), and to serve as the editor of the Commission's Newsletter (1984-92). His rationale was that we had many interests in common, we shared a concern for reaching out to the broad international community of coastal scientists, and that English was my first language. He felt very strongly that the Newsletter was the voice of the Commission and that because English was the most common language amongst the members of the Commission, the Newsletter must be composed by someone fluent in the English language. It was likely that he presumed that compiling the Newsletter would be easier for someone comfortable with the language and it was more likely to be produced in a timely manner (he was always concerned with maintaining a steady and reliable appearance of the Newsletter). Up to this time, the Coastal Commission's Newsletter was produced by H. Jesse Walker of Louisiana State University. It was probably no coincidence that I was a graduate of LSU and a personal friend of Jess Walker. That eased the transition in continuing the thrusts that were initiated earlier and maintaining the large mailing list. I was pleased to accept Roland's invitation to be Secretary and later Vice-Chair as well as

Editor of the Newsletter. I had no idea how large a task this would become (at one stage, we reached a maximum of 550 members, all receiving a paper copy of the Newsletter for the entire term Roland was Chair).

The IGU Coastal Commission was a point of pride with Roland. He personally enlisted its members to organize symposia and field excursions. He thought that we had a responsibility to provide opportunities for our colleagues to share our knowledge via these symposia and especially to engage in field excursions (Fig. 2). To Roland, a field excursion was the vehicle to learn about an area from the local researchers. It was a unique opportunity to witness the geomorphological issues and the criteria used by the researchers to conduct their investigations and resolve scientific matters. It was a chance to evaluate the study design and the methodology of data gathering. And, it was an opportunity to be involved in dialogue at the site of the inquiry and also to add a field site to one's experience (Fig. 3). I completely concurred with his evaluation of the role of the Coastal Commission and together we pushed and prodded our Coastal Commission members to organize and lead symposia and field excursions, both in conjunction with IGU meetings and in addition to these meetings. And, to further contribute to the sharing of knowledge, every field symposium during the period when Roland or I chaired the Coastal Commission was accompanied by a professional-quality field guide. There is no doubt that the importance of the field excursion and the quality of the field guide was established by the spectacular product that accompanied the 1983 field symposium (Ritchie *et al.*, 1983) where we first met. That gathering of the Coastal Commission was succeeded by a series of meetings and field symposia under our leadership for the next twelve years. Each was accompanied by excellent guides (Paskoff, 1984; Martin *et al.*, 1986; Marqués, 1986; Hesp and Short, 1988; Moreira, 1989; Kelletat, 1989; Chen, 1990; Augustinus, 1991; Miossec, 1991; Psuty *et al.*, 1992; Kelletat, 1994; Rotnicki, 1994; Chaussade *et al.*, 1995; Augustinus and Terwindt, 1996) and most of the sessions at the meetings led to the collation of the presentations (Paskoff, 1985; Berriane and Laouina, 1993) or to a professional publication in an international journal or refereed book (Vilas and Nombela, 1986;

Fig. 2 – Roland leading discussion of significance of an 11th Century shell midden at the coast during a field excursion, St. Michel en l'Herm, France, September 1984.

Fig. 3 – Roland on the beach and conferring with Profa. M. E. Moreira, University of Lisbon, during a field excursion to Praia de Rocha, Portugal, May 1989.

Euzennat and Paskoff, 1987; Psuty, 1988; Bird and Kelletat, 1989; Paskoff and Kelletat, 1991; Psuty *et al.*, 1992; Miossec, 1994; Rotnicki, 1995; Kelletat and Psuty, 1996; Psuty *et al.*, 2005).

High on Roland's list of worthwhile projects to be undertaken by the Coastal Commission was the compilation of an international bibliography on coastal geomorphology. He regarded this effort as extremely important to the many coastal geomorphologists that did not have access to good libraries (before the advent of electronic search engines) as well as compiling information from the very wide but poorly-known gray literature. It was also an opportunity for the entire membership to contribute information from their home base and to build upon the theme of the international coastal community of scholars. It was a great effort and the compilers were sorely taxed to take the many forms of the references and to create a consistent style as well as an organized data set. Most of the compilations involved some combination of geographical and topical categorization and they tended to cover periods of four years (the length of the terms of the Commission executives). Not surprisingly, Roland was the compiler of one of these bibliographies (Paskoff, 1984). Others that took on this daunting task during our tenure on the Commission and produced professional publications were Araya-Vergara (1986), Sherman (1992), and Kelletat (1996).

Roland and I became very good friends and he tolerated my delays in responding to his many communications and requests (we communicated via Bitnet at the time, an early form of today's email). However, in one case, he said that my manuscript from one of our commission gatherings was tardy and that the collection must move forward. Therefore, he was producing the volume without my contribution. He did so, and I was far more punctual in the future.

When I first became its Secretary, the IGU Coastal Commission had 182 corresponding members receiving the Newsletter. Many of those members shared information about their activities and became family in the worldwide community of coastal scientists. Roland and I regarded our roles as facilitators and instigators. We tried to reach out to members in distant locations who might not have been active otherwise. We found support for them to participate in the Coastal Commission meetings and we encouraged their presentations and manuscripts. We sought their inputs and developed a network to spread the word regarding the Commission. Our pro-active style caused the Newsletter mailing list to crest at about 550. I am very proud of our efforts and accomplishments to facilitate this level of international participation.

Applied Coastal Geomorphology and the Journal of Coastal Conservation

In the late 1980s, I had the privilege of hosting Roland as a visiting Fulbright Scholar at Rutgers University. It was an opportunity to spend time with him in the field, showing him the kind of research I was doing and the input I was providing to the US National Park Service in the arena of coastal resource management. As I recall, Roland was impressed with the direct contact I had with Park management and the guidance that was being given and accepted. That exposure was a theme in 1992 when I led an IGU Coastal Commission field excursion to parts of Gateway National Recreation area and to Fire Island National Seashore (both parts of the US National Park Service). In organizing and leading this field excursion, I was carrying on the philosophical objectives that I had learned from Roland: to share my research with colleagues both in meetings and in the field. We had a very good field experience, with considerable on-site discussion and comparisons, even if it did rain every day.

Issues regarding coastal management were of increasing interest to Roland, he saw a responsibility to speak out as a coastal scientist regarding the changes that were occurring and that were likely to occur at the coast. He was an early contributor to the issues of global change (Paskoff, 1993) and was more recently an advocate of adaptive planning for sea-level rise in France (Paskoff, 2001, 2002, 2004). In these publications, he drew attention to the conditions that had characterized the recent geological past and the vectors of change for the future. I sensed that he was not as concerned about the coastal system as with the lack of response from those who managed the coast. He especially challenged the European agencies to recognize the global change issue and to exercise general management authority toward defined objectives rather than ad hoc solutions. In this regard, he saw the U.S. coastal management program of state responsibility with national leadership as a very appropriate model and one applicable to the European scene.

The creation of the Journal of Coastal Conservation (JCC) as an outlet of the European Union of Coastal Conservation (EUCC) was a logical extension of Roland's sincere concern to publish relevant studies of an applied nature. He and his co-editor, Frank van der Meulen, strove to provide a quality publication focusing on issues of coastal management, shepherding of resources, and coastal decision-making. I was an early member of their advisory board and I saw that manuscripts were expected to attain high standards and to make a contribution. Lengthy dialectics were quickly culled as lacking in both substance and methodology. The quality of the list of contributors to the early issues was impressive. Both Roland and Frank pursued notable practitioners of coastal management and conservation and immediately established the JCC as a journal of high reputation.

In our discussions about global climate change, Roland was less concerned with the harangues of the politicians than he was with the various pronouncements of the scientists. He had observed the effects of sea-level rise in Tunisia whose physical history of coastal development interacted with its cultural history in the Mediterranean (Chelbi *et al.*, 1995; Paskoff *et al.*, 2004). He had studied and reported on the multitude of coastal sea-level stands in Chile (Ota and Paskoff, 1993), and he had drawn attention to the coastal changes in France (Paskoff, 2001). He was convinced. The issue that remained was convincing others. That is why late in his career, he took on the role of "elder statesman" and offered advice and direction in many arenas pertaining to coastal management. It was a mantle that he regarded as a serious commitment to society and one that he felt others should contribute to as well.

Coastal Dunes: A Divergence?

Although my contacts with Roland were primarily through the IGU Coastal Commission and the JCC, there were many other areas of involvement. Together, we shared a long-lasting interest in coastal dunes. This was a topic of continuing conversation and comparison. I had produced a classification of coastal dunes based on sediment budget and I had many opportunities to discuss aspects of the classification with Roland at professional meetings and in the field. His favorite question to me was "How does this fit into your classification?" Then, we would have a long and informative discussion of what we heard or saw, what I had described in my classification, and how this new information either challenged or supported my classification. More often that not, Roland would take the lead after our conversations and suggest that the classification held up or suggest an area to be tweaked. In our discussions regarding coastal dunes, it soon became clear that we had somewhat different views of our area of interest. I saw the full range of active coastal dunes as originating from the foredune and its attendant processes (Psuty, 2004, for the most complete description). Roland was more concerned with the conditions of the specific feature and how it fit into the landscape (Paskoff, 1997). We were not at odds, but we were working in different temporal scales. I was looking at the processes of sediment transfers and the evolution of the dunal features as a sediment-budget continuum, whereas Roland was more concerned with understanding where the dunal features fit into the longer-term landscape evolution. Our views were largely separated on the temporal scale rather than in a dichotomy of dunal development. Our differences were quite apparent in our contributions to a special issue of the Journal of Coastal Research a few years ago. We both wrote about our interests in coastal dunes along the west coast of South America (we were the chosen reviewers of each other's manuscript). My manuscript concerned sources of sediment to create a dune in the modern environment (Psuty, 2005), whereas Roland (2005) chose to write about a dune located inland and in active migration along a marine terrace. Each article was a contribution to the knowledge of dunal features and their geomorphological development.

A Friend

It has been my privilege to have interacted with Roland in the many aspects of the IGU Coastal Commission and to serve as a member of the editorial board of the Journal of Coastal Conservation. Roland was a friend and a colleague. When I attended a meeting in Paris in 2004, I was in the city for only two days, but Roland took the time to search me out, to have dinner, and to exchange information about our activities. As always, he was the consummate professional. We discussed the opportunities for the IGU Coastal Commission at forthcoming meetings and the likelihood of an informational field excursion. We discussed the past and the future of the Journal of Coastal Conservation. We discussed the EUCC and the multitude of arenas where geomorphology could contribute and where we each were making inroads. It was a good time.

In September 2005, I lost a very dear friend. Yet, I am the better for having the opportunity to interact with him over the decades. The memories that I retain of our companionship are special to me.

References

ARAYA-VERGARA, J. F. (ed.), 1986. *International Bibliography on Coastal Geomorphology (1983-1986)*. Informaciones Geográficas, Universidad de Chile, 33, 203 p.

AUGUSTINUS, P. (org.), 1991. *Excursion along the Dutch Coast: A Guide*. University of Utrecht, composed of many reprints and handouts.

AUGUSTINUS, P. & TERWINDT J. (eds.), 1996. *Coastal Systems in The Netherlands, North-Germany, and Denmark*. University of Utrecht, 58 p.

BERRIANE, M. & LAOUINA, A. (eds.), 1993. *Aménagement littoral et évolution des Côtes : l'environnement des côtes marocaines en péril*. Arabian et Hilal, Rabat, 119 p.

BIRD, E. C. F. & KELLETAT D. (eds), 1989. *Zonality of Coastal Geomorphology and Ecology*. Essener Geographische Arbeiten, 18, 295 p.

CHAUSSADE, J., CORLAY J.-P., MARCADON J., MIOSSEC A. (eds). 1995. *Sociétés, activités, espaces du littoral de la Vendée et de la Loire-Atlantique*. Université de Nantes, 85 p.

CHELBI, F., PASKOFF, R., TROUSSET, P., 1995. La baie d'Utíque et son évolution depuis l'Antiquité : une réévaluation géoarchéologique. *Antiquités Africaines*, 31, 7-51.

CHEN, JI-YU (ed.) 1990. *Coastal Environments on Hangzhou Bay and Changjiang Estuary: Coastal Field Symposium*. East China Normal University, Shanghai, 34 p.

EUZENNAT, M. & PASKOFF, R. (eds), 1987. *Déplacements des lignes de rivage en Méditerranée d'après les données de l'archéologie.* Éditions du Centre National de la Recherche Scientifique, Paris, 225 p.

FUENZALIDA, H., COOKE, R., SEGERSTROM, K., PASKOFF, R., WEISCHET, W., 1965. High stands of Quaternary sea level along the Chilean coast. Special Paper, *Geol. Soc. Amer.*, p. 473-496.

HESP, P. & SHORT A., (eds), 1988. *Quaternary Geology and Geomorphology of the Newcastle – Myall Lakes Region: A Field Guide*, Sydney, 15 p.

KELLETAT, D. H., 1989. Main aspects of the coastal evolution of Sylt (FRG). Pre-Conference Symposium, Program, Abstracts, and Field Guide. University of Essen, p. 25-53.

KELLETAT, D. H., 1994. Holocene neotectonics and coastal features in western Crete, Greece. Crete Field Symposium, Program, Abstracts, and Field Guide. University of Essen, p. 40-80.

KELLETAT, D. H., (ed.), 1996. International Bibliography of Coastal Geomorphology, 1991-1994. *Journal of Coastal Research.* Special Issue n°19, 203 p.

KELLETAT, D. H. & PSUTY N. P., (eds). 1996. Field Methods and Models to Quantify Rapid Coastal Changes, *Zeitschrift für Geomorphologie*, Suppl.-Bd. 102, Berlin, Germany, 232 p.

MARQUÉS, M., (ed.), 1986. *Guidebook: Symposium on Man's Impact on Coastal Environment, NE Spanish Mediterranean Coast*, 6-13 September, 106 p.

MARTIN, E., RAUKAS, A., KUKK, H. 1986. Evolution and Dynamics of Seacoasts in Conditions of Relative Sea Level Oscillation, Aug. 20-26, 32 p.

MIOSSEC, A., (ed.), 1991. *Défense des côtes et protection du littoral: les Côtes de la Vendée, Guide-Book.* Université de Nantes, 55 p.

MIOSSEC, A., (ed.), 1994. Défense des côtes ou protection de l'espace littoral, quelles perspectives? *Cahiers Nantais*, n° 41-42, 364 p.

MOREIRA, M. E., (ed.), 1989. *Human Impact on Natural Coastal Systems: Examples of Southern Portugal. Guidebook.* Universidade de Lisboa, 130 p.

OTA, Y. & PASKOFF, R., 1993. Holocene deposits on the coast of north-central Chile: radiocarbon ages and implications for coastal change. *Revista Geológica de Chile*, 20, 15-22.

PASKOFF, R., 1963. Probabilidad de un antiguo nivel del Océano Pacífico 1 o 2 m más alto que el nivel actual. *Bol. Univ. Chile*, 41, 45-46.

PASKOFF, R., 1970. Sur les relations possibles entre un ensemble de terrasses marines émergées et les caractères de la marge continentale du Chili entre 30° et 33° Sud. *Quaternaria*, 12, 35-45.

PASKOFF, R., 1972. Les Terrasses d'abrasion de la côte du Chile semi-aride. *International Geography* (Montreal), 1, 96-98.

PASKOFF, R., 1978. L'évolution géomorphologique du grand escarpement côtier du désert chilien. *Geogr. Phys. Quat.*, 32, 351-360.

PASKOFF, R., (ed.), 1984. *Bibliography 1979-1982*. 205 p.

PASKOFF, R., (ed.), 1984. *Livret-Guide, Excursion-Symposium. La Côte Atlantique : du bassin d'Arcachon à l'estuaire de la Loire.* n°9, Université Lyon, 73 p.

PASKOFF, R., 1985. *La côte Atlantique : du bassin d'Arcachon à l'estuaire de la Loire, l'impact des aménagements sur son évolution.* Actes, Excursion-Symposium, n°9, 148 p.

PASKOFF, R. & KELLETAT D., (eds), 1991. Coastal Dynamics and Environments. *Zeitschrift für Geomorphologie,* Supplementband. 81, 199 p.

PASKOFF, R., 1993. *Côtes en Danger*. Masson, Paris, 250 p.

PASKOFF, R, 1997. Typologie géomorphologique des milieux dunaires européens. *In*: J. Favennec & P.Barrère (eds) – *Biodiversité et Protection Dunaire*. Lavoisier, Paris, p. 198-219.

PASKOFF, R, 2001. *L'élévation du niveau de la mer et les espaces côtiers*. Institut Océanographique, Paris, 191 p.

PASKOFF, R., 2002. L'élévation du niveau de la mer : le mythe et la réalité. *La Géographie*, 1507, 65-71.

PASKOFF, R, 2004. Potential implications of sea-level rise for France. *Journal of Coastal Conservation*, 20, 424-434.

PASKOFF, R., SLIM, H, TROUSSET, P., OUESLATI, A., 2004. *Le Littoral de la Tunisie, Étude Géoarchéologique et Historique.* CNRS Éditions, Paris, 508 p.

PASKOFF, R., 2005. A unique coastal dune in the Atacama Desert: The Cerro El Dragon, Iquique, Chile. *Journal of Coastal Research*, Special Issue n°42, 63-67.

PSUTY, N.P. (ed.), 1988. Dune/Beach Interaction. *Journal of Coastal*

Research, Special Issue n°3, 136 p.

PSUTY, N. P., KEARNEY, M., GARES, P. A., TERCHUNIAN, A., 1992. Coastal Environments: A Field Symposium of the Mid-Atlantic Bight Coastal Zone, August 15-20. Rutgers University, 80 p.

PSUTY, N. P., MOREIRA, M. E. & RICKETTS, P. (eds), 1992. IGU 1989 Portugal Field Symposium, Theme Section. *Journal of Coastal Research*, 8, 629-751.

PSUTY, N. P., 2004. The coastal foredune: A morphological basis for regional coastal dune development. *In*: Martinez, M. & Psuty, N. P. (eds) – *Coastal Dunes: Ecology and Conservation*, Springer-Verlag, Berlin, p. 11-27.

PSUTY, N. P., 2005. Coastal foredune development under a diurnal wind regime, Paracas, Peru. *Journal of Coastal Research*, Special Issue 42, p. 68-73.

PSUTY, N. P., SHERMAN, D. J. & MEYER-ARENDT, K. (eds), 2005. Coasts Under Stress II. *Zeitschrift fur Geomorphologie*, Supplementband 141, 217 p.

RITCHIE, W., SMITH, J. S., & HAGGART, B. A., 1983. Northeast Scotland Coastal Field Guide. University of Aberdeen, 54 p.

ROTNICKI, K., (ed.), 1994. Changes of the Polish Coastal Zone: Guide-Book of the Field Symposium, August 27-September 1. Adam Mickiewicz University, 165 p.

ROTNICKI, K., (ed.), 1995. Polish Coast: Past, Present, and Future. *Journal of Coastal Research*, Special Issue n°22, 308 p.

SHERMAN, D. J., (ed.) 1992. International Bibliography of Coastal Geomorphology, 1987-1990. *Journal of Coastal Research*. Special Issue n°16, 146 p.

VILAS, F. & NOMBELA, M. (eds), 1986. Man's Impacts on Coastal Environments. *Thalassas*, 4, 173 p.

CHAPITRE 1 - ROLAND PASKOFF ET LE CHILI

Marie-Claire PRAT*
**Maître de Conférences en Géographie, Laboratoire de Géographie Physique Appliquée, Université Michel de Montaigne-Bordeaux 3*

Résumé
Les recherches géomorphologiques sur le Chili, réalisées par Roland Paskoff entre 1962 et 1971, l'ont conduit à mettre en évidence toute l'originalité de la géographie physique du Norte Chico, région de transition située entre le milieu méditerranéen du Chili central et le domaine aride du Nord. Après 1971, Roland Paskoff est revenu périodiquement au Chili, écrivant de nombreux articles qui apportent des compléments à ses premiers travaux, sans que les nouvelles datations remettent en cause les principales conclusions de son travail sur le Plio-Quaternaire chilien, les changements climatiques et les variations du niveau de la mer.
Au-delà du Chili semi-aride, objet de ses premières recherches géomorphologiques, Roland Paskoff s'est intéressé à d'autres aspects de la géographie du Chili, leur consacrant des articles et plusieurs ouvrages où le littoral occupe toujours une place privilégiée.

Mots-clés : Chili, géomorphologie, littoral, Andes, Plio-quaternaire, changements climatiques, oscillations eustatiques

Abstract
Roland Paskoff conducted geomorphological research between 1962 and 1971 in the Norte Chico, literally « Little North » which refers to the region of Chile between 30° and 33° S, corresponding to the area of transition from the desert to the Mediterranean climate. After 1971, Roland Paskoff often came back to Chile, writing articles completing

his first investigations, using new dating which did not bring into question his first conclusions on Plio-Quaternary, climatic changes and eustatic oscillations. Roland Paskoff was interested by other subjects of geography in Chile and he wrote several articles and books where the coast is of primary importance.

Key words: Chile, geomorphology, littoral, Andes, Plio-Quaternary, climatic changes, eustatic oscillations

Introduction

Les travaux de Roland Paskoff au Chili ont été réalisés en deux périodes distinctes. Durant ses années de recherche et d'enseignement au sein de l'Université de Santiago du Chili (1962-1971), il a mené les travaux de sa thèse sur le « Chili semi-aride », (Paskoff, 1970). Son analyse de la géomorphologie met en valeur l'originalité du Chili semi-aride entre 30 et 33° de latitude sud, en la reliant aux conditions tectoniques et climatiques régionales. Concernant la formation des Andes, il défend la thèse d'une chronologie longue tandis que ses analyses des changements climatiques et des variations du niveau marin depuis la fin de l'ère tertiaire font considérablement progresser les connaissances sur le Norte Chico (Petit Nord chilien) et plus particulièrement sur le Quaternaire du Chili pour lequel n'existaient que l'essai de synthèse présenté par Brüggen (1950) dans ses « Fundamentos de la Geologia de Chile » et la mise à jour de Segerstrom en 1964.

Après 1971, R. Paskoff est revenu périodiquement au Chili, écrivant de nombreux articles qui complètent ses premiers travaux et étendent le domaine de ses investigations à l'ensemble du territoire chilien.

1. L'adoption d'une chronologie longue pour la formation des Andes

Les idées exprimées par Brüggen (1950) et Munoz Cristi (1956) sur le soulèvement tardif des Andes se retrouvent encore dans les publications de synthèse sur la géologie du Chili dans les années 1960 (Ruiz, 1965 ; Corvalan, 1965), repoussant à l'extrême fin du Pliocène voire au début du Pléistocène la formation des grandes unités orographiques du Chili. Les publications de Borde (1966), Mortimer (1969), Paskoff (1963, 1970, 1993) ont conduit à vieillir l'édifice andin, plaçant à la fin de l'Oligocène et au plus tard au Miocène les mouvements verticaux de grande ampleur responsables de la création des volumes montagneux andins.

Roland Paskoff a montré que l'organisation du relief du Norte Chico doit beaucoup à cette tectonique néogène. Ces mouvements tectoniques ont réactivé d'anciennes failles, en créant aussi de nouvelles avec des failles horizontales importantes, sans qu'il y ait des plissements. Les accidents tectoniques les plus importants sont de direction méridienne comme la faille Vicuna-Pocuro qui sépare le bloc oriental fortement soulevé de la haute cordillère et le compartiment plus bas de la moyenne montagne. Avec un rejet d'environ 1000 m, c'est un accident majeur et complexe, incliné vers l'Ouest dans le secteur Pocuro et s'inversant ensuite vers l'Est. Elle se matérialise toujours dans le paysage par un escarpement de plusieurs centaines de mètres de dénivelé, au tracé rectiligne ou parfois festonné.

Le soulèvement de la région se faisant par étapes, les phases d'accalmie se traduisent par des replats et des dépôts sur les versants des vallées, des ruptures de pente dans le profil longitudinal des rivières. Les grands accidents cassants contrôlent le tracé du réseau hydrographique. Celui qui s'est alors mis en place est proche de l'actuel avec des changements de direction et des captures, excepté pour le Rio Limari pour lequel se sont produites des modifications plio-quaternaires.

La mise en place d'un nouveau système de pentes concernant la haute et la moyenne montagne a été accompagnée et suivie d'une phase d'érosion, d'autant qu'un niveau marin plus bas que l'actuel et un climat plus agressif favorisaient alors une intense activité torrentielle. Ainsi, en altitude, les vestiges de la topographie mûre élaborée précédemment ont-ils disparu presque totalement, sauf dans quelques secteurs privilégiés. Ces vestiges évoquent d'ailleurs non une surface d'érosion mais plutôt un relief mûr aux larges vallées et aux faibles dénivellations, où les phénomènes d'altération tenaient une place importante.

Pendant la phase d'érosion torrentielle, le creusement des vallées a été important et la roche en place se trouve à une profondeur d'une centaine de mètres d'après les sondages existants et ce jusqu'à 75 km au moins vers l'amont (Rio Elqui). Le matériel érodé a d'abord été évacué vers l'océan, puis deux formations détritiques sont venues remplir les fonds de vallée.

Roland Paskoff appuie sa chronologie sur ces dépôts dont les caractéristiques révèlent les processus de mise en place. Le Limarien est un épisode continental présent dans les basses et moyennes vallées du Chili semi-aride. Les dépôts sableux et graveleux, sans fossiles, sont épais de plusieurs dizaines de mètres, mal lavés et mal triés, avec quelques rares bancs de matériel fin. Ils correspondent à un fonctionnement d'organismes torrentiels, dont les crues étaient puissantes sous un climat à saisons contrastées. Alors que dans la première partie de la crise érosive le matériel était évacué vers l'océan, le remblaiement des vallées se produit dans une phase de décroissance de la crise morphogénétique et/ou de remontée du niveau marin. Les débris colluviaux fossilisent les versants et les matériaux détritiques s'accumulent sur de grandes épaisseurs dans le fond des vallées. Le matériel est aujourd'hui fortement altéré, mais il n'est visible que dans la partie basse des vallées où l'érosion fluviale l'a excavé sous des matériaux alluviaux plus récents (Rio Elqui).

Le Limarien est recouvert à proximité du littoral actuel par les dépôts sableux et gréseux de la formation de Coquimbo (fig. 4). Les dépôts marins de la formation de Coquimbo, riches en fossiles et bien conservés près de l'embouchure actuelle de certains fleuves, ont été largement étudiés par les paléontologues. Ils ont d'abord été datés du Pliocène. On les rattache depuis 1968 au Miocène moyen à supérieur (Martinez, 1968). Ils contiennent une faune d'eaux chaudes qui laisse supposer que le courant de Humboldt n'existait pas à cette époque. Cette formation constitue un repère fondamental dans la chronologie qui a permis à Roland Paskoff de caler les autres moments forts de l'histoire du Tertiaire. En effet, la partie inférieure des alluvions caillouteuses du Limarien plonge sous la formation de Coquimbo tandis que la partie supérieure (Elquien) passe latéralement à cette même formation, correspondant à la transgression marine du Miocène moyen à supérieur (fig. 4). Le Limarien est donc du Miocène inférieur. Dans la mesure où sa mise en place a été précédée de la phase de dissection liée à l'ultime soulèvement andin, celui-ci peut donc être daté de l'Oligocène supérieur et au plus tard du début du Miocène (Paskoff, 1993), tandis que l'élaboration de la topographie mûre ayant précédé le soulèvement a nécessité la longue période du Tertiaire inférieur (Éocène-Oligocène).

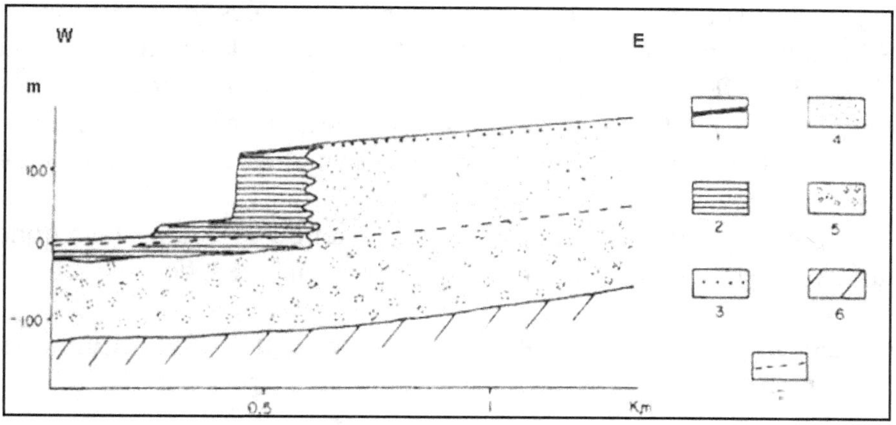

Fig. 4 – Coupe interprétative longitudinale dans la vallée inférieure du Rio Elqui, à proximité de l'embouchure, montrant les relations stratigraphiques entre les diverses formations du Miocène (R. Paskoff, 1993).

Fig. 4 *– Longitudinal section in the low valley of Rio Elqui, close to the river mouth, showing stratigraphic contacts between Miocene formations (R. Paskoff, 1993).*

1. Dépôts marins du Sérénien (Pliocène-Quaternaire ancien) ; 2. Grès de la formation de Coquimbo (dépôt marin du miocène moyen à supérieur) ; 3. Dépôts continentaux du Pliocène et Quaternaire ancien ; 4. Dépôts continentaux de l'Elquien (Miocène moyen à supérieur) ; 5. Dépôts continentaux du Limarien (Miocène inférieur) ; 6. Roche en place ; 7. Talweg actuel.

1. Serenian marine deposits (Pliocene-early Quaternary); 2. Sandstone from Coquimbo formation (marine deposits from middle to late Miocene); 3. Continental deposits from Pliocene and early Quaternary; 4. Continental deposits from Elquian (middle to late Miocene); 5. Continental deposits from Limarian (early Miocene); 6. Rock; 7. Thalweg.

L'adoption d'une chronologie longue qui vieillit considérablement les paysages andins est confortée par d'autres arguments présentés par Roland Paskoff. La cartographie de la formation Coquimbo laissée par la transgression marine du Miocène montre en effet que la cordillère de la côte existait déjà puisqu'elle a limité la pénétration de la mer à l'intérieur du continent. D'autre part, les dépôts de cette formation ont été peu affectés par la tectonique.

Enfin, Roland Paskoff et José A. Naranjo ont utilisé les datations absolues obtenues sur les ignimbrites intercalées dans les épais sédiments détritiques du piémont andin dans le désert du Nord du Chili (Paskoff et Naranjo, 1983). Les âges radiométriques de ces ignimbrites vont de 21 à 16 millions d'années. Elles sont donc d'âge miocène. Or, les épandages détritiques sont liés à l'active érosion ayant suivi le soulèvement des Andes.

Pour R.Paskoff, les grands traits du relief du Chili existaient donc au Miocène et le Plio-Quaternaire y apporte seulement des retouches.

2. La mise en évidence des changements climatiques du Quaternaire

C'est dans le Chili semi-aride, région de transition entre le sud plus humide et le nord aride, que les variations climatiques de cette période sont les plus faciles à démontrer. Situé aujourd'hui au sud du désert d'Atacama, le Norte Chico a été atteint plusieurs fois au cours du Quaternaire par la remontée vers le nord de la zone humide.

Herm et Paskoff ont proposé une division du Quaternaire du Centre et du Nord du Chili à la fin des années soixante. Leurs arguments se trouvaient dans les recherches menées autour de la baie de Coquimbo (29°50) et de la baie Herradura. Des témoignages paléontologiques avec les restes de mammifères fossiles (Herm, 1969), des reliques végétales (Bois de Fray Jorge, 30°45 S) témoignant de la migration, pendant une phase humide, de 1000 km vers le nord de la forêt valdivienne, et des arguments géomorphologiques et stratigraphiques (Paskoff, 1970), leur ont permis de mettre en évidence plusieurs périodes plus fraîches et surtout plus pluvieuses en liaison avec des modifications de la circulation atmosphérique et la remontée vers le nord de 5 à 6° du front polaire austral.

Sur la frange littorale, l'installation d'une végétation forestière pendant ces phases humides, était accompagnée d'une pédogenèse active et du développement d'importants phénomènes d'altération.

Même si certains auteurs (Kummerow *et al.*, 1961) voient plutôt dans le bois de Fray Jorge un reste de la flore néotropicale cénozoïque, d'autres arguments ont été retenus par Roland Paskoff. L'existence de paléosols rouges et de croûtes calcaires implique pour leur formation une pluviométrie plus élevée que l'actuelle. De plus, ces paléosols rouges à enrichissement argillique sont proches des sols que l'on trouve sur la côte au sud de 37°S. Cet argument supplémentaire plaide en faveur de la migration vers le nord de la forêt tempérée humide.

En haute montagne, les phases pluviales correspondent à des phases glaciaires. Elles se sont traduites par une érosion glaciaire active dans la haute cordillère, comme dans la cordillère d'Elqui (30°S) où plusieurs sommets dépassent les 6000 m d'altitude (Las Tortolas 6332 m). Aujourd'hui, cette montagne ne porte pas de véritable glacier. Pourtant, elle présente au-dessus de 4000 m des cirques bien creusés orientés vers le Sud et vers l'Est et des auges bien développées que Roland Paskoff a cartographiés (fig. 5), mais aussi de puissantes accumulations morainiques, témoins de la dernière grande glaciation. Celle-ci comptait des langues glaciaires de quelques dizaines de kilomètres de longueur, se terminant vers 3000 m d'altitude.

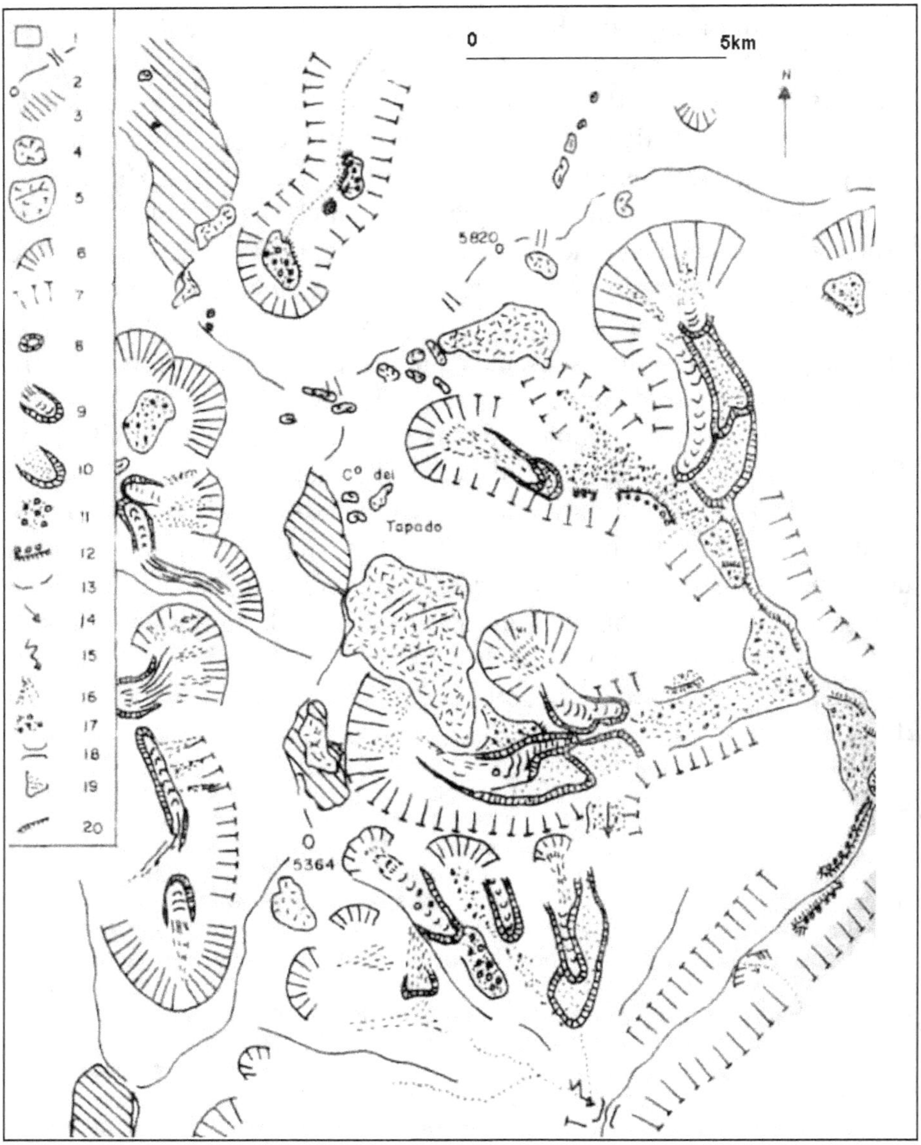

Fig. 5 – Croquis morphologique d'après photographie aérienne n° 26142 IGM Chili, des environs du rio La laguna, près de la frontière avec l'Argentine (R. Paskoff, 1970).
Fig. 5 *– Morphological sketch from aerial photograph n°26142, IGM Chili, in the vicinity of rio La Laguna close to Argentina's border (R. Paskoff, 1970).*

1. Versants et reliefs non interprétés ; 2. Ligne de crête principale ; 3. Haute surface ; 4. Névé ; 5.Glacier ; 6. Mur de cirque glaciaire ; 7 . Bord d'auge ; 8. Verrou ; 9. Glacier rocheux actif ; 10. Glacier rocheux inactif ; 11. Dépôts morainiques ; 12. Terrasse de kames ; 13. Arc morainique frontal ; 14. Diffluence glaciaire ; 15. Vallée obturée ; 16. Cône d'éboulis ; 17. Dépôts morainiques lavés par les eaux proglaciaires ; 18. Incision proglaciaire ; 19. Cône de déjection ; 20. Talus d'érosion fluviale (l'échelle est approximative).

1. Non interpreted landforms; 2. Main crest line; 3. Higher surface; 4. Névé; 5. Glacier; 6. Head-wall of glacier-cirque; 7. Limit of glacial valley; 8. Glacial riegel; 9. Active rock glacier; 10. Inactive rock glacier; 11. Morainic deposits; 12. Kame terraces; 13. Arcuate terminal moraine; 14. Glacial diffluence; 15. Closed valley; 16. Debris cones; 17. Morainic deposits washed by proglacial waters; 18. Proglacial trench; 19. Alluvial fan; 20. Slope-break due to fluvial erosion (approximate scale).

Dans la vallée du Rio La Laguna, un des hauts affluents du Rio Elqui (30°S), deux arcs morainiques, hauts de 150 m, subsistent vers 3100 m d'altitude (fig. 6). Les formes bien conservées et le matériel frais permettent de les rattacher à la dernière grande glaciation de l'hémisphère sud. Un glacier de 40 km de long occupait alors la vallée du Rio Laguna. D'autres vestiges morainiques (argile à blocaux) vers 2500 m ont été repérés par Weischet (1969) dans la vallee du Rio Claro, affluent du Rio Elqui. Mais la discussion sur des glaciations plus anciennes ne peut s'appuyer sur des preuves incontestables.

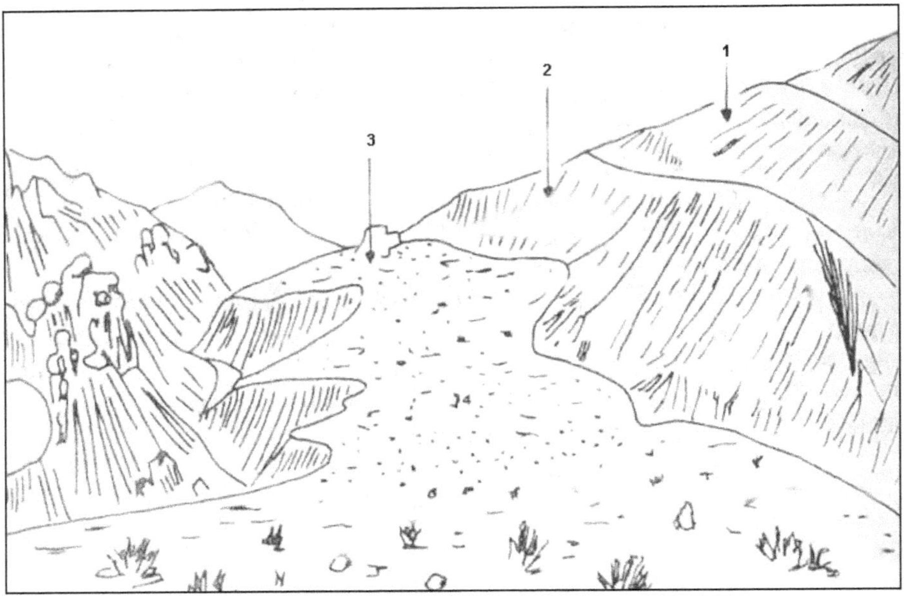

Fig. 6 – Le système morainique de La Laguna, dessin de R. Paskoff à partir d'une photographie prise vers le Sud

Fig. 6 *– The morainic system of La Laguna, drawn by R. Paskoff from a photograph oriented to the South*

1. Arc externe ; 2. Arc intermédiaire ; 3. Bouchon interne ; 4. Cône de transition.

1. Terminal arcuate moraine; 2. Intermediate arcuate moraine; 3. Internal deposit; 4. Transition-fan.

La moyenne montagne, entre 1000 et 3000 m, était marquée lors de ces périodes fraîches et humides par de puissantes actions torrentielles et par des actions périglaciaires. Ainsi, la vallée moyenne du Rio Elqui présente t-elle des cônes de déjection torrentiels qui ont été construits pendant les périodes pluviales du Quaternaire, contemporaines des glaciations dans la haute cordillère. Des emboîtements traduisent la succession d'époques humides séparées par d'autres plus sèches.

Dans les grandes vallées, ces crises climatiques sont également responsables de l'étalement de nappes alluviales qui se sont emboîtées dans la masse des cailloutis miocènes. R. Paskoff souligne la coïncidence entre les périodes pluviales/glaciaires et les régressions eustatiques. Cinq vallées transversales, larges et profondes, ont enregistré les témoignages de ces différentes séquences morpho-climatiques et lui ont permis de préciser les rapports d'amont en aval des dépôts glaciaires, fluviaux et marins.

La vallée du Rio Elqui (30°S) présente quatre terrasses (fig. 7) dues à des apports longitudinaux (de t I à t IV). t I est la basse terrasse et la plus récente, et t IV datant du Quaternaire ancien domine le lit majeur actuel d'une centaine de mètres dans la partie aval. On retrouve t IV comme élément topographique majeur dans les autres grandes vallées à proximité des embouchures (Choapa, Petorca, La Ligua) ou pour les vallées moyennes (Conchali, Quilimari). Pour expliquer la formation de ces terrasses fluviales, doivent être pris en compte à la fois les changements climatiques en amont et les variations du niveau marin en aval. Le lien avec les formations littorales peut se faire grâce au passage latéral des terrasses du Rio Elqui aux terrasses marines bordant la baie de Coquimbo.

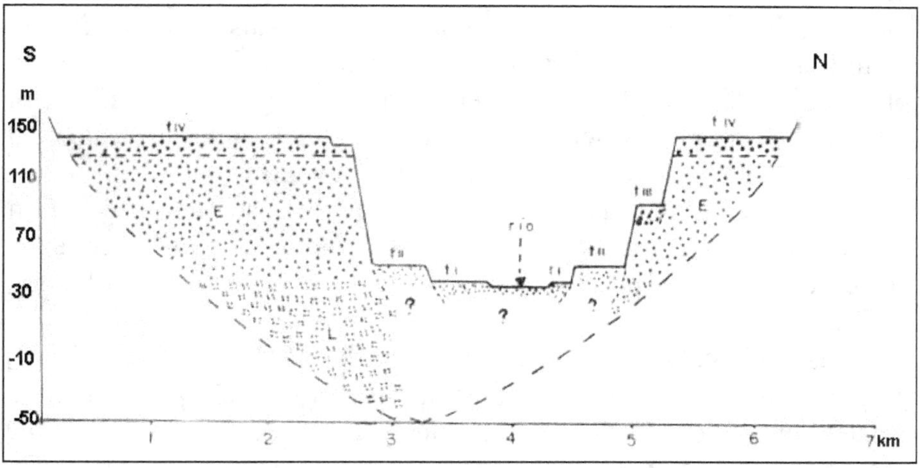

Fig. 7 – Profil interprétatif des terrasses du Rio Elqui à proximité de La Serena (R. Paskoff, 1993)

Fig. *7 – Cross section of Rio Elqui terraces in the vicinity of La Serena (R. Paskoff, 1993).*

L : Limarien ; E : Elquien

L : Limarian ; E : Elquian

Pour les cours d'eau permanents prenant naissance dans la cordillère, les nappes alluviales se sont mises en place au début des interpluviaux (ou interglaciaires). Ce phénomène très général a été constaté par Cooke (1964) entre 28°30 et 39°50, pour le Rio Huasco, par Paskoff (1970) pour le Rio Elqui, par Caviedes (1967) pour le Rio Aconcagua et par Laure (1968) pour le Rio Valdivia. Mais vers l'aval, il y a eu accumulation pendant les périodes de haut niveau marin et creusement lorsque le niveau marin était bas. La genèse comme l'âge d'une formation alluviale peut ainsi varier d'amont en aval et la connaissance des variations de niveau marin est indispensable.

3. Le schéma des variations du niveau marin

Au Miocène moyen commença une transgression qui atteignit la cote actuelle de + 200 m à la fin du Miocène. Elle a laissé des dépôts de sables et grès peu cimentés, de faciès néritique ou sublittoral. Épaisse de 250 m sur le continent, la formation de Coquimbo n'est affectée d'aucune déformation importante, ce qui pour Roland Paskoff montrait le faible rôle de la néotectonique dans cette région et confortait l'idée du dernier grand soulèvement à l'Oligocène et au plus tard au début du Miocène. Cette série marine est particulièrement importante pour préciser la chronologie, mais elle a également enregistré les pulsations ultérieures du niveau marin.

Le Quaternaire correspond à une régression générale, mais en fait on assiste à une succession d'avancées et de reculs, celles-ci correspondant aux phases pluviales/glaciaires (Dollfus et Tricart, 1967).

Des publications de synthèse (Herm, 1969 ; Paskoff, 1970) proposent un schéma des variations du niveau du Pacifique pendant le Quaternaire. Six pulsations principales peuvent être distinguées avec chacune une transgression, une apogée et une régression.

Roland Paskoff attribue à ces cycles marins l'élaboration de plates-formes d'abrasion, même si les mouvements tectoniques ont pu localement jouer un rôle. La frange côtière du Chili semi-aride est en effet remarquable par des aplanissements d'origine marine, bien développés et étagés, portant des dépôts fossilifères (fig. 8). Sur ces terrasses, les formations de plage sont peu épaisses, et sables, coquilles, galets sont le plus souvent cimentés en dalles. La faune marque un refroidissement important des eaux littorales, signalant l'anomalie thermique négative qui les caractérise encore aujourd'hui avec le courant de Humboldt. Les associations faunistiques côtières sont très proches des actuelles.

Roland Paskoff a montré toute l'importance de la Baie Coquimbo et de son annexe méridionale (Baie Herradura) qu'il considère comme le meilleur enregistreur sur la côte chilienne des variations de l'océan Pacifique pendant le Quaternaire. La netteté des formes, les dépôts fossilifères, la relative stabilité du secteur (30°S) expliquent qu'il ait choisi ce secteur pour une cartographie géomorphologique à grande échelle (1 : 25 000) et une étude géologique complète (*in* Herm, 1969). Plusieurs plates-formes, étagées entre 120-130 m et le littoral actuel, sont séparées par des falaises mortes et taillées aux dépens des grès tendres de la formation tertiaire de Coquimbo (fig. 8). Ces terrasses marines passent à des terrasses continentales dans le cours inférieur du fleuve.

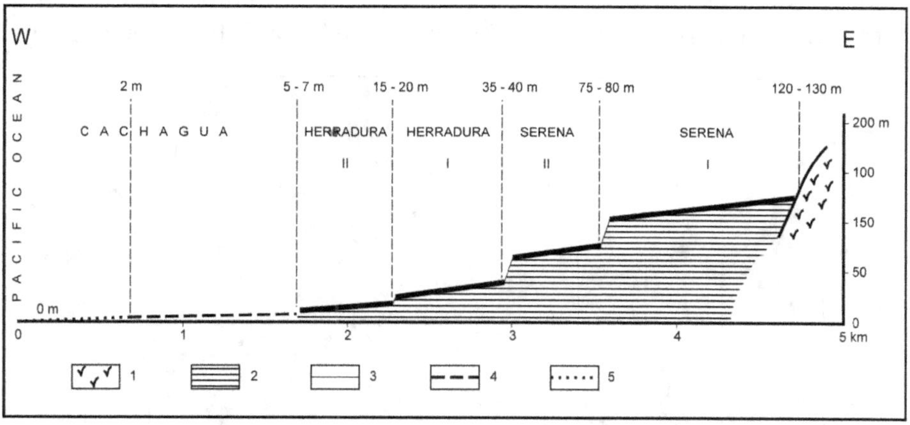

Fig. 8 – Coupe Ouest-Est des terrasses marines au sud de La Serena (29°55 S)

Fig. 8 – *West-East cross section of marine terraces in the south of La Serena (29°55 S)*

1. Roche en place pré-tertiaire ; 2. Formation de Coquimbo du Miocène supérieur (grès) ; 3. Dépôts de plage des terrasses marines du Plio-Pléistocène ; 4. Dépôts de plage de l'Holocène autour de 4000 BP ; 5. Dépôts marins d'âge inférieur à 2000 BP.

1. In situ pre-Tertiary rocks; 2. Late-Miocene Coquimbo Formation (sandstones); 3. Beach deposits of Plio-Pleistocene marine terraces; 4. Holocene beach deposits (4 000 BP); 5. Marine deposits earlier than 2 000 BP).

Alors que jusqu'au milieu du XXe siècle les terrasses marines étaient expliquées uniquement par la tectonique (Darwin, 1846 ; Domeyko, 1848 ; Brüggen, 1950), Herm et Paskoff (1967) les attribuent aux transgressions successives du Quaternaire correspondant aux interglaciaires. Ils utilisent pour la première fois le concept de glacio-eustatisme.

Dès les années 1960, R. Paskoff en s'appuyant sur des critères paléontologiques et archéologiques d'une part et des datations radiométriques d'autre part, divisait le Pléistocène en plusieurs stades qu'il appelait Serena I et II, Herradura I, Herradura II, du plus ancien au plus récent. La genèse de la terrasse supérieure (120-130 m) et celle de la haute terrasse (75-80 m) étaient placées dans le Quaternaire ancien (Serena I et II), celle de Herradura I était attribuée au Quaternaire moyen et la terrasse Herradura II était corrélée avec le dernier interglaciaire. Enfin, à partir des datations absolues (^{14}C), la terrasse basse (niveau de la Vega) était attribuée à l'Holocène (fig. 9).

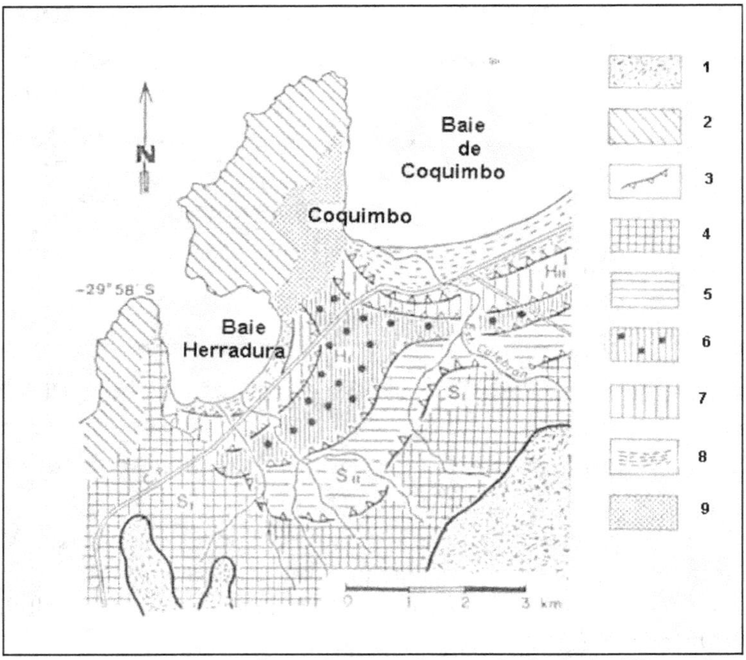

Fig. 9 – Les terrasses marines des environs de la baie Herradura et de Coquimbo (R. Paskoff, 1991)

Fig. 9 *– Marine terraces in the vicinity of Herradura bay and Coquimbo (R. Paskoff, 1991)*

1. Roches sédimentaires et volcaniques du Crétacé ; 2. Roche en place ayant subi l'abrasion marine au Plio-Pleistocène ; 3. Falaise morte ; 4. Terrasse Serena I (Pliocène ?); 5. Rerrasse Serena II (Quaternaire ancien); 6. Terrasse Herradura I avec gros blocs attribués à un tsunami (Pléistocène moyen) ; 7. Terrasse Herradura II (Pléistocène supérieur, dernier interglaciaire); 8. Terrasse Holocène ; 9. Zone urbaine.

1. Cretaceous sedimentary and volcanic rocks; 2. In situ rock affected by marine abrasion during the Plio-Pleistocene times; 3. Dead cliff; 4. Terrace Serena I (Pliocene?); 5. Terrace Serena II (early Quaternary); 6. Terrace Herradura I with huge tsunami blocks (middle Pleistocene); 7. Terrace Herradura II (late Pleistocene, last Interglacial); 8. Holocene terrace; 9. Urban area.

Mais l'étude du Quaternaire a beaucoup progressé à la fin du XXe siècle grâce aux nouvelles méthodes géochronologiques, radiométriques et biogéochimiques. À l'exception de la thermo-luminescence, ces méthodes ont été utilisées sur des coquillages trouvés sur les terrasses marines des environs de la baie de Coquimbo, de Caldera et d'Antofagasta (Radtke, 1989 ; Ota, Miyaushi, Koba et Paskoff, 1993; Paskoff et Koba, 1995). Roland Paskoff (1999) a utilisé les résultats des nouvelles méthodes de datation tout en montrant leurs limites et les marges d'incertitude qu'elles laissent. Pour les terrasses Herradura I et II, les chiffres obtenus montrent une dispersion notable et les résultats ne sont pas cohérents entre eux, ce qui peut venir de l'imprécision des techniques ou de la contamination du matériel daté. Ainsi, dans les secteurs où les vitesses de soulèvement ont été faibles, une terrasse a pu être recouverte par la transgression suivante. On peut ainsi penser que Herradura II a été recouverte par la transgression de 125 000 BP qui a atteint une altitude d'environ 6 m au dessus du niveau actuel. Mais la présence de matériel plus ancien dans les dépôts fait penser qu'elle a été élaborée aux environs de 220 000 BP. De même, Herradura I (la troisième terrasse marine à 30-40 m) pourrait être attribuée à la transgression de 330 000 BP durant laquelle se produisit l'énorme tsunami (Paskoff 1991) qui a laissé des blocs de grande taille dispersés sur toute la plate-forme près de Coquimbo (fig. 10). Mais elle a pu être élaborée pendant la transgression de 400 000 BP.

Fig. 10 – Roland Paskoff sur un gros bloc à la surface de la terrasse Herradura I près de Coquimbo
***Fig. 10** – Roland Paskoff standing on a giant block located at the top of Herradura I terrace close to Coquimbo*
Ce bloc est attribué par Roland Paskoff à un tsunami vers 300 000 BP. Les blocs proviennent de la péninsule de Coquimbo à quelques kilomètres de là (fig. 9).
Cliché : P. A. Pirazzoli, novembre 1995
This block is attributed by Roland Paskoff to a tsunami which took place around 300 000 BP. The blocks come from Coquimbo peninsula a few kilometres away (fig. 9).
Photo P. A. Pirazzoli, November 1995

Si l'âge de la terrasse Herradura II, attribuée au dernier interglaciaire, est correct, la vitesse de soulèvement au voisinage de Coquimbo a été de moins de 0,2 m/1000 ans. Cette vitesse lente expliquerait la réoccupation des terrasses par les transgressions successives, réocccupation également suggérée par d'autres mesures faites par Leonard et Wehmiller en 1992. De la même façon, des recherches menées par Ota et Paskoff en 1993 ont confirmé l'occupation de la terrasse la plus basse (niveau de La Vega à 5-7 m) par la dernière transgression (5000-6000 BP). Néanmoins, des arguments géomorphologiques laissaient penser que la dernière transgression post-glaciaire a seulement réoccupé une terrasse d'abrasion élaborée pendant un épisode (dit de Cachagua) correspondant à une transgression interstadiaire survenue pendant la dernière époque glaciaire (aux environs de 80 000 BP) et qui s'est approchée de l'actuel niveau marin sans l'atteindre. Pour Serena I et II, terrasses plus anciennes, les âges obtenus ne sont pas fiables.

Roland Paskoff a toujours considéré que les variations glacio-eustatiques du niveau de la mer étaient un facteur essentiel de la genèse des terrasses marines sur la côte du Chili semi-aride, mais les mouvements de soulèvement peuvent avoir pour effet de séparer les terrasses formées pendant chaque interglaciaire.

Plus au sud (30°S-31°S) entre l'embouchure du rio Limari et celle de la baie Teniente, la régularité des terrasses de la baie de Coquimbo ne se retrouve pas.

Les variations du niveau marin expliquent aussi l'édification des grandes constructions éoliennes de la côte chilienne. La mise en place des massifs dunaires implique en effet les conditions climatiques d'une période interpluviale, donc à tendance aride, mais lorsque l'océan n'a pas atteint le point culminant de la transgression glacio-eustatique ou lorsqu'il a déjà amorcé une régression par rapport à ce maximum de manière à dégager une surface émergée suffisante pour que s'exercent les actions éoliennes de déflation. Roland Paskoff a en 2004 consacré avec H. Manríquez un ouvrage sur les dunes de la côte chilienne (Paskoff et Manríquez, 2004).

4. Les nuances de la néotectonique

Certains auteurs ont publié des observations fragmentaires sur les mouvements tectoniques (Segerstrom et Cooke *In* Fuenzalida *et al.*, 1965 ; Borde, 1966 ; Mortimer, 1969). Mais l'idée que la néotectonique était le phénomène majeur du Quaternaire a longtemps dominé. En fait, Roland Paskoff a toujours défendu l'idée que la néotectonique avait joué avec beaucoup de nuances suivant les régions.

La néotectonique représente les séquelles de la tectonique en extension post-liminaire (Aubouin et Borello, 1966) dont le paroxysme serait au Pontien (failles normales, soulèvements, affaissements, flexures). Si certains secteurs, apparemment restés stables depuis le Pléistocène inférieur, ont pu enregistrer avec assez de fidélité les pulsations glacio-eustatiques, d'autres au contraire ont été profondément affectés par des mouvements récents (escarpements de faille accompagnés ou non de mouvements de bascule et soulèvements ou affaissements). Les failles correspondent la plupart du temps à d'anciennes lignes de faille qui ont rejoué.

Au sud du Rio Limari par exemple, la reprise des mouvements tectoniques se manifeste par l'apparition de horsts, comme le Cerro Talinay, limités par des escarpements rectilignes, sans accumulation à leur pied. « *L'existence de scarplets, placés légèrement en avant de ces abrupts indiquent l'emplacement exact de la faille et son rejeu saccadé* » (Paskoff, 1966). Certaines terrasses marines se divisent en deux éléments séparés par un abrupt rectiligne.

Des déformations à grand rayon de courbure se révèlent lorsque des terrasses sont basculées ou lorsque les terrasses se multiplient comme au pied du Cerro Talinay, 7 niveaux sont échelonnés de 350 à 4 m par rapport au niveau de la mer actuel, alors qu'autour de la baie de Coquimbo 4 terrasses sont étagées de 130 m à 5 m au-dessus du niveau marin actuel.

Cette division entre secteurs stables et instables de la côte chilienne souligne les discontinuités et les différentes modalités de la subduction de la plaque de Nazca sous la plaque d'Amérique du Sud (Paskoff, 1977).

Les vitesses de soulèvement ont été variables dans le temps et dans l'espace. Sur différentes côtes du Pacifique occidental où se produisent aussi des phénomènes de subduction, des récifs coralliens furent soulevés à plusieurs centaines de mètres au-dessus du niveau actuel. Cela ne semble pas être le cas le long de la côte centre et nord du Chili. L'existence de failles actives jusqu'à l'Holocène y est exceptionnelle (Ota *et al*, 1995). On ne connaît pas de cas de soulèvements ou d'affaissements brusques associés à des séismes comme c'est le cas au sud du Chili.

5. L'extension des recherches de Roland Paskoff à l'ensemble du Chili

Après avoir effectué des années de recherche sur le Norte Chico, Roland Paskoff a consacré plusieurs publications à un territoire chilien très étiré en latitude de 17°S à 56°S et comptant des îles du Pacifique ainsi qu'une petite partie de l'Antarctique. La situation du Chili sur la marge active du continent sud-américain, la présence des Andes et une activité volcanique et sismique expliquent la variété des formes du relief. La diversité climatique, du domaine subtropical aride de l'Atacama au tempéré froid de la Patagonie chilienne et des climats littoraux aux milieux de haute altitude, explique les nombreuses nuances du modelé.

On retrouve toute cette diversité et l'intérêt de la géomorphologie du Chili dans l'*Atlas des formes du relief du Chili* (Paskoff, 1996). Celui-ci associe des documents variés (photographies aériennes et images satellitales, vues prises au sol, cartes, coupes et cartes) pour faire de ces exemples chiliens des objets de géomorphologie générale parfaitement localisés, décrits et expliqués par le contexte géomorphologique, les processus étant replacés dans le cadre bioclimatique.

Outre les formes élémentaires du relief chilien qui ont une valeur générale, Roland Paskoff accorde une place particulière aux reliefs volcaniques et aux reliefs de faille, car le Chili offre dans ce domaine des exemples remarquables. Il avait déjà consacré plusieurs articles au grand escarpement de faille du Norte Grande qui peut atteindre 1000 m de dénivelé et se suit sur plusieurs centaines de kilomètres présentant tantôt les caractères d'une falaise vive, affectée par de grands glissements de terrain, tantôt ceux d'une falaise morte (au sud d'Arica, 18°28 S), précédée d'une plate-forme d'abrasion marine soulevée et faillée.

Les modelés des domaines arides sont traités à partir du désert d'Atacama tandis que les exemples de milieux semi-arides sont pris dans le Norte Chico où Roland Paskoff avait montré dès la fin des années 1960 la lenteur de l'évolution géomorphologique actuelle notamment dans l'étage semi-aride côtier : hydratation et haloclastie sur les roches cristallines, érosion limitée due aux écoulements superficiels lors des fortes averses, phénomènes éoliens de déflation et d'accumulation.

Les glaciers et le modelé glaciaire sont traités à partir de nombreux documents allant des Andes du Norte Chico aux Andes patagones. Dans la cordillère d'Elqui notamment, les formes de décrépitude sont quelques glaciers rocheux en forme de langue, installés au pied des versants à l'ombre, surtout tournés vers le Sud, et lors des années plus neigeuses, des champs de pénitents, caractéristiques des milieux de haute montagne aride, persistant pendant plusieurs mois. Roland Paskoff avait étudié les héritages laissés par les glaciers quaternaires dans la géomorphologie du Chili semi-aride, mais il avait étendu la problématique aux différentes glaciations andines, en faisant des comparaisons avec la chaîne des Cascades (47-49°N) et en traitant les deux versants opposés chilien et argentin vers 40-42°de latitude sud (Paskoff, 1976, 1977).

La haute cordillère lui a fourni également des exemples de modelé périglaciaire avec les processus liés au gel et à la neige, actifs au-dessus de 3000 m, et tendant à oblitérer les formes héritées de la dernière glaciation. Ces processus cryonivaux sont à l'origine de l'évolution des versants avec formation de cônes d'éboulis, coulées de pierres tandis que des pavements, des ébauches de sols striés se forment sur les pentes faibles.

Les formes littorales constituent également un des points forts de l'*Atlas des formes de relief du Chili*. En effet, depuis les années 1970, les recherches de Roland Paskoff se sont nettement orientées vers la géomorphologie littorale, et il a consacré plusieurs publications à l'évolution du littoral chilien et aux impacts de l'homme et de ses aménagements sur cette évolution.

Ainsi, les caractéristiques et l'évolution géomorphologique des plages du Chili central, entre l'embouchure du Rio Maipo et Valparaiso, ont-elles été étudiées (Paskoff et Canto, 1983). Dans un contexte marqué par des houles dominantes du sud-ouest, et une dérive littorale orientée vers le Nord, les plages bénéficient de l'alimentation fournie par la charge alluviale abondante apportée par les cours d'eau. Le bilan sédimentaire est donc équilibré ou légèrement excédentaire. Il arrive néanmoins que des ondes de tempêtes y apportent leur action d'érosion tandis que plus rarement se produisent des tsunamis dont les effets sur la côte peuvent être importants (Paskoff, 1991). Le vent modèle les champs de dunes (Paskoff et Manríquez, 2004). Mais l'équilibre peut être rompu par des actions anthropiques.

Ainsi, le rejet dans la baie de Chañaral (26°20'S) de 4 400 000 m^3/an de matériaux stériles, sous-produits de la concentration du minerai de cuivre de la mine de Potrerillos puis d'El Salvador entre 1938 et 1975, a-t-il entraîné une progradation de la côte, de l'ordre de 900 m entre 1958 (Paskoff et Petiot, 1989). 60 % des matériaux sont restés dans la baie, notamment la fraction sableuse qui représentait la moitié du volume total. Les caractéristiques de la plage située au fond de la baie ont été modifiées et, à la place de sables gris coquilliers, on trouve des sables clairs sans fraction grossière. Depuis 1975, les rejets se font dans une zone côtière proche au nord de la baie de Chañaral (Caleta Agua Hedionda). Ils sont de l'ordre de 10 400 000 m^3/an. Dans ce secteur, la côte qui était rocheuse est maintenant bordée par une plage de 5 km de long et 300 m de large.

Conclusion

Les travaux de recherche que Roland Paskoff a menés sur le Chili ont fait considérablement progresser les connaissances géomorphologiques sur le domaine semi-aride, mais aussi sur les variations du niveau de l'océan Pacifique au cours du Quaternaire.

Au-delà de l'analyse des formes et de l'évolution géomorphologique, Roland Paskoff s'est également intéressé aux relations que l'homme entretient avec son environnement et particulièrement aux problèmes de gestion avec notamment les impacts des activités humaines sur l'évolution des littoraux ou les risques pour les sociétés et leur environnement : submersion, érosion, inondations, glissements, dégradation des milieux dunaires.

Références bibliographiques

BRÜGGEN J., 1950. *Fundamentos de la geologia de Chile*. Instituto Geografico Militar, Santiago.

DARWIN CH., 1846. *Geological observations on South America*. Smith, Elder and Co, Londres.

DOMEYKO I., 1848. Mémoire sur le terrain tertiaire et les lignes d'ancien niveau de l'océan du sud, aux environs de Coquimbo (Chili). *Annales des Mines*, 14, 153-162.

HERM D., 1969. Marines Pliozän and Pleistozän in Nord - und Mittel - Chile unter besonderer Berücksichtigung der Entwicklung der Mollusken-Faunen. *Zitteliana*, 2, 1-159.

HERM D. & PASKOFF R., 1967. Vorschlag zur Gliederung des Marinen Quartärs in Nord-und Mittel-Chile. *N.Jb.Min.Geol.Paläont.Mh.*,10, p. 577-588.

LEONARD E.M. & WEHMILLER J.F., 1992. Low upliftrates and terrace reoccupation inferred from mollusk aminostratigraphy, Coquimbo Bay area, Chile. *Quaternary Research*, 38, 246-259.

OTA Y., MIYAUCHI T., PASKOFF R., KOBA M, 1995. Plio-Quaternary marine terraces and their deformations along the Altos of Talinay, north-central Chile. *Revista Geologica de Chile,* 22.

OTA Y. & PASKOFF R., 1993. Holocene deposits on the coast of north-central Chile: radiocarbon ages and implications for coastal changes. *Revista Geologica de Chile*, 20, 25-32.

PASKOFF R., 1963. Indices morphologiques d'un stationnement de l'Océan Pacifique à 5-7 m au-dessus de son niveau moyen actuel sur le littoral du Chili central. *C.R. somm. Soc. Géol. France,* 6, 191.

PASKOFF R., 1963. Note préliminaire sur l'âge de la Cordillère de la Côte du Chili central. *C.R. somm. Société Géol. France,* 7, 217.

PASKOFF R., 1963. Réponse à la communication de M. O. Dollfus: « Observations aux communications de M. Roland Paskoff ». *C.R. somm. Soc. Géol. France*, 8, 281.

PASKOFF R., 1963. Probabilidad de un antiguo nivel del Océano Pacífico 1 o 2 m más alto que el nivel actual. *Bol. Univ. Chile,* 41, 45-46.

PASKOFF R., 1963. Observations morphologiques sur les dépôts quaternaires de la basse vallée du Rio La Ligua (Chili central). *Bull. Soc. Géol. France*, 7° sér., 5, 644-649.

PASKOFF R., 1963. Genesis de las orillas cuaternarias. *Rev. Chil. Hist. Geog.,* 131, 261-268.

PASKOFF R., 1963. Remarques sur des niveaux marins et fluviaux autour de la baie de Coquimbo (Chili). *Bull. Ass. Géog. Franç.*, 320-321, 2-18.

PASKOFF R., 1963. Observaciones sobre formas volcánicas en los alrededores de Ovalle. *Informaciones Geográficas,* 11-14, 9-17.

PASKOFF R. (en collaboration avec H. Fuenzalida, R. Cooke, K. Segerstrom & W. Weischet), 1965. High stands of Quaternary sea level along the Chilean coast. *Spec. Paper, Geol. Soc. Am.,* 473-496.

PASKOFF R., 1966. Estudio morfométrico de los rodados de la terraza principal del curso inferior del Río la Ligua. *Unión Geográfica.Internacional, Conferencia Regional, Mexico,* 3, 82-87.

PASKOFF R., 1966. Observaciones geomorfológicas sobre el curso inferior del Río Limari, Chile. *Unión Geográfica Internacional Conferencia Regional*, Mexico, 3, 281-283.

PASKOFF R., 1966. Premiers résultats de l'étude morphométrique des cailloutis de la formation Las Chilcas (Chili central). *Estudios Geográficos,* Universidad de Chile, 157-163.

PASKOFF R. (en collaboration avec R. Hoffstetter), 1966. Présence des genres *Macrauchenia* et *Hippidion* dans la faune pléistocène du Chili. *Bull. Mus. Nat.*, 2° sér., 38, 476-490.

PASKOFF R., 1966. Terrasses littorales et tectonique récente entre l'embouchure du Rio Limari et la baie Teniente, province de Coquimbo, Chili. *Revista Geográfica,* 65, 57-67.

PASKOFF R. (en collaboration avec D. Herm & J. Stiefel), 1966. Premières observations sur les environs de la baie de Tongoy (Chili). *Bull. Soc. Géol. France,* 7° sér., 8, 21-24.

PASKOFF R. (en collaboration avec D. Herm), 1966. Note préliminaire sur le Tertiaire supérieur du Chili centre-nord. *Bull. Soc. Géol. France,* 7° sér., 8, 760-765.

PASKOFF R., 1967. Aspects nouveaux de la géologie du Chili. *Annales de Géographie*, 416, 500-505.

PASKOFF R., 1967. Recent state of investigations on Quaternary sea levels along the Chilean coast between 30° and 33° S. *Journ. Geosc. Osaka City University,* 10, 107-113.

PASKOFF R., 1967. Une coupe du Quaternaire marin près de La Serena, province de Coquimbo, Chili. *Bull. Assoc. Franç. Étude Quaternaire,* 11, 87-101.

PASKOFF R. (en collaboration avec D. Herm), 1967. Vorschlag zur Gliederung des marinen Quartärs in Nord und Mittel-Chile. *N. Jahrb. Min. Geol. Pal.,* 10, 577-588.

PASKOFF R., 1967. Notes de morphologie glaciaire dans la haute vallée du Rio Elqui, province de Coquimbo, Chili. *Bull. Assoc. Géog. Franç.*, 350-351, 44-55.

PASKOFF R., 1967. Los cambios climáticos plio-cuaternarios en la franja costera de Chile semi-árido. *Bol. Asoc. Geóg. Chile,* 1, 3.

PASKOFF R., 1967. Antecedentes generales sobre la evolución del litoral de Chile del Norte durante el Plioceno y el Cuaternario. *Bol. Asoc. Geóg. Chile,* 3, 3-4.

PASKOFF R., 1968. Proposition de classification du Pliocène continental du Chili centre-nord. *C.R. somm. Soc. Géol. France,* 7, 226-227.

PASKOFF R., 1970. *Recherches géomorphologiques dans le Chili semi-aride.* Bordeaux, Biscaye, 420 p.

PASKOFF R., 1970. Sur les relations possibles entre un ensemble de terrasses marines émergées et les caractères de la marge continentale du Chili entre 30° et 33° Sud. *Quaternaria,* 12, 35-45.

PASKOFF R., 1971. Edad radiométrica del mastodonte de Los Vilos. *Notic. Mens. Museo Hist. Nat.* Santiago, 177, 11.

PASKOFF R., 1971. État résumé des acquisitions récentes sur le Quaternaire Chilien. *Cahiers de Géographie du Québec,* 35, 289-314.

PASKOFF R., 1972. Les terrasses d'abrasion de la côte du Chili semi-aride. *International Geography*, Montréal, 1, 96-98.

PASKOFF R., 1972. Formes de glaciation résiduelle dans la Cordillère de l'Elqui, province de Coquimbo, Chili. *Photo-Interprétation,* 3, 8-13.

PASKOFF R., 1972. Morphogenèse quaternaire aux alentours de l'embouchure du Rio Elqui, province de Coquimbo, Chili. *Photo-Interprétation,* 4, 1-7.

PASKOFF R., 1973. Regards sur la géographie physique des Andes méridionales. *Information Géographique,* 2, 71-93.

PASKOFF R., 1973. The Plio-Quaternary climatic changes along the semi-arid seaboard of Chile. *Coastal Deserts,* Univ. Arizona Press, 147-151.

PASKOFF R., 1973. Radiocarbon dating of marine shells taken from the north and central coast of Chile. *IX INQUA International Congress Proceedings,* Christchurch, 221-222.

PASKOFF R. (en collaboration avec C. Caviedes), 1975. Quaternary glaciations in the Andes of north-central Chile. *Journal of Glaciology,* 14, 70, 155-170.
PASKOFF R., 1977. Quaternary of Chile: the state of research. *Quaternary Research,* 8, 2-31.
PASKOFF R., 1978. L'évolution géomorphologique du grand escarpement côtier du désert chilien. *Géographie Physique Quaternaire, 32,* 4, 351-360.
PASKOFF R., 1979. Aspects géomorphologiques du grand escarpement côtier du désert chilien. *Photo-Interprétation,* 1, 19-32.
PASKOFF R., 1979. Un colloque au Brésil sur les variations du niveau de la mer pendant l'Holocène. *Annales de Géographie* 488, 485-489.
PASKOFF R., 1979. Late Cenozoic crustal movements and sea level variations in the coastal area of northern Chile. *Earth Rheology, Isostasy and Eustasy,* 487-496.
PASKOFF R. (en collaboration avec E.C.F. Bird), 1979. Relationships between vertical changes of land and sea level and the advance and retreat of coastlines. *Proceedings of the 1978 International Symposium on Coastal Evolution in the Quaternary,* Sao Paulo, 29-40.
PASKOFF R., 1979. Données à propos des variations relatives du niveau de l'Océan Pacifique au cours de l'Holocène sur la côte du Chili du Nord et du centre. *Proceedings of the International Symposium on Coastal Evolution in the Quaternary,* Sao Paulo, 449-552.
PASKOFF R., 1980. Progrès récents dans la connaissance géologique du Chili. *Annales de Géographie,* 495, 647-649.
PASKOFF R., 1989. Les variations du niveau de la mer. *Annales de Géographie,* 546, 215-218.
PASKOFF R., 1989. Zonality and main geomorphic features of the Chilean coast. *Essener Geogr. Arbeiten,* 18, 237-267.
PASKOFF R., 1990. Les variations du niveau de la mer pendant le Quaternaire. *Annales de Géographie,* 556, 720-721.
PASKOFF R., 1991. Likely occurrence of a mega-tsunami in the middle Pleistocene, near Coquimbo, Chile. *Revista Geológica de Chile*, 18, 87-91.

PASKOFF R. (en collaboration avec Y. Ota), 1993. Holocene deposits on the coast of north-central Chile: radiocarbon ages and implications for coastal changes. *Revista Geológica de Chile*, 1, 20, 15-22.

PASKOFF R., 1993. *Geomorfologia de Chile semiarido*. Université de La Serena, Chili, 321 p.

PASKOFF R. (en collaboration avec Y. Ota, T. Miyauchi & M. Koba), 1995. Plio-Quaternary marine terraces and their deformation along the Altos de Talinay, north-central Chile. *Revista Geológica de Chile*, 22, 1, 89-102.

PASKOFF R., 1995. Field meeting in the La Serena-Coquimbo Bay area (Chile). Livret-guide, PIGC, Projet 367, ORSTOM, Santiago-du-Chili, 69 p.

PASKOFF R., 1996. *Atlas de las formas de relieve de Chile*. Instituto Geogràfico Militar, Santiago, Chili, 288 p.

PASKOFF R. (en collaboration avec H. Manriquez), 1997. Manejo del borde costero y desarrollo sustentable en Chile central (IV y V regiones). *Terra Australis*, 42, 73-89.

PASKOFF R. (en collaboration avec H. Manriquez), 1999. Ecosystem and legal framework for coastal management in central Chile. *Ocean & Coastal Management*, 42, 105-117.

PASKOFF R., 1999. Contribuciones recientes al conocimiento del Cuaternario marino del centro y norte de Chile. *Revista de Geografía Norte Grande*, 26, 43-50.

PASKOFF R. (en collaboration avec H. Manriquez), 2004. *Las dunas de la costa de Chile*, Instituto Geográfico Militar, Santiago du Chili, 112 p.

CHAPITRE 2 – TRAVAUX REALISES EN TUNISIE

Résumé

Les deux textes que comprend ce chapitre présentent deux volets majeurs des travaux réalisés par Roland Paskoff sur les variations du niveau de la mer en Tunisie. Le premier concerne la mise en place d'un schéma stratigraphique du Pléistocène supérieur et de l'Holocène, et le second le développement de recherches géoarchéologiques interdisciplinaires. Ce dernier a permis à Roland Paskoff d'aborder les questions du recul du trait de côte et des variations du niveau de la mer sous un angle original. L'ensemble de ces recherches illustrent par ailleurs l'important travail d'equipe qui s'est développé en Tunisie.

Mots-clés : variations du niveau marin, stratigraphie, géoarchéologie, Tunisie

Abstract

The two papers included in this chapter deal with two different fields of the research work carried out by Roland Paskoff on sea level changes in Tunisia. The first one presents the setting up of a stratigraphic model of late Pleistocene and Holocene, and the second one the development of an interdisciplinary archaelogical research programme. This programme offered a good opportunity to renew the approach of coastal retreat and sea level changes. At last, these works also illustrate the collective research process which has developed in Tunisia.

Key words: sea level changes, stratigraphy, geoarchaeology, Tunisia

2.1. Les variations du niveau de la mer depuis le Tyrrhénien en Tunisie

Mongi BOURGOU*

**Professeur de Géographie, Faculté des Sciences Humaines et Sociales, Université de Tunis*

Résumé

Les recherches réalisées entre 1974 et 1983 par R. Paskoff et P. Sanlaville ont débouché sur la mise en place d'un schéma stratigraphique du Pléistocène supérieur et de l'Holocène pour les côtes tunisiennes qui modifie et précise les données antérieures.

Mots-clés : Tyrrhénien, Würm, Holocène, oscillations eustatiques et climatiques, Tunisie

Abstract

Research works carried out by R. Paskoff and P. Sanlaville from 1974 to 1983 led to the elaboration of a stratigraphic scheme of late Pleistocene and Holocene times on Tunisian coasts. This work has brought news elements and details to previous data.

Key words: Tyrrhenian, Würm, Holocene, eustatic changes, climate changes, Tunisia

Introduction

Les recherches de Roland Paskoff sur l'évolution des côtes tunisiennes depuis le Tyrrhénien ont surtout commencé lorsque la sous-commission pour l'étude des lignes de rivage quaternaires de la Méditerranée et de la Mer Noire, présidée alors par Paul Sanlaville, a décidé, au Congrès de Birmingham en 1977, de mettre à l'ordre du jour de ses travaux l'étude du Tyrrhénien. Des recherches systématiques ont alors été effectuées sur l'ensemble du littoral tunisien, de nombreuses coupes ont été décrites (1976, 1977, 1978, 1979a, 1980a et b, 1981, 1982, 1986…), et un schéma stratigraphique de synthèse a été présenté (Paskoff et Sanlaville, 1983). Ce schéma a servi de base pour des recherches ultérieures (Oueslati, 1994) et a permis de confronter des points de vue (J.P. Perthuisot, 1977 ; Mahmoudi, 1986).

Les premiers résultats obtenus par R. Paskoff et P. Sanlaville, en particulier sur le Tyrrhénien, ont été présentés lors de l'excursion-table ronde internationale organisée en 1979 en Tunisie, sous l'égide de la sous-commission Méditerranée-Mer Noire des lignes de rivage de l'INQUA (Paskoff et Sanlaville, 1979b).

2.1.1. La mise en place d'un nouveau schéma stratigraphique

Le schéma de synthèse du Pléistocène supérieur et de l'Holocène des côtes tunisiennes a été proposé par Paskoff et Sanlaville en 1983 (fig. 11), dans un livre paru dans la collection de la Maison de l'Orient Méditerranéen. L'on rapportera ici les principaux résultats obtenus. L'on peut d'abord insister sur le fait que ce schéma modifie et précise les données établies par leurs prédécesseurs, notamment par Overweg (1851), Lamothe (1905), Flick et Pervinquière (1904), Depéret (1918), Solignac (1927), Zeuner (1945), Castany (1955 et 1962), Coque (1962) et Jauzein (1967).

Par ailleurs, des doctorants (Ben Ouezdou, Bourgou, Karray, Mathlouthi et Oueslati) du Département de Géographie de l'Université de Tunis ont été associés à l'équipe de R. Paskoff et P. Sanlaville, contribuant significativement à l'élaboration de cette stratigraphie (Oueslati, 1980 ; Bourgou, 1982) et à la précision de la chronologie des événements survenus au cours du Pléistocène supérieur et de l'Holocène (Ben Ouezdou, 1983).

Les nouvelles observations de cette équipe ont bénéficié du développement économique du littoral du pays au cours des années 1970 et 1980 : parallèlement à la croissance des villes et à la multiplication des projets d'aménagements, les carrières se sont multipliées, la lecture des coupes en a été facilitée et les possibilités de prospection sont devenues plus aisées.

Les travaux réalisés ont démontré que la stratigraphie du Pléistocène supérieur et de l'Holocène était plus complexe qu'on ne le croyait jusque-là (Castany, 1962 ; Coque, 1962 ; Kchouk, 1963 ; Grosse, 1969 ; Perthuisot, 1975), puisque de nombreuses formations sédimentaires nettement indépendantes ont été identifiées et trois transgressions tyrrhéniennes mises en évidence d'une façon sûre. Il existe également des indices en faveur d'oscillations eustatiques würmiennes et des témoins éloquents de variations du niveau de la mer pendant l'Holocène. R. Paskoff et P. Sanlaville (1976 et 1983) ont donné aux différentes formations de cette stratigraphie une terminologie régionale (fig. 11).

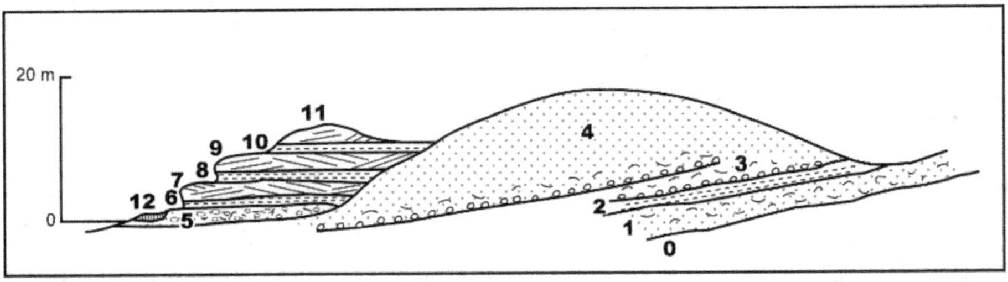

Fig. 11 – Coupe synthétique et interprétative du Quaternaire récent sur la côte de Tunisie (source : Paskoff et Sanlaville, 1983, p. 8)
Fig. 11 *– Cross section and interpretation of late Quaternary on Tunisian coasts (source: Paskoff and Sanlaville, 1983, p. 8)*

0 : Substratum prétyrrhénien ; 1 : Dépôts marins littoraux de la formation Douira ; 2 : Sables limoneux rouges continentaux ; 3 : Dépôts de plage à strombes de la formation Rejiche ; 4 : Éolianite de la formation Rejiche. ; 5 : Conglomérat de plage à strombes de la formation Chebba ; 6 : Sables limoneux continentaux de la formation Aïn Oktor ; 7 : Éolianite coquillière de la formation Cap Blanc (membre inférieur) ; 8 : Sables limoneux rouges continentaux de la formation Sidi Daoud ; 9 : Éolianite coquillière de la formation Cap Blanc (membre supérieur) ; 10 : Sables limoneux rouges continentaux de la formation Dar Chichou ; 11 : Éolianite de la formation Sidi Salem ; 12 : Dépôt de plage holocène.
0 : Pre-tyrrhenian substratum; 1. Marine coastal deposits of the Douira Formation; 3. Beach deposits with strombes of the Rejiche Formation; 4. Aeolianites of the Rejiche Formation; 5. Beachrocks with strombes of the Chebba Formation; 6. Continental silty sands of the Aïn Oktor Formation; 7. Shelly aeolianites of the Cap Blanc Formation (lower part); 8. Red silty continental sands of the Sidi Daoud Formation; 9. Shelly aeolianites of the Cap Blanc Formation (upper part); 10. Red silty continental sands of the Dar Chichou Formation; 11. Aeolianites of the Sidi Salem Formation; 12. Holocene beach deposit.

La plus ancienne formation tyrrhénienne, la *formation Douira*[1] *(1)*, est faite de dépôts marins à faune banale. Son existence et sa signification ont pu être démontrées à Douira (Paskoff et Sanlaville, 1976) où elle est constituée de lamellibranches associés à des galets et à des graviers. Elle n'a jamais été identifiée dans le sud du pays et c'est au Cap Bon qu'elle se manifeste le mieux. Elle ne renferme pas d'oolithes et l'on n'y a jamais découvert de strombes. Son attribution au dernier interglaciaire est confirmée par la radiochronologie : les datations au 230 Th/234U ont donné une moyenne de 120 000 à 125 000 ans. Cette formation témoigne d'une période transgressive assez longue pendant laquelle le niveau marin aurait été situé vers 10-15 m. Elle semble n'être séparée de la formation tyrrhénienne qui lui succède que par un mouvement régressif d'ampleur et de durée limitées.

La formation Douira n'est pas accompagnée de dunes. Toutefois, une couche continentale, témoignant d'une régression, la sépare à Douira d'une formation tyrrhénienne plus récente.

Une formation d'âge eutyrrhénien (environ 110 000 ans B.P) surmonte la couche post-Douira. Elle a été mise en évidence pour la première fois dans la région de Mahdia (Paskoff et Sanlaville, 1976), et baptisée sous le nom de *formation Réjiche* (2). Elle est de loin la formation la plus fréquente, la plus développée et la plus caractéristique.

Souvent présente de la frontière algérienne à la frontière libyenne, elle est remarquable par son abondance en oolithes. « *Elle se présente sous la forme d'un bourrelet qui peut dépasser 30 m d'altitude associant souvent à la fois des dépôts marins et dunaires. En effet, les dépôts marins passent progressivement vers le haut à du matériel éolien consolidé, plus fin et plus homométrique, à stratification dunaire caractéristique, toujours riche en oolithes à partir du Cap Bon et en allant vers le Sud* » (Paskoff et Sanlaville, 1976). Le faciès qui domine souvent est le calcaire oolithique sur la côte orientale (Cap Bon oriental, Mahdia, extrême sud-est,...) et les grès quartzeux sur la côte septentrionale et à certains endroits de la côte orientale (Hergla, Sahline...). Sa partie basale est constituée par des sédiments de plage ou d'avant-plage, riches en faune, particulièrement *Strombus*

[1] 1,2 et 3 du nom de 3 villages dans le Sahel.

bubonius, et dans lesquels existent des ravinements intra-formationnels signalant des oscillations du niveau de la mer.

Une plage à faciès conglomératique, désignée sous l'appellation de *formation Chebba* (3) et rapportée au Néotyrrhénien (environ 80 000 ans B.P.) ravine la fo*rmation Réjiche* (Paskoff et Sanlaville, 1976). Les dépôts de cette dernière transgression tyrrhénienne ayant atteint 2-5m, se présentent souvent sous l'aspect d'un conglomérat hétérométrique aux éléments souvent mal roulés, avec une macrofaune abondante parmi laquelle des strombes, presque toujours remaniés. Séparés de l'Eutyrrhénien par une régression d'ampleur modeste et de durée assez brève, les dépôts témoignent par leur faciès d'un milieu littoral agité dans lequel arrivaient des alluvions continentales. Il atteste une péjoration climatique associée à une crise morphogénique marquant le passage d'un régime de biostasie interglaciaire à une situation de rhexistasie de période plus arrosée et plus fraîche, pendant laquelle les versants vont fournir de grandes quantités de débris. La formation Chebba n'est pas accompagnée d'une dune.

Des dépôts continentaux rougeâtres, ruisselés ou colluvionnés et désignés sous l'appellation de *formation Aïn Oktor* (4)[2], ravinent la partie supérieure de la *formation Chebba* et marquent le début du Würm. Il s'agit en grande partie d'un remaniement de matériaux pédologiques (Bonvallot et Paskoff, 1983), emballant des pièces d'une industrie moustérienne.

Une éolianite recouvre la formation Aïn Oktor et se divise en deux membres (*formation Cap Blanc I* et *formation Cap Blanc II*). Le Cap Blanc (environs de Bizerte) a été choisi comme localité éponyme de l'éolianite post-tyrrhénienne qui affleure largement sur toute la côte de la Tunisie septentrionale et nord-orientale.

L'éolianite Cap Blanc, caractérisée par son litage incliné et par la présence d'*Hélix*, est riche en fraction coquillière d'origine marine, ce qui laisse penser que le matériel a une origine marine proche. Les deux membres de l'éolianite Cap Blanc sont séparés par une couche de sables limoneux continentaux, souvent de couleur rougeâtre et rechargée en carbonates : c'est la *formation Sidi Daoud* (5) à industrie atérienne. Ces deux membres traduisent alors deux oscillations

---

[2] 4, 5 et 6 du nom de trois localités de la péninsule du Cap Bon.

eustatiques positives intervenues très probablement pendant la première partie du Würm. De telles oscillations se sont beaucoup rapprochées du niveau actuel de la mer, mais sans jamais l'atteindre.

Dans l'extrême sud de la Tunisie, tout particulièrement dans le sud de l'île de Djerba et sur les littoraux de Zarzis, existent des sables coquilliers grésifiés, épandus par le vent, connus sous l'appellation de *formation Tlêt*[3]. Cette dernière représente vraisemblablement l'équivalent de la *formation Cap Blanc II.* Les datations par la méthode du 14C donnent un âge de 20 690 ± 3600 ans pour des grès coquilliers de l'oued Fahmine, à Djerba, et 23 090 ± 560 pour des fragments d'œufs d'Autruche trouvés dans la région de Tlêt à Djerba et à l'oued Ogla à Zarzis. Ceci confirme que la formation Tlêt n'est pas tyrrhénienne, comme l'a pensé Perthuisot (1977), mais qu'elle est associée à une transgression intra-würmienne qui n'a pas atteint le niveau zéro actuel.

Le membre supérieur de la formation Cap Blanc est recouvert par des sables limoneux rougeâtres avec présence fréquente d'éléments colluvionnés, la *formation Dar Chichou*[4], d'âge fini-würmien et à industrie ibéromaurusienne.

L'éolianite la plus récente, la *formation Sidi Salem*[5], est une ancienne dune bordière édifiée alors que la transgression holocène approchait de sa culmination et que le niveau de la mer se situait légèrement au- dessous de la position qui est la sienne aujourd'hui. Cette éolianite est moins consolidée et plus grossière que toutes les autres. Les datations sur des *Hélix* dans ce grès à Gourine (péninsule de Jorf) et à Sidi Salem (Djerba) ont donné respectivement des âges de 4 210 ± 250 et 6 890 ± 390 ans B.P. Ce grès est donc holocène et en relation avec un maximum transgressif qui se situait entre 7 000 et 4 000 ans B.P. Cette dune littorale héritée n'est en relation avec aucun dépôt marin. Au moment de sa mise en place, le rivage était donc au-dessous du zéro actuel de 1 à 2 m.

L'éolianite Sidi Salem est souvent taillée (de Gourine à Taguermess) par un platier de corrosion à environ 60 cm, entraînant à

---

[3] L'existence et la signification de cette formation ont pu être démontrées à Tlêt, au sud de Guellela, à Djerba.

[4] Bien développée dans le Cap Bon, là où elle a été mise en évidence pour la première fois.

[5] Mise en évidence pour la première fois à Sidi Salem, à Djerba.

la fois la légère induration de cette éolianite et l'élaboration d'un platier. Ce dernier est visible en plusieurs endroits du littoral sud-est (Dalongeville et *al.*, 1980). Dans la région de Gourine par exemple, se trouve un platier rocheux fossile de quelques mètres de largeur, taillé vers 0,60 à 0,80 m. Au sud de Gourine, existent de nombreuses traces de stationnements de la mer pendant l'Holocène, au-dessus de sa position actuelle.

La mer pénétrant par endroits, a déposé des sédiments littoraux comme à Cheikh Yahyia à Djerba, où des sédiments sont datés d'environ 2700 ans B.P. C'est cette mer qui a taillé un trottoir dans les sables légèrement cimentés de la formation Sidi Salem à Lalla Meryem (presqu'île de Zarzis) et dans les calcaires oolithiques de la formation Réjiche (lobes de Bahiret el Biban). Une nouvelle baisse du niveau marin intervient ensuite avant que la mer ne se fixe enfin à son niveau actuel. C'est au cours de cette ultime remontée que les dépôts de l'oscillation positive précédente sont repris en beachrock.

2.1.2. Les particularités géomorphologiques régionales

L'étude du Quaternaire récent de la Tunisie littorale a été surtout faite à partir de coupes détaillées et d'une étude régionale. Ceci a permis de mettre en évidence les particularités géomorphologiques régionales et de proposer une interprétation chronologique et paléoclimatique des différentes phases du Pléistocène supérieur et de l'Holocène que résument les tableaux suivants (tab. 1 et 2).

Le parcours systématique du littoral et l'examen minutieux des formations et de leur extension permettent de faire une distinction nette entre la façade septentrionale d'une part et la façade orientale et méridionale d'autre part.

La façade septentrionale, dominée par des reliefs escarpés, et ouverte sur les vents dominants du nord-ouest, connaît un mode battu. La formation Cap Blanc est celle qui affleure le plus largement et elle se trouve souvent taillée en micro-falaise. En revanche, la façade orientale, plus abritée, a hérité des formations, surtout tyrrhéniennes, où domine un faciès généralement fin et riche en oolithes, témoignant d'une mer à basse énergie.

Pendant le Würm, c'est la façade septentrionale qui a conservé le plus de traces de changements climatiques et eustatiques. Au cours de

Nom de la formation	Altitude	Faciès	Principales coupes
AÏN OKTOR (Würm)		Couche rouge argilo-sableuse avec débris anguleux riche en *Hélix*	Partout
CHEBBA	1-2 m	Grès biodétritiques ; Au-dessus, conglomérat hétérométrique avec apports continentaux abondants à la base ; Macrofaune abondante ; Strombes ; Faible épaisseur	Difficile a mettre en évidence, sauf dans quelques sites (Ras el Koran, Cap Blanc, Hergla)
Régression	< 0	Simple ravinement : aucun dépôt continental	
REJICHE	8-10 m	Dunes au-dessus ; Dans le Nord, grès biodétritique, un ou plusieurs niveaux à galets ; Macrofaune à strombes ; Dans le Sud, oolithes et pellets ; Niveaux à galets et blocs ; Faune abondante (strombes)	Partout
Régression	?	Couche rouge argilo-sableuse à *Hélix*	Cap Bon, Douira, Taguermess
DOUIRA	12-15 m (13 m au Cap Bon)	Sables quartzeux à *Cardium ;* Absence de faune chaude ; Forte épaisseur parfois	Soliman Bou Ficha, Hergla, Douira, Chebba

Tab. 1 – Quelques données sur le Tyrrhénien de Tunisie
Source : Paskoff et Sanlaville, 1983, p. 158, allégé
Table 1 *– Several data on the Tunisian Tyrrhenian*
Source: Paskoff and Sanlaville, 1983, p.158, simplified

Formations	Industries et datations absolues	Dépôts littoraux	Formes et dépôts continentaux
DAR CHICHOU	Ibéromaurusien (Aîn el Jorf) 8 500-9 000 (o. el Akarit)	Régression	Limons sableux rouges ; Incision
CAP BLANC membre supérieur TLÊT	20.000±360 Gallêla 23 090 ± 560 o. Ogla	Deuxième transgression intra-Würmienne ; Vases carbonatées	Grès dunaires biodétritiques du Cap Blanc ; Grès de la formation Tlêt : Gallêla, Tlêt, o. Ogla
SIDI DAOUD	Atérien Cap Blanc (Gruet,1951) 25 000 à 28 000 (o. el Akarit)	Régression	Couche limono-sableuse rougeâtre à *Hélix*
CAP BLANC membre inférieur		Première transgression intra-Würmienne	
AÏN OKTOR	Moustérien	Régression	Couche limono-sableuse rougeâtre à *Hélix*
CHEBBA	Moustérien Cap Blanc (Gruet, 1951)	Dernière transgression tyrrhénienne ; Coupes de Cap blanc, Ras el Koran ; Cordon littoral d'Hergla, Chebba, el Gala	

Tab. 2 – Le Würm en Tunisie : données chronologiques et interprétation paléoclimatique (Paskoff et Sanlaville, 1983, p. 170, allégé)

Table 2 *– The Tunisian Würm: chronological data and paleo-climatic interpretation (Paskoff and Sanlaville, 1983, p. 170, simplified)*

cette période, ont alterné sur la côte septentrionale de la Tunisie la mise en place d'épandages colluviaux ou alluviaux et d'accumulations dunaires, résultat d'une combinaison de causes eustatiques et climatiques. Les dépôts ruisselés ou colluvionnés sont à mettre en relation avec une tendance à l'abaissement du niveau de la mer et la dominance d'un régime pluvieux et frais avec une évolution mécanique active des pentes. Ceci est d'autant plus juste que les dépôts ruisselés passent à l'amont à des éboulis ordonnés ou à des groizes et grèzes (Arnould et *al.*, 1979). Quant aux éolianites, riches en éléments biodétritiques d'origine marine, leur mise en place implique la proximité d'un rivage et est à mettre en relation avec des récurrences transgressives intra-würmiennes au cours desquelles le niveau de la mer s'est beaucoup approché du niveau actuel de la mer, sans jamais l'atteindre.

Quant à la façade orientale, pour une grande partie subsidente au cours du Quaternaire et bordée d'une plate-forme continentale très large et très faiblement inclinée, elle a très peu conservé les preuves de variations eustatiques et climatiques au cours du Würm. Cependant, plusieurs témoins de variations holocènes de la ligne de rivage existent en Tunisie méridionale : la calcarénite en bourrelet de la formation Sidi Salem, très riche en oolithes, témoigne d'une mer relativement calme et plus chaude que l'actuelle. Cette éolianite témoigne, elle aussi, de la proximité d'un rivage marin. Celui-ci aurait attaqué en falaise la formation Sidi Salem lors du maximum eustatique de l'Atlantique.

2.1.3. Indices de néotectonique

Des indices probants de néotectonique existent un peu partout sur le littoral tunisien : soulèvement d'Ouest en Est dans les alentours de Ras el Koran, contraintes tectoniques en compression entre le port de Bizerte et le Ras Zebib, qui a été responsable aussi de failles inverses qui affectent à ces endroits les formations Réjiche et Chebba (Martinez et Paskoff, 1984). Dans le drain de la Sebkha de Sahline (Sahel septentrional), le Tyrrhénien est ployé en voûte, puis s'abaisse rapidement. Le plateau de Monastir est faillé, déformé et basculé vers l'Est. Cet accident tectonique majeur est responsable d'un fort soulèvement du Tyrrhénien, notamment dans le secteur de Djama

Kortil, où le rejet vertical de la faille est de plus d'une trentaine de mètres, mettant en affleurement des dépôts infralittoraux eutyrrhéniens que l'on ne trouve pas généralement ailleurs dans le pays (Paskoff et Sanlaville, 1983).

A été mise aussi en évidence la subsidence pendant le Quaternaire récent du littoral du golfe de Gabès. Les arguments sont nombreux : la formation Douira n'a jamais été observée ; les dépôts de plage de la formation Réjiche culminant généralement à 8-10 m n'ont jamais été observés ici au-dessus de 4 m ; la formation Chebba, dont la côte maximale se situe en moyenne vers 2-3 m le long du littoral tunisien, n'existe peut-être pas dans plusieurs régions (aux Kerkennah, par exemple). La submersion continue encore aujourd'hui, car confirmée par l'érosion généralisée qui affecte actuellement plusieurs sites antiques (Paskoff, 1979). Ce phénomène est surtout lié à une remontée du niveau de la mer entraînant en particulier le recul de la ligne de rivage par érosion et l'apparition de beachrock.

2.1.4. Valeur de la nouvelle stratigraphie du Quaternaire récent établie pour les côtes de Tunisie

La nouvelle stratigraphie élaborée par R. Paskoff et P. Sanlaville avec la collaboration de leurs élèves, est une étape décisive dans le progrès des connaissances sur l'évolution de la côte de Tunisie depuis le Tyrrhénien. D'abord, pour la première fois, le littoral a été étudié dans sa totalité et d'une façon détaillée ; ensuite de nombreuses datations radiométriques et des déterminations d'industries lithiques ont été faites pour donner davantage de force à cette stratigraphie ; enfin des corrélations avec des terrains voisins ont été tentées.

Ainsi, ont été pour la première fois identifiées :

- Trois formations marines tyrrhéniennes nettement distinctes, correspondant à trois pulsations transgressives successives ;
- Une histoire complexe de ce littoral au cours du Würm ;
- Des preuves plausibles de variations holocènes de la ligne de rivage.

L'étude méticuleuse d'innombrables coupes a permis de rectifier plusieurs interprétations erronées qui avaient fait l'objet de polémique et de trancher le débat. L'on peut citer en particulier l'attribution des principaux affleurements marins au Quaternaire récent et non à une période plus ancienne. De même en est-il de l'attribution du grès situé au pied de l'escarpement de Tlêt à Djerba, au vent et à une période post-tyrrhénienne et à corriger l'hypothèse erronée qui attribuait sa mise en place à la mer (Bellair, 1954) au cours de l'Eutyrrhénien (Perthuisot, 1977).

2.1.5. Corrélations avec des littoraux voisins

Des corrélations (fig. 12) entre le Tyrrhénien de Tunisie et ceux des littoraux de la Méditerranée ont également été proposées (Paskoff et Sanlaville, 1982). Elles ont mis en évidence la valeur générale du Tyrrhénien de Tunisie pour l'ensemble de la Méditerranée tant occidentale (Ozer *et al.*, 1980 ; Baena *et al.*, 1981) qu'orientale (Sanlaville, 1977). De fait, si la formation Douira n'a pas toujours d'équivalent, les formations Réjiche et Chebba ont bien leur réplique exacte (Ozer *et al.*, 1980 ; Paskoff et Sanlaville, 1983) dans nombreux sites et pays (Santa Reparata, en Sardaigne ; Morro del gos, sur la côte catalane ; un peu partout sur la côte libanaise…).

En outre, ont pu être suggérées des corrélations entre les différentes formations du Pléistocène et de l'Holocène de Tunisie (Paskoff et Sanlaville, 1983) et les courbes de variation du niveau de la mer établies à la Barbade (Mesolella *et al.*, 1979) ou sur les récifs coralliens de Nouvelle-Guinée (Bloom *et al.*, 1974). La corrélation existe également avec les données fournies par les carottes océaniques (Shackleton et Opdyke, 1973) et les diagrammes polliniques de la Grande Pile, en France (Woillard, 1979).

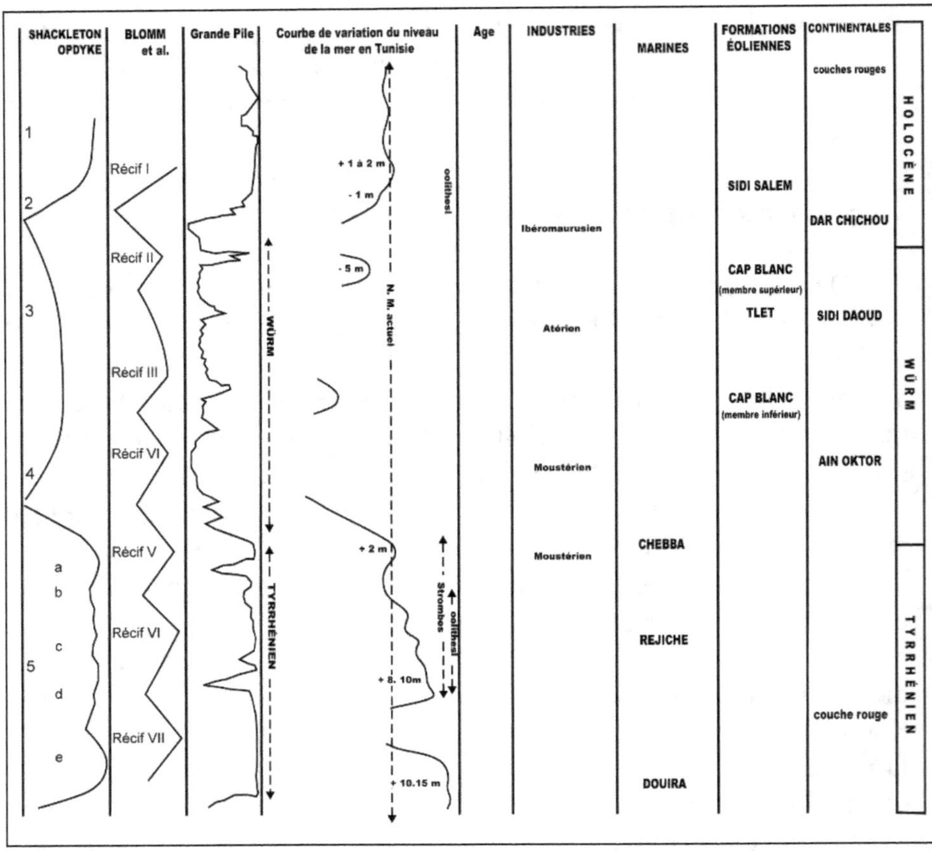

Fig. 12 – Courbe générale des variations de la ligne de rivage en Tunisie depuis le dernier interglaciaire et corrélations proposées (Paskoff et Sanlaville, 1983, p. 154)

***Fig. 12** – General curve of sea level changes in Tunisia since the last Interglacial stage and proposed correlations (Paskoff and Sanlaville, 1983, p. 154)*

2.1.6. Données nouvelles concernant le Pléistocène récent en Tunisie

Depuis 1983, de nombreux travaux ont été publiés sur le Pléistocène récent des côtes de la Tunisie. Des données nouvelles ont été acquises dans ce domaine. Elles ne remettent pas en question la synthèse de R. Paskoff et P. Sanlaville, puisque le cadre chronostratigraphique présenté en 1983 reste valable, mais elles apportent des retouches. Mahmoudi (1986) a critiqué, à juste titre, l'utilisation du terme de formation et a proposé celui d'unité chronostratigraphique. Les dépôts würmiens et surtout tyrrhéniens ont fait l'objet d'études sédimentologiques détaillées (Jédoui, 2002 ; Jédoui *et al.*, 2006 ; Hassin et *al.*, 2006). À cet égard, des figures synsédimentaires et postsédimentaires, d'origine mécanique et biologique, ont été analysées (Mahmoudi, 1986). Des datations absolues ont confirmé, dans ses grandes lignes, la chronologie de 1983 (Jédoui *et al.*, 2006). Le recours à des données géomorphologiques, sédimentologiques et archéologiques ont permis d'affiner le cadre chronologique des dépôts des formations würmiennes et de retracer avec précision les modifications paléoécologiques du milieu littoral au cours du Würm (Oueslati, 1994). Des détails et des précisions sur la morphogenèse au cours de l'Holocène ont été apportés. Ils sont dus à des travaux étalés sur plus d'une décennie (Abichou, 2002 ; Bourgou, 1993 ; Medhioub *et al.*, 1987 ; Oueslati,1994 ; Oueslati *et al.*, 2004).

Enfin, les nouveaux travaux (Bédir et Bobier, 1987, Ben Ayed *et al.*, 1988 a et b et Sghaier *et al.*, 2006) sur la tectonique des dépôts du Pléistocène supérieur des côtes de la Tunisie ont confirmé la permanence du régime compressif à orientation subméridienne (Martinez et Paskoff, 1984), succédant en Tunisie à la phase de plissement du Pléistocène inférieur.

Conclusion

Il ressort des travaux de R. Paskoff et P. Sanlaville que les phénomènes eustatiques, climatiques et tectoniques ont conjugué leurs effets pour modeler la physionomie de la frange côtière de la Tunisie au cours du Quaternaire récent.

Si au cours du Tyrrhénien le littoral a enregistré les traces de trois pulsations transgressives bien distinctes, au cours du Würm les données stratigraphiques montrent que l'histoire est beaucoup plus complexe encore que ce que l'on pensait et que le vent et les eaux courantes se sont relayés pour mettre en place une séquence répétitive de modifications climatiques et de variations du niveau de la mer.

Toutefois, au cours de cette période, le niveau marin s'est rapproché (récurrences transgressives intra-würmiennes) du zéro actuel sans cependant l'atteindre. Au cours de l'Holocène, plusieurs preuves de variations de la ligne de rivage s'y rattachent. Elles ont été mises en évidence dans tout l'extrême sud du pays.

Au-delà de l'apport scientifique, le rôle de R. Paskoff a été capital en suscitant des vocations chez ses élèves tunisiens, et chez bien d'autres spécialistes des sciences de la terre, et en assurant leur formation.

Références bibliographiques

ABICHOU H., 2002. *Les changements de paysages du bassin-versant de l'oued Tataouine-Fessi (Sud-Est Tunisie). Étude multiscalaire et micromorphologie des remplissages des sebkhas et étude des états de surface*. Thèse de Doctorat, Univ. Bordeaux III, 368 p. + cartes h-t.

ARNOULD P., KARRAY R., PASKOFF R., 1979. Remarques sur les dépôts quaternaires des environs d'Hammam-Lif (banlieue sud-est de Tunis, Tunisie). *Notes Serv. Géol. Tunisie*, 45, 103-106.

BAENA J., GOY J.L, ZAZO C., DUMAS B., HOYOS M., MARTINELL, PORTA J., 1981. *Excursion-table ronde sur le Tyrrhénien d'Espagne, Livret-guide, sous- commission Méditerranée-Mer Noire des Lignes de Rivage de l'INQUA*, Madrid- Lyon, 75 p.

BEDIR M. & BOBIER C., 1987. Les grabens de Mahdia et de Sidi Cherif (Tunisie orientale). *Bull. Soc. Géol. France*, III, 6, p. 1143-1151.

BELLAIR P., 1954. Contribution à l'étude des formations quaternaires de la bordure méridionale du Golfe de Gabès. *Bull. Soc. Sc. Nat. Tunisie*, 7, p.145-162.

BEN AYED N., BOURGOU M., KARRAY R., OUESLATI A., 1988. Déformations tectoniques dans le Quaternaire récent des rivages du Cap Bon (Aïn Oktor, Tunisie). Données néotectoniques et sismotectoniques. *Méditerranée*, 2, 11-16.

BEN AYED N. & OUESLATI A., 1988. Déformations tectoniques dans le Quaternaire récent de Ras Engela (région de Bizerte, Tunisie septentrionale). *Méditerranée*, 2, 17-21.

BEN OUEZDOU H., 1983. *Etude morphologique et stratigraphique des formations quaternaires des alentours du golfe de Gabès*. Thèse 3ème cycle, Géogr., Univ. Tunis, 244 p.

BLOOM A.L., BROECKER W.S., CHAPPEL M.A., MATHEWS R. K., MESOLELLA K.J., 1974. Quaternary sea level fluctuations on a tectonic coast: new Io/U dates from the Huon Peninsula, New Guinea. *Quaternary Research*, 4, 185-205.

BONVALLOT J. & PASKOFF R., 1983. Observations sur « les couches rouges » du Quaternaire supérieur dans la péninsule du Cap Bon (Tunisie). *Cahiers O.R.S.T.O.M. Géol.*, XIII, 2, 101-110.

BOURGOU M., 1982. *Contribution à l'étude géomorphologiques des accumulations dunaires de la péninsule du Cap Bon (Tunisie).* Thèse 3ème cycle, Géogr., Univ., Tunis, 245 p.

CASTANY G., 1955. Données nouvelles sur la stratigraphie du Quaternaire de Jerba. *Bull. Soc. Sc. Nat. Tunisie*, 8, 135-144.

CASTANY G., 1962. Le Tyrrhénien de la Tunisie. *Quaternaria*, 6, 29-269.

COQUE R., 1962. *La Tunisie présaharienne, étude géomorphologique.* Thèse, Paris, 476 p.

DALONGEVILLE R., PASKOFF R., SANLAVILLE P., THOMMERET J., THOMMERET Y., 1980. Témoins d'un niveau marin holocène supérieur à l'actuel en Tunisie méridionale. *C. R. Acad. Sc.*, Paris, 290, D, 303-306.

DEPERET CH., 1918. Essai de coordination chronologique des temps quaternaires. *C. R. Acad. Sc.,* Paris, 166, 480-486.

GROSSE M., 1969. *Recherches géomorphologiques dans la péninsule du Cap Bon (Tunisie)*. Publ. Univ. Tunis, 3ème série, 10, 358 p.

FLICK P.DA. & PERVINQUIERE L., 1904. Sur les plages soulevées de Monastir et de Sfax (Tunisie). *Bull. Soc. Géol. Fr.*, 4, 195-206.

JAUZEIN A., 1987. Contribution à l'étude géologiques des confins de la dorsale tunisienne (Tunisie septentrionale). *Annales Mines Géologie*, Tunis, 22, 475 p.

JEDOUI Y., KALLEL N., MONTACER M., REYSS J.L., 2006. Les variations du niveau marin et du climat dans le Sud-Est tunisien au cours du Pléistocène supérieur. Comm. *Coll. Les littoraux entre nature et société en hommage à R. Paskoff,* Tunis, 11-13 septembre 2006.

HASSIN M., SGHAEIR A., FAKHRAOUI M., BEN HAJ M., 2006. Nouvelle coupe de référence de la formation Réjiche. *Comm. Coll. Les littoraux entre nature et société en hommage à R. Paskoff,* Tunis, 11- 13 septembre 2006.

KCHOUK F., 1963. *Contribution à l'étude des formations dunaires de Dar Chichou*. Thèse de 3ème cycle, Sciences, Univ. Paris, 76 p.

LAMOTHE L. DE, 1905. Les dépôts pléistocènes à *Strombus bubonius* Lmk. De la presqu'île de Monastir (Tunisie). *Bull. Soc. Géol. Fr.*,5, 537-559.

MEDHIOUB K., SOUBADE A., ZAOUALI J., GUELORGET O., PERHUISOT J.P., 1987. Évolution paléogéographique de la Bahiret el Biban (Sud-Est tunisien) depuis 5 000 ans d'après les variations de la malacofaune et quelques données géochimiques. *Bull. Soc. Géol. Fr.*, III, 131-138.

MAHMOUDI M., 1986. *Stratigraphie, sédimentologie et diagenèse des dépôts tyrrhéniens du Sahel tunisien (Tunisie orientale)*. Thèse spécialité, Univ. Paris Sud, 323 p.

MARTINEZ CL. & PASKOFF R., 1984. Indices de distension pendant le Quaternaire récent en Tunisie : leur signification dans un régime de compression généralisé. *Cahiers O.R.S.T.O.M. Géo*l., XIV, 2, 153-161.

MEDHIOUB K., SAUBADE A., ZAOUALI J., GUELORGET O., PERTHUISOT J-P., 1987. Évolution paléogéographique de la bahiret el Biban (Sud-Est tunisien) depuis 5 000 ans d'après les variations de la malacofaune fossile et quelques données géochimiques. *Bull. Soc. Géol. Fr.,* III, 131-138.

MESOLELLA K.J., MATHEWS R.K., BROEKER W.S., THURBER D.L., 1979. The astronomical theory of climatic change: Barbados data. *J. Geology*, 77. 250-274.

OUESLATI A., 1980. *Jerba et Kerkna, étude géomorphologique*. Thèse 3ème cycle, Géogr., Univ. Tunis, 224 p.

OUESLATI A., 1994. *Les côtes de la Tunisie. Recherches sur leur évolution au cours du Quaternaire*. Pub. Fac. Sci. Hum., de Tunis, série Géogr., 37, 402 p.

OUESLATI A., PASKOFF, R., SANLAVILLE P.,1982. Le Tyrrhénien de Tunisie : essai de synthèse. *Bull. Soc. Géol. Fr.*, 2 , 173-178.

OUESLATI A., PASKOFF R., SLIM H., TROUSSET P., 1987. Déplacements de la ligne de rivage en Tunisie d'après les données de l'archéologie à l'époque historique. Déplacements des lignes de rivage en Méditerranée, *C.N.R.S.,* Paris, p. 67-85.

OVERWEG A.,1851. Geognostisch Bemerkungen auf der Reise von Philippeville über Tunis nach Tripoli und von hiernach Murzuk in

Fezzan (mit Anmerkungen der herren G. Rose und E. beyrich). *Z., Deutsch, Geol. Ges.*, 3, 801-804.

OZER A., PASKOFF R., SANLAVILLE P., ULZEGA A., 1980. Essai de corrélation du Pléistocène supérieur de la Sardaigne et de la Tunisie. *C. R. Acad. Sc.*, Paris, 291, D, 801-804.

PASKOFF R., 1979. Évaluation de la vulnérabilité à l'érosion marine de sites archéologiques antiques de la côte tunisienne. *Cahiers de Tunisie*, 109- 110, 301-326.

PASKOFF R. & SANLAVILLE P., 1976. Sur le quaternaire marin de la région de Mahdia, Sahel de Sousse, Tunisie. *C. R. Acad. Sc.*, Paris, D, 283, 16, 1715-1718.

PASKOFF R. & SANLAVILLE P., 1978. Sur l'origine de la formation Tlêt et sa place dans la stratigraphie du Quaternaire récent de la région de Jerba- Zarzis (Sud-tunisien). *C. R. Acad. Sc.*, Paris, 287, D, 1265-1268.

PASKOFF R. & SANLAVILLE P. (1979a). Le Quaternaire récent de Jerba et de la presqu'île de Zarzis. *Rev. Tun. Géogr.*, 3, 43-68.

PASKOFF R. & SANLAVILLE P. (1979b). *Livret-guide de l'excursion - table ronde sur le Tyrrhénien de Tunisie, INQUA, Commission des lignes de rivage, Sous-commission Méditerranée- Mer Noire*, 51 p.

PASKOFF R. & SANLAVILLE P., 1980a. Le Tyrrhénien de Tunisie : essai de stratigraphie. *C. R. Acad. Sc.*, Paris, 290 D, 393-396.

PASKOFF R. & SANLAVILLE P., 1980b. Formations marines quaternaires et tectonique littorale en Tunisie. *Actes colloque Niveaux marins et tectonique quaternaires dans l'aire méditerranéenne. C.N.R.S.* et Univ. Paris I, 29 nov. 1980, p. 355-374.

PASKOFF R. & SANLAVILLE P., 1983. *Les côtes de la Tunisie, variations du niveau de la mer depuis le Tyrrhénien.* Maison Orient Méditerranéen, série Géogr., 14, 192 p.

PASKOFF R. & SANLAVILLE P., 1986. Oscillations climatiques en Tunisie littorale depuis le dernier interglaciaire jusqu'au début de l'Holocène. *Bull. Assoc. Franç. Étud. Quat.*, 1-2, 78-83.

PERTHUISOT J.P., 1975. *La Sebkha el Melah de Zarzis, genèse et évolution d'un bassin paralique*. Trav. Lab. Géol., ENS., Paris, 9, 252 p.

PERTHUISOT J.P., 1977. Le lambeau de Tlêt et la structure néotectonique de l'île de Jerba (Tunisie). *C. R. Acad. Sc.*, Paris, D, 285, 1091-1093.

SANLAVILLE P., 1977. *Étude géomorphologique de la région littorale du Liban.* Publc. Univ. Libanaise, sect. Et. Géogr., Beyrouth, 2 tomes, 859 p. + cartes h-t .

SGHAEIR A., HASSIN M., OUAJA M., 2007. Événement tectonique intra-tyrrhénien dans la région du Sahel tunisien. *Les littoraux entre nature et société en hommage à R. Paskoff*, Tunis, 11-13 septembre 2006.

SHACKLETON N.J. & OPDYKE N.D., 1973. Oxygen isotope and paleomagnetic stratigraphy of equatorial Pacific Cores. V. 28-238: oxygen isotopes temperatures and ice volumes on a 10 5 year- 106 year Scale. *Quat. Res.*, 3, 39-55.

SLIM H., TROUSSET P., PASKOFF R., OUESLATI, A., 2004. *Le littoral de la Tunisie, étude géoarchéologique et historique. CNRS* Éditions, Paris, 508 p.

WOILLARD, 1979. Grande Pile Peat bog: a Continuous Pollen Record for the last 140 000 years. *Quaternary Research*, 9, 1-21.

2.2. La recherche géoarchéologique sur les côtes de la Tunisie : avec et après Roland Paskoff

Ameur OUESLATI*
**Professeur de Géographie, Faculté des Sciences Humaines et Sociales, Université de Tunis*

Résumé
Les recherches géoarchéologiques réalisées sur les côtes de la Tunisie sont encore peu nombreuses. Les plus importantes par leur durée, l'étendue de l'espace couvert et les résultats publiés ont été effectuées dans le cadre d'un programme de recherche qui a associé sur une dizaine d'années (1987-1997) des géomorphologues et des archéologues tunisiens et français. Roland Paskoff était membre de cette équipe. Sa présence et sa contribution ont été très importantes, tant pour la marche des travaux que pour l'apport scientifique.
Dans ce papier, nous tenterons, en plus d'un aperçu sur le cadre et les principaux apports d'un tel programme, de présenter quelques résultats de recherches plus récentes qui confirment l'intérêt du littoral tunisien pour les approches géoarchéologiques et qui appellent à poursuivre et à approfondir les recherches commencées avec R. Paskoff.

Mots-clés : géoarchéologie, littoral tunisien, paysages, patrimoine, paléoenvironnements

Abstract
Few geoarchaeological researches have yet been accomplished on the Tunisian coasts. The most important ones according to their duration, the extension of the covered area and published results have been related to a ten-years (1987-1997) scientific project which associated a team of Tunisian and French geomorphologists and archaeologists. Roland Paskoff was one of the permanent members of this team and his contribution was very important for the project running as well for the scientific results.
This paper tries to give first a brief outline of the context and main results of this project. It also presents some new results, which were obtained more recently and confirm the interest of Tunisian coasts for

the geoarchaeological approaches and invite to continue and deepen the work initiated with R. Paskoff.

Key words: geoarchaeology, Tunisian coasts, landscapes, inheritance, palaeoenvironment

Introduction

La recherche géoarchéologique en est encore à ses débuts en Tunisie. Dans le domaine côtier, elle n'a commencé à vraiment occuper les chercheurs qu'à partir de la deuxième moitié des années 1980. Roland Paskoff est l'un de ses principaux initiateurs grâce surtout à sa contribution décisive à la mise en place et à la marche d'un programme de recherche qui a permis à une équipe de géomorphologues et d'archéologues de se concerter durant une dizaine d'années et de parcourir, ensemble, tout le littoral.

En fait, ces travaux ont été effectués à une époque où R. Paskoff était déjà rentré en France, ce qui témoigne, de son attachement pour la Tunisie, terre dans laquelle il a vécu, enseigné et produit pendant quatorze ans. Mais le fait de ne pas être sur place ne lui avait pas permis, à la différence des travaux qu'il a consacrés à des thèmes développés antérieurement, d'être aussi présent sur le terrain qu'il l'aurait souhaité. La réalisation du programme de recherche précité, dont nous étions membre, s'est faite le plus souvent au rythme d'une mission par an. Si bien que, malgré l'importance des résultats, des points restent encore à creuser et des hypothèses à valider. L'un des principaux mérites du travail conduit avec Paskoff est d'inaugurer une nouvelle étape dans la recherche impliquant le géomorphologue en Tunisie.

Dans cette contribution, nous tenterons, après un aperçu sur ce programme et ses principaux apports, de présenter quelques résultats de recherches plus récentes[6] qui, d'un côté, confirment des idées

---

[6] Une partie de l'information a été obtenue grâce à des observations de terrain effectuées dans le cadre de programmes de recherche financés par la Commission Européenne : MECO Project (4th FP, contract IC18-CT98-0270) ; MED-CORE project (contract n°ICA3-CT-2002-10003) et WADI project (INCO-CT-2005-015226).

partagées par R. Paskoff, et de l'autre, incitent à développer de nouvelles approches et à nuancer ou préciser certaines conclusions.

2.2.1. Roland Paskoff, l'un des principaux initiateurs du premier grand programme de recherche géoarchéologique consacré aux côtes de la Tunisie

Portant sur l'étude géoarchéologique et historique du littoral tunisien, ce programme a impliqué différents chercheurs L'idée de départ revient à deux géomorphologues et deux archéologues, tunisiens et français[7] dont Roland Paskoff, qui vont constituer son noyau dur et permanent durant toute la période de sa réalisation étalée sur une dizaine d'années, de 1987 à 1997.

Cette idée est devenue mûre à la suite d'un colloque organisé, en 1987, à Aix-en-Provence, auquel ces quatre chercheurs avaient présenté un papier sur les déplacements de la ligne de rivage en Tunisie d'après les données de l'archéologie à l'époque historique. Elle a été, en fait, assez préparée par les travaux d'une thèse de doctorat d'Etat[8] alors en cours de réalisation sous la direction Roland Paskoff, ainsi que par l'intérêt que ce dernier manifestait pour ce sujet et pour les études relatives au littoral tunisien d'une façon générale. Co-auteur d'un livre sur les variations du niveau de la mer depuis le Tyrrhénien[9] dans lequel on trouve déjà l'écho de l'exploitation des données archéologiques, R. Paskoff avait parcouru de grands segments de ce littoral. Il avait aussi publié, en 1979, un papier dans les *Cahiers de la Tunisie*[10] pour attirer l'attention sur les risques liés à l'érosion marine et les menaces qui pèsent sur le patrimoine archéologique côtier. Les différentes publications qu'il a signées ou co-signées et les recherches effectuées sous sa direction ont contribué

---

[7] Slim H. et Trousset P. pour le côté archéologique et Oueslati A. et Paskoff R. pour le côté géomorphologique. Le programme était placé sous le double patronage de l'Institut national du patrimoine de Tunis et de la Commission française de coopération du Ministère des affaires étrangères.

[8] Thèse réalisée par Ameur Oueslati, soutenue en avril 1989 sous le titre *Les côtes de la Tunisie : recherches géomorphologiques* et publiée sous la forme de deux livres (1993 et 1994).

[9] Paskoff et Sanlaville (1983). *Les côtes de la Tunisie, variations du niveau marin depuis le Tyrrhénien*, Lyon, 192 p.

[10] *Cf.* la bibliographie fournie à la fin de ce texte.

à révéler les conditions intéressantes que pouvait offrir cet espace pour des recherches géoarchéologiques.

Le travail effectué dans le cadre du programme de recherche des années 1987-1997 n'a cependant considéré que les vestiges archéologiques de l'Antiquité classique. Il a abouti à la publication, en 2004, d'un livre assez volumineux de 308 pages considéré jusqu'ici comme le travail géoarchéologique le plus important consacré au littoral tunisien, ne serait-ce que parce qu'il est à la fois le plus détaillé, le fruit d'une collaboration relativement longue entre géomorphologues et archéologues, et celui qui a permis de couvrir l'ensemble de ce littoral (Slim *et al.*, 2004). La partie la plus longue du livre (p. 89-226) correspond à un catalogue, commenté et illustré, des différents sites examinés. Au nombre de 210 et répartis sur les différentes parties du littoral, ces derniers ont bénéficié, chacun, d'une description sous le regard croisé de la géomorphologie et de l'archéologie. Son contenu constitue une matière pouvant appeler des analyses variées et servir différentes thématiques. Mais les réflexions des membres du programme de recherche se sont concentrées sur les formes d'exploitation des ressources naturelles, notamment celles d'origine marine, sur les rapports de l'homme avec son milieu ainsi que sur l'évolution du paysage côtier. Pour ce dernier aspect, l'accent a été mis sur la question de la mobilité du rivage et de ses causes, notamment sur les variations du niveau marin. Des chapitres de synthèse ont été rédigés en fonction de ces points d'intérêt. Le premier (p. 13-88) a été consacré à des aspects régionaux relatifs au milieu littoral et aux hommes dans l'Antiquité. Le second (p. 229-254) traite des transformations de l'environnement physique du littoral depuis l'Antiquité. Enfin, le troisième (p. 255-297) porte sur les activités littorales et halieutiques au cours de l'Antiquité.

C'est à travers le chapitre consacré aux transformations de l'environnement physique du littoral qu'apparaissent le plus les empreintes de la contribution géomorphologique. Les résultats confirment largement les inquiétudes, déjà formulées par R. Paskoff dans son article de 1979, quant à la vulnérabilité du patrimoine archéologique du littoral tunisien. Sur les 210 sites archéologiques examinés, ceux en cours d'érosion sont de loin majoritaires et ont parfois perdu une partie importante de leur substance. L'évolution régressive dont ils témoignent touche entre la moitié et les trois quarts du linéaire côtier aussi bien sur la façade nord du pays que sur les rivages moins exposés du golfe de Gabès. Les cas de progradation, généralement localisés autour des embouchures des oueds, sont rares mais souvent très significatifs de l'importance de l'alluvionnement dans lequel on a vu les preuves probables de l'occurrence d'une phase de rhexistasie ou d'une crise érosive au cours de l'Antiquité en partie liée aux vagues de défrichements dans les bassins versants. L'exemple le plus significatif et le mieux connu est fourni par le delta de l'oued Majerda.

Les variations verticales du niveau marin ont été déduites surtout des mesures effectuées sur les vestiges archéologiques submergés. Ces derniers correspondent souvent à des restes de constructions isolées, mais appartiennent parfois à des quartiers urbains à vocation résidentielle ou industrielle comme à Carthage, à Sidi Erraïs, à Mahdia, à Sallakta, à Kerkna, à El Gantra de Jerba... Dans d'autres cas, il s'agit de carrières antiques, nombreuses surtout sur la façade nord du pays (à Sidi Mechrig, près de l'oued Eddamous, à Errimel, à Gammart, à Sidi Daoud...), mais qui ne manquent pas sur la côte orientale (îlot de Ghdamsi, Sallakta, pointe du Slob Echchergui...). Sur certains sites, comme à Lamta (*Leptiminus*), à Sallakta (*Sullectum*), à Rass Botria (*Acholla*) ou dans le golfe de Bou Ghrara (*Gighthis*), la mer a envahi des jetées de ports anciens. Ont été même trouvées, sur l'estran ou engagées dans le domaine médiolittoral, des tombes appartenant à des nécropoles antiques, comme à la pointe du Cap d'Afrique à Mahdia, à Gsar Ennouba (sur la côte de Jbéniana) et à El Aouabed (au nord de Sfax). Parmi les vestiges submergés les plus significatifs, figurent aussi des bassins creusés dans la roche en place dont certains au moins correspondent à d'anciens viviers à poissons. Les meilleurs exemples appartiennent aux rivages de Sidi Daoud, de Maamoura et de Monastir.

Mais parce que l'épaisseur de la tranche d'eau qui couvre les structures archéologiques montre des différences sensibles, passant d'une région à une autre de quelques décimètres à un mètre et parfois davantage, on a conclu que la submersion ne peut pas être expliquée uniquement par l'eustatisme. Celle qui mérite d'avoir une telle origine doit appartenir aux régions connues pour leur stabilité tectonique. Elle se situe entre 20 et 40 cm. Les déviations importantes par rapport à cette valeur s'expliquent par l'intervention de mouvements du sol côtier. Elles ont d'ailleurs été relevées sur des terrains connus pour leur subsidence active au cours du Quaternaire supérieur comme dans la partie septentrionale du golfe de Gabès. En fait, ceci conforte, en même temps, l'idée de la continuité de certaines activités tectoniques, avancée par des travaux géomorphologiques et géologiques réalisés sur différents terrains côtiers tunisiens. On pense même que dans certains contextes, la tectonique a dû constituer le facteur le plus influent dans l'évolution du niveau relatif de la mer. C'est le cas lorsque la submersion est très importante comme dans l'archipel des Kerkennah où des ruines romaines, en place, gisent actuellement sous plus de 1 m, et localement sous plus de 2 m d'eau par marée haute. La rapidité relative de la variation positive du niveau marin explique aussi, sur ces sites, l'importance de la salinisation et l'extension des paysages de sebkhas sur des terres jadis constructibles et attractives.

2.2.2. Compléter le catalogue réalisé avec R. Paskoff et poursuivre les observations pour mieux comprendre l'évolution du rivage et évaluer les risques qui pèsent sur le patrimoine archéologique

Les travaux effectués dans le cadre du programme de recherche des années 1987-997 avaient permis d'examiner les sites côtiers mentionnés sur les cartes topographiques ainsi que d'autres découverts au cours des missions de terrain. Avec leur achèvement, on estimait avoir réalisé un travail exhaustif. En fait, des observations plus récentes ont permis de découvrir de nouveaux sites et de trouver que certains des sites connus ont subi des transformations sensibles. L'explication se trouve parfois dans l'accélération de l'anthropisation du littoral, mais elle réside aussi dans l'évolution des conditions d'observation et dans la dynamique du rivage.

Aussi, des ruines ont-elles été, ici et là, révélées suite à des travaux d'aménagement ou à des fouilles clandestines. D'autres n'ont pas été examinées ou découvertes dans le cadre du programme de recherche précité parce qu'elles ne figurent pas sur les cartes topographiques ou pour des raisons d'accessibilité. C'est le cas, par exemple, de l'île de Chekli, située dans le Lac de Tunis, qui renferme les vestiges de différentes occupations, romaines et plus tardives avec des restes de constructions submergées confirmant l'élévation marine d'âge historique (Oueslati, 2004). C'est le cas aussi dans des terres humides à sol souvent impraticable. Enfin, d'autres vestiges antiques ont été récemment mis au jour suite au recul du trait de côte sous l'effet de l'érosion exercée par les vagues.

Nous nous limiterons dans les paragraphes suivants à donner quelques illustrations, prises sur la berge sud du lac de Bizerte, de l'importance de la progression de l'érosion et de son rôle dans la destruction des vestiges archéologiques déjà connus ou dans la révélation d'autres par l'enlèvement des accumulations alluviales qui les enterraient. L'on reviendra, dans la 3e section de ce travail, sur des exemples de ruines appartenant à des terres humides.

Bordée par une petite plaine alluviale formée grâce aux apports des oueds qui découpent le versant nord de Jbel Kchabta, cette berge montre une alternance de falaises d'une hauteur le plus souvent inférieure à 4 m et de liserés de plages. Le catalogue réalisé dans le cadre du programme de recherche des années 1987-1997 y signale trois sites qui correspondent aux points 186 à 188 (Ain Bou Thouir, Pointe El Ouali, Gouraya). Il y est également fait allusion à l'importance de l'érosion exercée par les eaux du lac en dépit de leur faible énergie.

Cette dynamique s'est poursuivie et a été parfois rapide, si bien que dans certains cas, on peut avoir du mal à se retrouver par rapport aux descriptions données dans le dit catalogue. En plus de la multiplication des formes d'érosion sur le front de la falaise, les vagues ont réussi à entraîner la disparition de structures archéologiques encore visibles et en bon état au début des années 1990. D'autres structures ont été mises au jour suite au retrait du rivage (fig. 13). Les effets d'une telle évolution sont généralement d'autant plus nets que la place des alluvions historiques dans le corps de la falaise est importante. C'est le cas sur le site de Ain Bou Thouir et notamment sur celui de la pointe El Ouali (dit aussi Borj Ouali). Ici, les structures nouvellement exhumées s'étendent sur une superficie de plusieurs dizaines de m² (c sur la fig. 13).

Les sites récemment mis au jour et qui, pour cette même raison, ne figurent pas dans le catalogue, sont au nombre de quatre et appartiennent principalement à la partie occidentale de cette berge sud du lac. Le plus important, par l'extension de ses structures, se trouve dans le secteur dit El Hathat (e sur la fig. 13), à quelques hectomètres du site de Gouraya (n° 188 dans le catalogue). Les ruines déchaussées par les vagues se suivent sur plusieurs décamètres dans le front d'une falaise haute de 3 à 4 m ; les éléments qui leur ont été arrachés jonchent le pied de cette dernière ou ont été traînés sur l'estran. Elles correspondent à des murs de tailles variées appartenant vraisemblablement à un important quartier résidentiel.

Le second (g sur la fig. 13) se trouve immédiatement à l'Est de la plage sableuse de l'embouchure d'un petit oued. Dans la topographie, il est mentionné par une petite butte haute de 2 à 3 m et allongée sur quelques décamètres parallèlement au rivage. S'il n'a pas été inventorié dans le programme de recherche des années 1987-1997, c'est parce que ses structures n'étaient pas visibles. Depuis, les vagues ont tronqué la face externe de la butte pour mettre au jour, en plus de quelques éléments de maçonnerie encore peu nets, les restes d'une activité de production de céramique. La partie occidentale de la falaise montre en effet d'importantes accumulations de tessons de poterie, dont des ratés de fours, pris dans un matériel cendreux.

Le troisième (f sur la fig. 13) se trouve entre les deux précédents. Les ruines exhumées se limitent à quelques fondations ou fragments de murs surmontés et enveloppés par les alluvions de la petite plaine côtière. Elles pourraient constituer les prémices de structures plus importantes et méritent d'être suivies.

Le quatrième point (b sur la fig. 13) se trouve entre les points 187 (Pointe El Ouali) et 186 (Ain Bou Thouir) du catalogue et peut être considéré comme le prolongement vers l'Ouest de ce dernier. Le recul de la falaise vient d'y mettre au jour, en plus de fragments de murs auxquels est associée une céramique antique, la partie externe d'une grande structure maçonnée qui correspond vraisemblablement à une citerne non encore éventrée par les vagues.

Ces éléments témoignent de l'importance des vestiges qui nous échappent encore parce qu'ils sont enterrés par les apports de la phase alluviale historique. Ils invitent à poursuivre les investigations de terrain pour compléter le catalogue déjà réalisé lorsque R. Paskoff était parmi nous. Il confirme aussi, encore une fois, l'idée de la vulnérabilité du patrimoine archéologique face au risque de l'érosion marine. Il faut préciser, enfin, que l'accélération de l'érosion, notamment dans les secteurs occidentaux de la berge du lac de Bizerte auxquels appartiennent les ruines qui ont le plus souffert de l'érosion, doit s'expliquer, en bonne partie, par des interventions humaines imprévoyantes. Le rivage de ces secteurs a vu son alimentation en sédiments chuter suite à la création de lacs et de barrages collinaires sur les cours d'eau qui y débouchent. D'ailleurs, certains de ces ouvrages sont déjà largement envasés. C'est tout le problème de l'aménagement intégré du littoral et de la coordination entre les structures chargées de l'aménagement et celles veillant à la protection du milieu naturel et du patrimoine qui se trouve posé.

Fig. 13 – Les vestiges archéologiques et les accumulations alluviales d'âge historique de la berge sud du lac de Bizerte

Fig. 13 – *Archeological remains and alluvial deposits of Historical age of the southern bank of Bizerte lake*

1. Site repéré avec R. Paskoff entre 1987 et 1997 ; 2. Site récemment repéré.

1. Site identified with R. Paskoff; 2. Site more recently found.

Les photos c 1993 et c 2008 donnent une idée de l'évolution de la Pointe El Ouali et des structures archéologiques exhumées au cours des quinze dernières années. Les autres photos montrent les ruines révélées par le recul de la falaise sur les sites e et f. Ce dernier permet d'apprécier l'importance de l'alluvionnement de la phase historique.

2.2.3. Élargir le cadre temporel et spatial des recherches géoarchéologiques

À en juger par les travaux publiés, la recherche géoarchéologique n'a jusqu'ici retenu que très peu les géographes intéressés par le littoral tunisien. Le programme des années 1987-1997 n'a impliqué que deux géomorphologues. De plus, les observations sont restées limitées à une frange littorale étroite et n'ont considéré que les vestiges archéologiques de l'Antiquité classique. Or, ce littoral renferme les traces de bien d'autres civilisations, plus anciennes et plus récentes. Il a joué un rôle important au cours de l'époque médiévale et y ont été identifiés des vestiges, nombreux et variés, d'âge préhistorique (Oueslati, 1995). La considération de l'ensemble de ces traces, notamment celles associées aux formations géologiques et aux paysages hérités de l'Holocène, doit aider à mieux reconstituer l'évolution des milieux et des paléo-environnements, et de dégager les tendances qui ont conduit à la situation actuelle. Les résultats peuvent assurer une bonne base pour les études prospectives.

De son côté, la considération de l'arrière-pays et le raisonnement en termes de bassin versant, plaçant le littoral dans un espace plus vaste, aident à mieux comprendre les interactions entre les différents composants du milieu et à apporter des réponses à des phénomènes observés du côté du rivage. Ceci s'est imposé pour la basse vallée de l'oued Majerda où il était nécessaire, pour comprendre et expliquer l'abandon du port de l'ancienne *Utica* et le déplacement spectaculaire du trait de côte, de faire appel à la dynamique alluviale de cet oued et à l'évolution de son bassin versant suite à son exploitation au cours de l'Antiquité. C'est une démarche qui nous paraît devoir être élargie à d'autres segments côtiers, notamment ceux situés au droit de cours d'eau. Le cas de la côte Hchichina-Skhira, située autour de l'embouchure de l'oued Ouadrane, que nous présentons dans les paragraphes suivants, donne une autre illustration de son intérêt. Il permet, en plus, de considérer un temps plus long que celui qui nous sépare de l'Antiquité puisqu'il contient, outre des vestiges archéologiques d'âge historique, d'importantes traces de la civilisation néolithique.

A. L'exemple des environs de l'embouchure de l'oued Ouadrane

L'oued Ouadrane correspond au cours aval de l'oued Leben, l'un des principaux cours d'eau de la Tunisie steppique. Débouchant au fond du golfe de Gabès, il traverse une topographie faible, faite d'une succession de bas plateaux et de plaines alluviales bordés par de petits alignements collinaires dont les altitudes dépassent rarement 150 m (fig. 14). Vers l'aval, la place est donnée à des cônes d'épandage très surbaissés, puis à un paysage de sebkhas parfois très étendues bordant un rivage partout bas et baigné par la mer des Kneiss, peu profonde et caractérisée par la grande extension de ses hauts-fonds.

La frange littorale renferme différents vestiges archéologiques qui, par leur contenu, leur localisation et la nature du terrain qu'ils occupent, témoignent d'importantes mutations paysagères ainsi que de modifications sensibles dans les conditions du milieu et des rapports de l'homme avec son environnement. Mais elle n'offre pas toujours des éléments directs d'explication quant aux facteurs et à la dynamique responsables de l'évolution enregistrée. L'examen de l'arrière-pays permet d'apporter des réponses à certains des questionnements et hypothèses que l'on peut émettre.

B. Au bord de la mer

Le paysage est celui d'une côte très basse bordée par de vastes sebkhas dont la surface se trouve souvent à une altitude inférieure à 1 m, et baignée par une mer très peu profonde. Les hauts-fonds des Kneiss qui devancent cette côte ont une forme qui peut évoquer une flèche littorale submergée et les profondeurs y sont extrêmement faibles, très souvent inférieures à 2 m, voire à quelques décimètres. Par marée basse, ces hauts-fonds sont largement exondés et la navigation devient impossible, sauf dans les chenaux de marée ou oueds sous-marins qui les découpent comme Oued Ed Dem, Oued El Baa, Oued Rjef Ben Sehil et Oued Boukhlef. Le rivage proprement dit montre une alternance de microfalaises, de liserés de plages sableuses discontinues et surtout des schorres parcourus par un réseau parfois très dense et complexe de chenaux de marée. Vers le Sud, ce paysage change brusquement avec les falaises de Skhira dont la hauteur peut dépasser 15 m. Au Nord, les terres humides se prolongent, en perdant

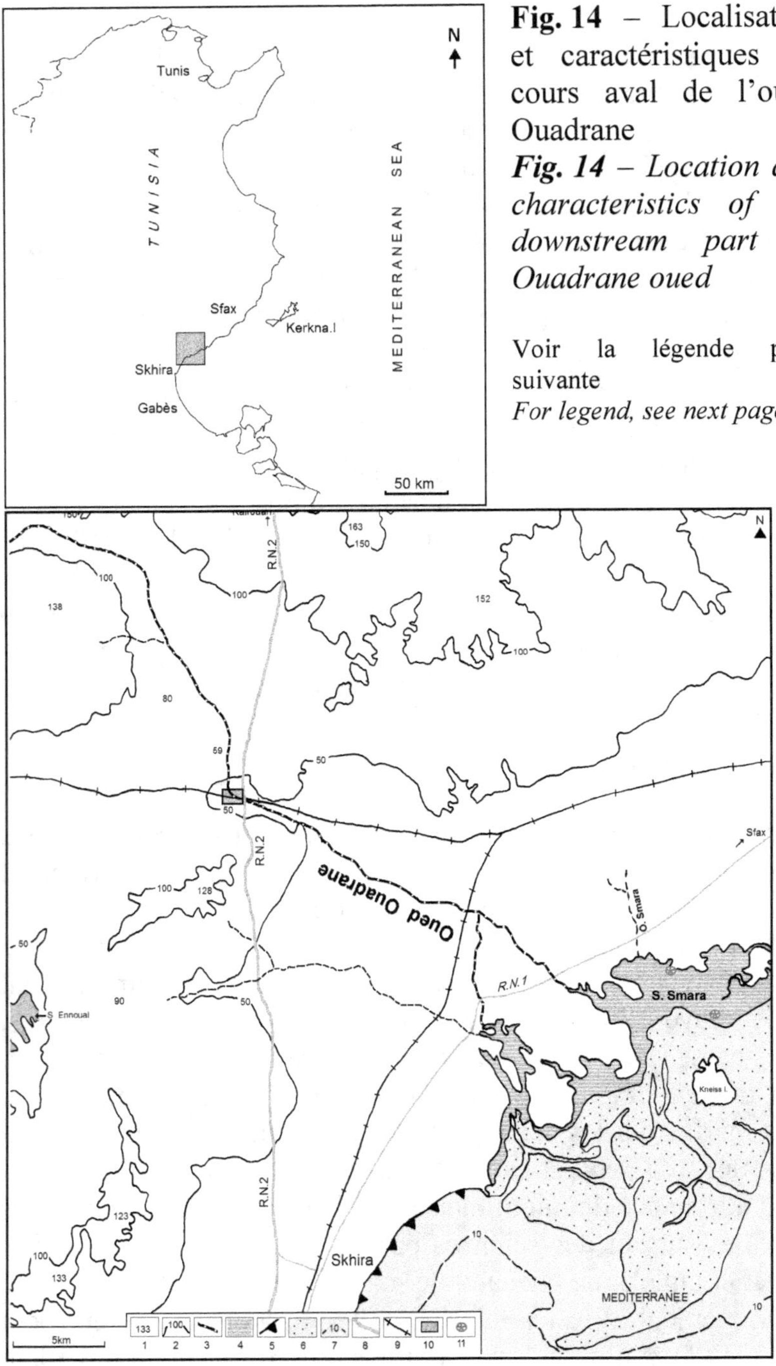

Fig. 14 – Localisation et caractéristiques du cours aval de l'oued Ouadrane

Fig. 14 *– Location and characteristics of the downstream part of Ouadrane oued*

Voir la légende page suivante

For legend, see next page

Légende de la fig.14 :

Legend of fig.14 :

1. Point coté en m ; 2. Courbe de niveau en m ; 3. Cours d'eau ; 4. Sebkhas et marais côtiers ; 5. Falaises de Skhira ; 6. Hauts-fonds des Kneiss ; 7. Isobathe en m ; 8. Route ; 9. Chemin de fer ; 10. Sebkha continentale ; 11. Escargotière.

1. Spot height in m; 2. Contour line; 3. Stream; 4. Sebkhas and coastal wetlands; 5. Cliffs of Skhira; 6. Kneiss shoals; 7. Isobath in m; 8. Road; 9. Railway; 10. Continental sebkha; 11. Snail-shell field.

en largeur, jusqu'aux environs de la ville de Maharès. La limite interne de ces espaces très déprimés correspond le plus souvent à un talus de quelques mètres de commandement, qui correspond au front d'une topographie de bas plateaux.

Aujourd'hui, les conditions sont celles d'un milieu répulsif, qui, en tout cas, ne favorise pas des implantations humaines importantes et permanentes. Au cours des années arrosées, les sebkhas sont largement inondées et il devient impossible, parfois plusieurs mois de suite, d'y circuler. Leurs parties externes sont de plus soumises à des envahissements par les eaux marines à l'occasion des tempêtes dont l'effet peut être ressenti sur de vastes superficies surtout là où de grands chenaux de marée, par recul de tête, ont réussi à dépasser le domaine des schorres. Pendant les années sèches, leur surface est soumise à une déflation active. Le matériel qui lui est arraché s'accumule, piégé par la végétation halophile des berges ou par celle qui est dispersée à l'intérieur même des sebkhas. Ici, la coalescence des petites dunes a permis la formation d'îlots de sable fin, petits mais parfois très marqués dans le paysage, que les habitants appellent *gatyas*.Les données archéologiques indiquent cependant que ce site n'a pas toujours été aussi répulsif. En plus des vestiges d'occupation antique, y existent les témoins d'une importante présence néolithique. Ces derniers sont nombreux sur le front des bas plateaux, mais ici ils ont été souvent défoncés et dispersés par des travaux récents de mise en valeur agricole et par les passages répétés de la charrue. Les mieux conservés et les plus significatifs pour la reconstitution des paléo-environnements et des paysages se trouvent sur les sols impraticables des sebkhas. Ils correspondent à des amas coquilliers rappelant les *ramadyas* ou escargotières qui caractérisent souvent, en Tunisie, les régions portant les traces d'une présence néolithique ou capsienne.

L'une de ces *ramadyas*, encore remarquablement conservée, se trouve sur la marge septentrionale de Sabkhet Smara (fig. 15). En plus de nombreuses coquilles de Murex et d'escargots continentaux, elle contient des débris d'os, des fragments de squelettes de poisson et divers artéfacts façonnés dans du silex. Le tout est pris dans une matrice de sable et de cendre. L'appartenance à la civilisation néolithique est confirmée par la présence de pointes de flèches et d'une hache polie. Elle est également appuyée par une datation au C^{14} de coquilles de Murex qui a donné un âge de 5490 +/-60 ans B.P (Oueslati, 1995). Une autre r*amadya* a été repérée dans la même sebkha, mais dans un secteur beaucoup plus engagé dans les terrains salés. Elle n'est séparée de la mer que par un schorre large de quelques hectomètres et parcouru par de nombreux chenaux de marée. Son matériel, partiellement enfoui sous le sol salé ou le sable d'une petite *gataya*, contient surtout des coquilles de gastéropodes continentaux et de nombreux artefacts en silex. À la différence de celui de la *ramadya* précédente, il a été assez dispersé par les vaguelettes des eaux qui envahissent la sebkha à l'occasion des tempêtes et des années arrosées.

Fig. 15 – L'escargotière de la berge septentrionale de Sabkhet Smara
Fig. 15 *– The snail-shell field of the northern bank of Sabkhet Smara*

Les vestiges archéologiques d'âge historique sont également assez nombreux dans la région et remontent essentiellement à l'Antiquité tardive. Ceux qui sont signalés par les cartes topographiques et l'atlas archéologique de la Tunisie se trouvent en arrière des sebkhas. En fait, on en trouve au sein même de ces dernières. Mais ici, ils ne sont pas toujours faciles à repérer ni à examiner à cause de la nature, souvent impraticable, du terrain ou parce qu'ils sont recouverts par un sol salé gorgé d'eau. Leur présence est parfois suggérée par des alignements plus ou moins continus et localement soulignés par des touffes de végétation halophile. Dans certains cas, on voit affleurer au sein de ces alignements ou dans leur prolongement un dallage évoquant les fragments d'anciennes voies empierrées. Rares, en tout cas, sont les structures bien dégagées pour permettre une identification sûre de leur nature et de leur fonction. C'est le cas en particulier à proximité de la *ramadya* la plus proche de la mer où l'on reconnaît tout un réseau de murs arasés à même la surface de la sebkha et agencés selon un plan orthogonal (fig. 16). L'un des éléments les mieux conservés, associé à ce réseau de racines de murs, semble correspondre, compte tenu de son enduit étanche, à un fond de bassin ayant servi pour recueillir l'eau. Il pourrait également témoigner d'une activité de transformation et de conserve des produits de la mer. Le travail effectué dans le cadre du programme de recherche des années 1987-1997 avait permis de noter la fréquence des vestiges de cuves de salaison le long du littoral tunisien.

Ces différents vestiges archéologiques témoignent de profonds changements dans les conditions du milieu. Le site n'a pas toujours été répulsif. Il a même connu d'importants moments d'attractivité et de présence humaine. Pendant le Néolithique, l'emplacement des sebkhas devait être, à l'image d'autres sebkhas du littoral oriental de la Tunisie dont Sabkhet El Melah dans la région de Zarzis et Sabkhet Hal El Mujjel dans les environs de Hergla, occupé par un paysage de lagunes (Perthuisot, 1979 ; Oueslati, 1995). Les hommes du Néolithique étaient venus camper au voisinage de ces plans d'eau pour y chercher une partie de leur nourriture dont on trouve les restes dans les *ramadiyas*. Une telle situation a dû être favorisée par un niveau marin supérieur à l'actuel. D'une part, l'examen des petites coupes offertes par les micro-falaises qui caractérisent certains segments du rivage a permis d'identifier, sous le sol salé, un matériel marin meuble

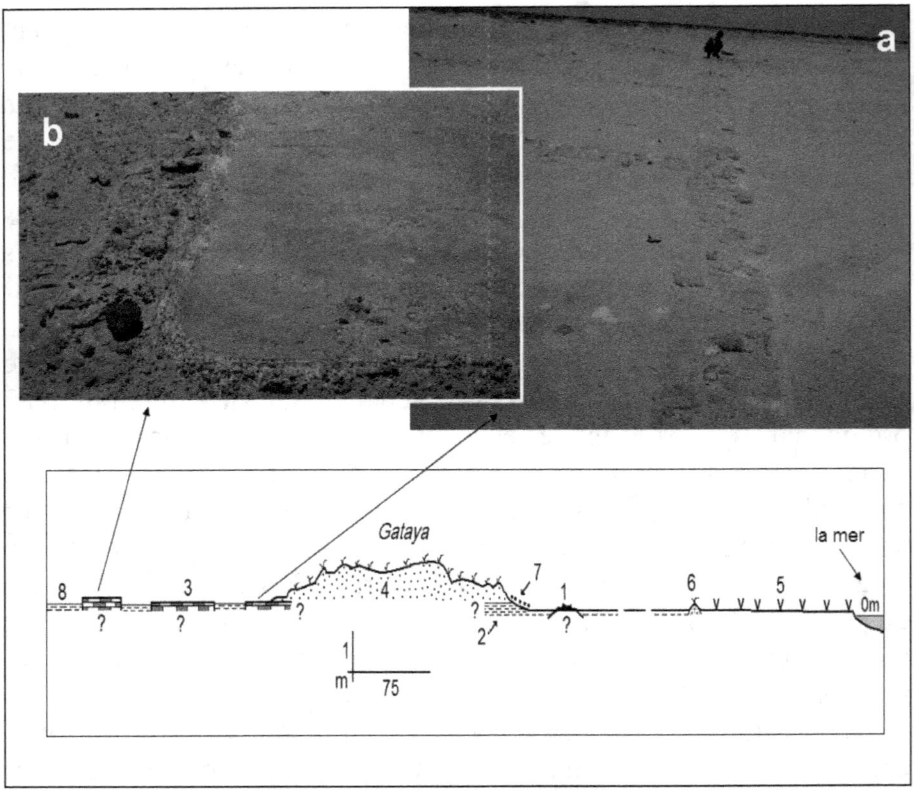

Fig. 16 – Coupe dans la marge externe de Sabkhet Smara
***Fig. 16** – Cross section in the external margin of Sabkhet Smara*

1. Vestiges d'une escargotière néolithique ; 2. Sol salé ; 3. Murs et restes d'un bassin de facture antique ; 4. Sable d'une *gataya* ; 5. Schorre ; 6.Petit alignement de nebkas marquant la limite interne du schorre ; 7. Matériel néolithique dispersé par les eaux ; 8. Sebkha.
1. Remains of a Neolithic snail-shell field ; 2. Saline soil; 3. Walls and remains of an antique basin; 4. Sand of a gataya; 5. Schorre; 6. Line of nebkhas corresponding to the schorre internal limit; 7. Neolithic material which was scattered by water; 8. Sebkha.

Les photos a et b montrent les vestiges de murs et le fond du bassin à enduit étanche.
Photographs a and b show the remains of walls and watertight-coated bottom of the basin.

qui rappelle celui décrit dans d'autres régions et considéré comme versilien. D'autre part, des témoins d'un niveau marin holocène supérieur de 1 à 2 m à l'actuel ont été identifiés et datés sur les berges en différents points du littoral de la Tunisie méridionale (Dalongeville *et al.*, 1980 ; Paskoff *et al.*, 1983 ; Morhange *et al.*, 2005).

Les sebkhas des environs de l'embouchure de l'oued Ouadrane se distinguent toutefois par le fait que les traces des hommes du Néolithique ne se limitent pas à leurs berges et aux topographies moins déprimées qui les entourent. Les *Ramadyas* existent en pleine zone humide, y compris dans des secteurs très proches du rivage de la mer et soumis aux incursions des eaux marines. Ce qui peut permettre d'imaginer une migration des campements parallèlement à un retrait du rivage pendant les phases de baisse du niveau marin ou de comblement des lagunes suite à l'arrivée d'importants volumes sédimentaires d'origine continentale. Ceci suppose l'existence d'une importante phase d'alluvionnement contemporaine de la civilisation néolithique qu'il est impossible de prouver par le seul examen du matériel de surface des sebkhas. En l'absence d'un important travail de carottage, l'examen de l'arrière-pays, notamment l'étude des formes associées aux cours d'eau, s'impose pour vérifier une telle hypothèse.

C. Dans l'arrière-pays

Des observations effectuées le long de l'oued Ouadrane ont permis en effet de repérer des secteurs pouvant, grâce aux formes et dépôts hérités de l'évolution au cours de l'Holocène, fournir des éléments de réponse aux questions posées ci-dessus. Le plus significatif, parce qu'il renferme, tout comme dans la frange littorale, des vestiges archéologiques néolithiques et antiques, se trouve à la hauteur du pont construit sur la route RN2 reliant Skhira à Kairouan, soit à environ 25 km de la mer.

En plus de petits replats et de banquettes d'érosion ou d'accumulation liés à la dynamique actuelle de l'oued, notamment à l'occasion des crues, se dégagent deux terrasses emboîtées remarquablement nettes et marquées dans le paysage. La plus ancienne a une épaisseur visible parfois supérieure à 7 m. La coupe qui permet de voir le mieux sa structure interne se trouve sur la berge gauche, à environ 1,6 km en amont du pont. Elle montre essentiellement des sables fins avec de petits lits de graviers et de cailloux ainsi que différentes figures sédimentaires de fond d'oued reposant, par un faciès caillouteux ravinant, sur un substratum d'argiles mio-pliocènes. Dans les horizons inférieurs de l'accumulation, la place est parfois donnée à un matériel argileux hydromorphe de couleur noirâtre et dans lequel existent les traces d'une présence néolithique : une industrie microlithique dans laquelle ont été reconnus des artéfacts (carrés, pièces à retouches bifaciales), des fragments de charbon de bois, des pierres brûlées ainsi que des fragments d'œufs d'autruche parfois noircis par le feu.

La chronologie est appuyée par des datations par la méthode du C^{14} effectuées sur des *Helix* et sur des fragments d'œufs d'autruche pour le dépôt hydromorphe et sur des *Helix* dans les horizons sommitaux de la terrasse. Les âges obtenus varient entre 8790 et 6250 ans B.P (fig. 17). Ils permettent aussi de dire que les populations du Néolithique ont assisté à la mise en place de la terrasse puisque le matériel daté appartient aussi bien à sa base qu'à son sommet.

Le fait que le matériel archéologique est concentré dans l'espace et qu'il n'a pas subi les effets d'un déplacement par les eaux courantes – tous les artéfacts ayant conservé leur fraîcheur et le caractère tranchant de leurs bords – permet de conclure à un site d'occupation. Les populations néolithiques étaient sans doute attirées par les potentialités du secteur en eau. Le paysage était celui d'un fond de vallée assez large et renfermant des sources à débit indéniable. D'ailleurs, le site renferme toujours quelques résurgences visibles au contact de la couverture alluviale et des argiles mio-pliocènes. Elles sont fréquentées par une partie de la population vivant dans des habitations dispersées ainsi que par le cheptel.

La deuxième terrasse est bien conservée sur la berge droite de l'oued où elle domine le talweg actuel par un talus de 4 à 6 m de commandement. Elle est faite essentiellement de matériel fin, sableux à sablo-argileux, mais montrant souvent une compacité importante favorisée par des concentrations de gypse. Son âge est incontestablement historique, car elle remanie de nombreux tessons d'une poterie tournée. Mais sa mise en place ne peut pas être antérieure à la période romaine, puisque les tessons qu'elle renferme ont toujours donné un âge compris entre le IIe et le Ve s. ap. J.-C. De plus, sa surface ne porte jamais de traces d'occupations antiques, pourtant assez fréquentes sur les niveaux plus anciens. À environ 2 km en amont du pont, elle est séparée des vestiges d'anciens ateliers de poterie par un talus de 3 à 5 m seulement de commandement, et l'on pense que c'est à partir de ces ateliers, implantés sur une terrasse plus ancienne couverte par une croûte gypseuse, que fut remaniée l'essentiel de la céramique.

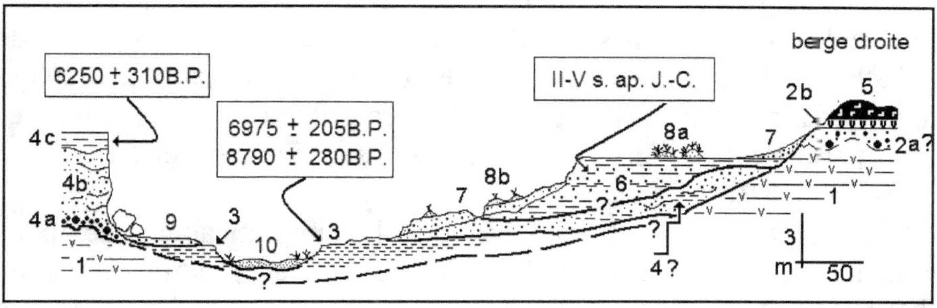

Fig. 17 – Coupe synthétique des accumulations alluviales dans la vallée de l'oued Ouadrane à la hauteur du pont de la route RN2 reliant Skhira à Kairouan

***Fig. 17** – Synthetic cross section of alluvial deposits in the valley of oued Ouadrane close to the bridge of road RN2 linking Skhira to Kairouan*

1. Substratum argileux mio-pliocène ; 2a et 2b. Terrasse pléistocène et sa croûte gypseuse ; 3. Dépôt hydromorphe contenant les restes d'une occupation néolithique ; 4. Alluvions de la terrasse néolithique contenant des artefacts ; faciès basal ravinant (4a), faciès de sables fins (4b) et faciès argileux (4c) ; 5. Ruines antiques, restes d'une activité de production de céramique ; 6. Alluvions de la terrasse historique ; 7. Colluvions de talus de raccordement ; 8a et 8b. Grosses nebkas buissonnantes et petites nebkas vives.

1. Clayey Mio-Pliocene substratum; 2a et 2b. Pleistocene terrace and its gypsum crust; 3. Hydromorphic deposit containing remains of Neolithic settlement; 4. Alluvium of Neolithic terrace with artefacts; basal gullying facies (4a), fine sand facies (4b) clayey facies (4c); 5. Antique ruin with remains of ceramics production; 6. Alluvium of Historical terrace; 7. Colluvium of linking talus; 8a et 8b. Large shrub-covered nebkhas and small bare and moving nebkhas.

La combinaison de ces données avec celles obtenues dans la frange littorale permet de mieux reconstituer l'évolution des paysages dans la région et de mieux comprendre les rapports de l'homme avec son environnement. La première terrasse témoigne d'une importante phase d'alluvionnement dans la vallée de l'oued Ouadrane en présence des populations Néolithiques et conforte, par conséquent, l'hypothèse du comblement des lagunes à cette époque et de la migration des campements parallèlement au déplacement du rivage. On peut penser qu'un tel comblement n'a pas nécessité, compte tenu de la faiblesse de la bathymétrie, l'arrivée de quantités de sédiments particulièrement volumineuses. Mais celles-ci ont dû être suffisamment importantes pour permettre de bons sols, car c'est sur ces derniers que vont s'installer les Romains.

L'évolution vers le sol de sebkha impraticable que nous connaissons de nos jours a eu lieu plus tard et s'est produite malgré la phase d'alluvionnement, également importante, dont témoigne la deuxième terrasse décrite à l'amont de la route RN2 et qui devait plutôt favoriser la progradation du rivage et une amélioration de la qualité du sol. L'explication doit être recherchée, comme pour d'autres régions, dans l'intrusion des eaux salées consécutive à l'élévation du niveau marin enregistrée postérieurement à l'Antiquité, maintenant bien établie sur les côtes de la Tunisie grâce, en particulier, au programme de recherche des années 1987-1997. Mais elle a été accentuée par des facteurs propres à la région. L'on pense en particulier au rôle du vent. Les sebkhas sont, lorsqu'elles s'assèchent, exposées à une déflation éolienne active qui contribue à l'abaissement de leur surface. En témoignent, en plus des nombreuses *gatayas*, les constructions éoliennes qui accompagnent de longues sections de leurs berges avec parfois une épaisseur supérieure à 3 m. C'est d'ailleurs grâce à une telle déflation qu'une partie des vestiges archéologiques antiques est mise au jour. On pense aussi au rôle de la subsidence qui affecte la région et qui continue de nos jours ainsi qu'on a pu le déduire des enregistrements marégraphiques du port de Sfax (Oueslati *et al.*, 1987). Sans ces deux derniers facteurs, la dégradation par salinisation aurait été bien moins avancée et le paysage de sebkhas moins prononcé.

D. De la difficulté de l'utilisation des vestiges archéologiques associés aux côtes meubles dans l'étude des variations du niveau de la mer

Les vestiges archéologiques submergés ont constitué, dans les travaux effectués dans le cadre du programme de recherche des années 1987-1997, la principale preuve de la variation positive du niveau marin enregistrée postérieurement à l'Antiquité. La démarche suivie pour apprécier la valeur d'une telle variation a consisté à mesurer l'épaisseur de la tranche d'eau qui couvre les ruines. En fait, nous pensons aujourd'hui, après le recul qui nous est donné et à la suite de nouvelles observations de terrain, que cette démarche a des limites. Sans certaines précautions, relatives à la tectonique mais pas seulement, ce type de démarche peut, dans certains contextes, conduire à des conclusions erronées. Le risque devient grand sur les littoraux meubles, surtout sableux où l'on peut se trouver en présence de structures submergées ou annexées à la mer sans que cela reflète nécessairement une élévation d'ordre eustatique. Au cas où celle-ci a eu lieu, sa valeur ne correspond pas forcément à l'épaisseur de la tranche d'eau qui couvre de telles structures. La situation est d'autant plus délicate que la submersion peut se produire sur un laps de temps court et que les structures rencontrées dans l'eau ou sur l'estran sont héritées de différentes périodes. Nous donnons, dans les paragraphes suivants, quelques illustrations à travers des vestiges de constructions en dur d'âges variés.

Exemple de vestiges archéologiques antiques : Mnakaa Nord

En fait, ce site, décrit sous le numéro 97, avait déjà offert, lors des travaux du programme 1987-1997, une première occasion pour attirer l'attention sur les situations douteuses que peuvent renfermer les rivages sableux. L'attention y a été retenue par l'existence, sur la partie externe du bas de plage, du fond d'une citerne de facture antique que les eaux envahissent, à l'occasion des tempêtes, sur une épaisseur au moins décimétrique et dans laquelle on pourrait, au premier abord, voir la valeur d'une variation positive du niveau marin. Or, il n'en est rien, cette situation témoignant seulement d'un recul de la côte. Un travail de reconstitution montre que ce fond de citerne n’est pas en place. Il a été abaissé sur l'estran parallèlement à la migration du rivage. Initialement, il se trouvait au même niveau que les structures archéologiques tronquées par la petite falaise qui borde la plage (fig. 18 et 19).

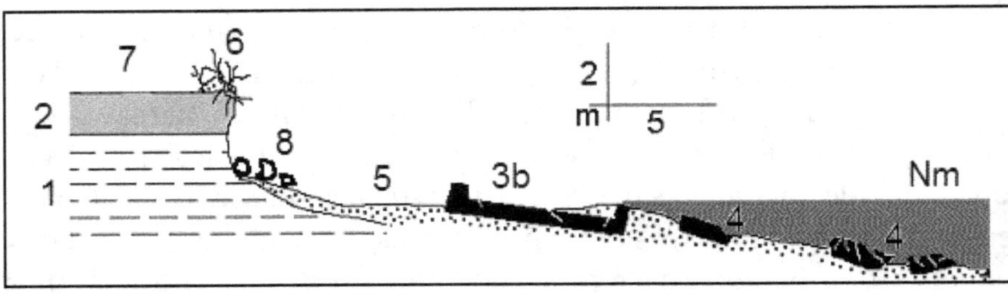

Fig. 18 – Le fond de la citerne antique du site de Mnakaa
Fig. 18 *– The bottom of the antique tank of the Mnakaa site*
1. Alluvions quaternaires ; 2. Couche archéologique ; 3. Bassin en place (3a) et abaissé sur l’estran (3b) ; 4. Débris de matériel archéologique dans l’eau ; 5. Plage ; 6. Végétation du sommet de la falaise, déchaussée ; 7. Vergers ; 8. Éboulis frais, en partie du matériel archéologique, témoignant du recul de la falaise lors des tempêtes ; Nm : Mer par temps calme.
1. Quaternary alluvium; 2. Archaeological layer; 3. In situ basin (3a) and lowered basin on the foreshore; 4. Submerged debris of archeological material; 5. Beach; 6. Uprooted vegetation on the cliff top; 7. Orchard; 8. Recent scree, partly made of archaeological material, showing the cliff retreat in case of storm event; Nm: sea level during calm weather.

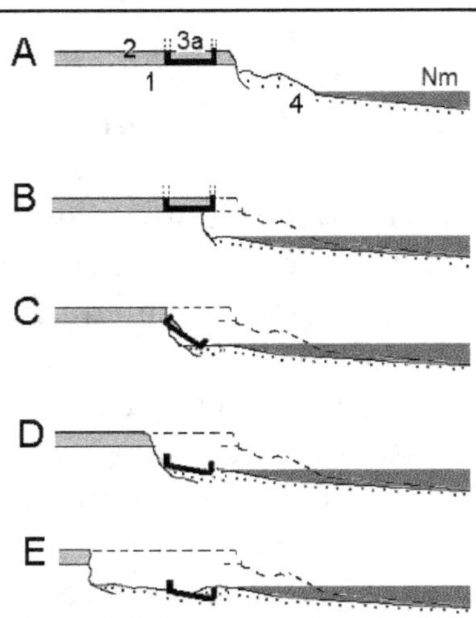

Fig. 19 – Essai de reconstitution de l’abaissement de la citerne antique de Mnakaa sur l’estran (étapes A à E).
Fig. 19 *– Interpretation of the lowering of the antique tank of Mnakaa on the foreshore (steps A to E)*

Exemple de vestiges de constructions modernes sur la plage de la Marsa

Situés dans la partie orientale de la côte de la Marsa, ces vestiges correspondent à la partie inférieure d'un grand bâtiment. Ils occupent la partie externe de la plage et se prolongent en mer, sur quelques décamètres. Ici, une tranche d'eau d'épaisseur parfois supérieure à trente centimètres les couvre à marée haute.

Une interprétation hâtive verrait dans ce site la preuve d'une variation positive du niveau marin de quelques décimètres. Or, il s'agit des vestiges d'un bâtiment récent vraisemblablement construit par l'un des beys de Tunis pendant la première moitié du XIXe siècle et qui aurait été détruit par les vagues à l'occasion d'une forte tempête de la deuxième moitié du vingtième siècle. Il était, en tout cas, encore debout jusqu'au début des années 1960 comme en témoignent des cartes postales des années 1950 ainsi que les photos aériennes de 1962. D'autre part, la tranche d'eau qui couvre ces vestiges est plus épaisse que celle mesurée sur des ruines antiques situées dans les segments côtiers voisins comme à Carthage ou à Gammart.

Il s'agit en fait des restes d'un bâtiment dont la partie inférieure se trouvait, déjà lors de sa création, au-dessous du niveau marin à l'image de celui, menaçant ruine, situé immédiatement à l'Est ou même de celui de Koubbet El Houa. Ces bâtiments sont construits sur des piliers et leur base est constamment baignée par l'eau. La submersion a dû être accentuée par un déplacement latéral du trait de côte consécutif à un abaissement, par son érosion lors des tempêtes, du profil de la plage. Celle-ci repose sur un substratum rocheux accroché par les fondations du bâtiment (fig. 20).

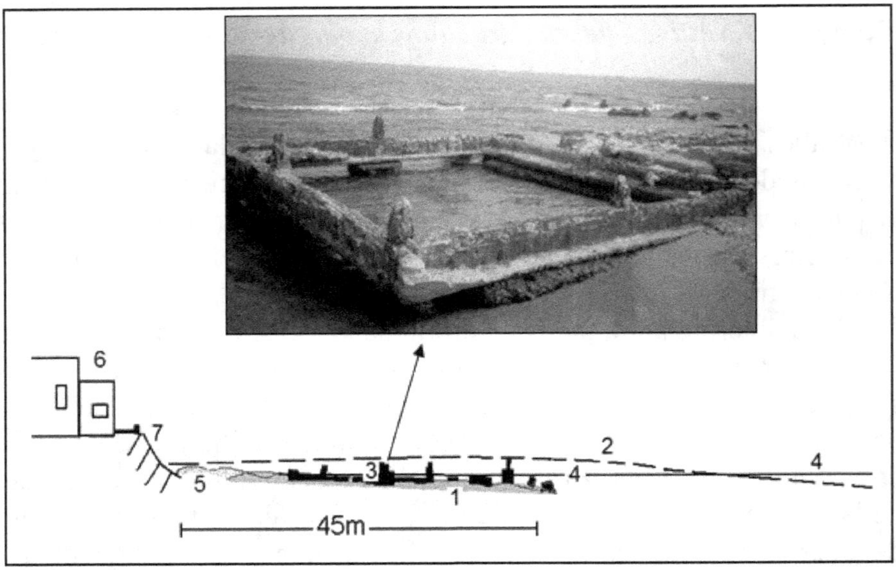

Fig. 20 – Les vestiges submergés d'une construction moderne à La Marsa

***Fig. 20** – The submerged remains of a modern building at La Marsa*

1. Substratum rocheux ; 2. Ancien profil probable de la plage ; 3. Structures submergées ; 4. Niveau marin par beau temps ; 5. Sable de la plage ; 6. Résidences ; 7. Terrasses et travaux de protection.

1. Rocky basement; 2. Likely former beach-profile; 3. Submerged structures; 4. Fine-weather sea level; 5. Beach sand; 6. Blocks; 7. Terraces and protection works.

Exemples de vestiges de la deuxième guerre mondiale : les fortifications militaires du type blockhaus et nid de mitrailleuse

Ces fortifications, faites de béton armé, ont été construites pour contrôler et surveiller la côte. Elles devaient, logiquement, se trouver à peu de distance du rivage et se caractériser, en même temps, par une certaine discrétion par rapport à un éventuel ennemi venant du large. Des documents militaires relatifs à la région de Bizerte indiquent qu'elles ont été implantées au milieu des dunes qui bordent la plage (Paskoff, 1985). Or, aujourd'hui certaines d'entre elles ont été franchies par le rivage et leur partie inférieure se trouve sous quelques décimètres sous le niveau marin. Les nids de mitrailleuses, moins développés dans le sens vertical que les blockhaus, sont parfois presque entièrement submergés.

Une telle situation s'explique surtout par le travail d'affouillement exercé par les vagues au pied de ces fortifications entraînant leur enfoncement ainsi que leur déplacement au fur et à mesure que le matériel sableux sur lequel elles reposent glisse en direction de la mer (fig. 21). À Errimel, sur la partie orientale de la côte de la ville de Bizerte, un nid de mitrailleuse s'est tellement enfoncé dans le sable du bas de plage que seule sa face supérieure est encore visible et n'apparaît que de temps en temps à l'occasion de certaines tempêtes. Sa base se trouve à au moins 1 m au-dessous du niveau marin. Avec le recul de la côte, par simple érosion, on le retrouvera sous l'eau.

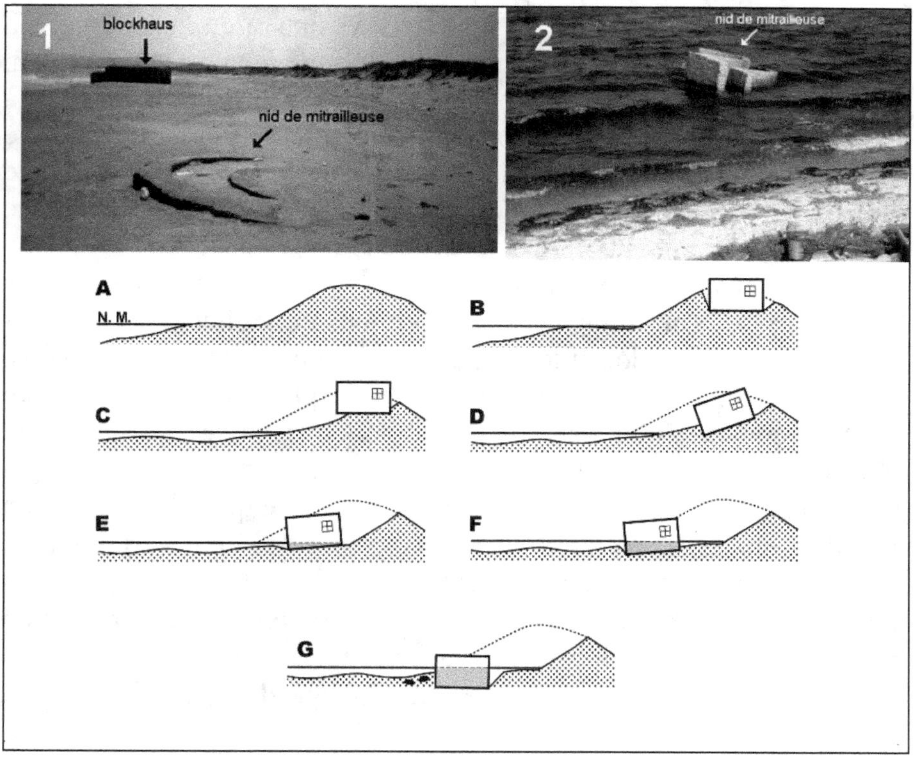

Fig. 21 – Blockhaus et nid de mitrailleuse enfoncés dans le sable de la plage d'Errimel (1), nid de mitrailleuse à Sidi Abdelhamid (Sousse sud) (2) et essai de reconstitution (A-G) de l'évolution qui peut conduire à de telles situations

Fig. 21 – Blockhaus and tobrouk sunk into the sand of Errimel beach (1), tobrouk at Sidi Abdelhamid (South Sousse) (2) and possible evolution (A-G) leading to such situations

Exemple de constructions encore plus récentes : les habitations construites sur le cordon littoral de la lagune de Ghar El Melh

Le cordon littoral qui barre la lagune de Ghar El Melh a subi, depuis la création, aux dépens de sa face externe, en 1974, d'un nouveau port de pêche, une évolution rapide. Le transit littoral dominant étant dirigé vers le sud-ouest, le secteur situé au nord-est des jetées de ce port a connu une progradation importante de sa plage.

L'inverse s'est produit du côté opposé où le retrait du rivage a atteint des vitesses de progradation parfois supérieures à 30 m par an. Il a été par exemple, évalué, pour les seules trois années de 1976 à 1978, à plus de 90 m sur un tronçon de côte de 560 m de long. Entre 1978 et le début des années 1990, la distance qui sépare le rivage sableux du musoir de la jetée méridionale est passée d'une quarantaine de mètres à environ 170 m (Oueslati, 2004).

Cette évolution a entraîné la destruction d'une partie des habitations en dur implantées, à l'origine, au milieu des potagers aménagés sur le cordon littoral (fig. 22). La plage étant assez épaisse et l'érosion rapide, certaines constructions, qui appartenaient encore en 2000, comme l'indiquent les photos aériennes prises à cette date, à la terre ferme, se sont trouvées, au fur et à mesure du retrait du rivage, enfoncées dans le sable et ont été traînées sur quelques décamètres en direction du large. Aujourd'hui, leurs planchers, dont certains sont entiers et bien conservés, gisent parfois, par mer calme, sous plus d'un mètre d'eau. C'est une remarquable illustration d'une submersion importante sans variation du niveau marin. L'explication se trouve dans l'action des vagues et la nature lithologique du rivage.

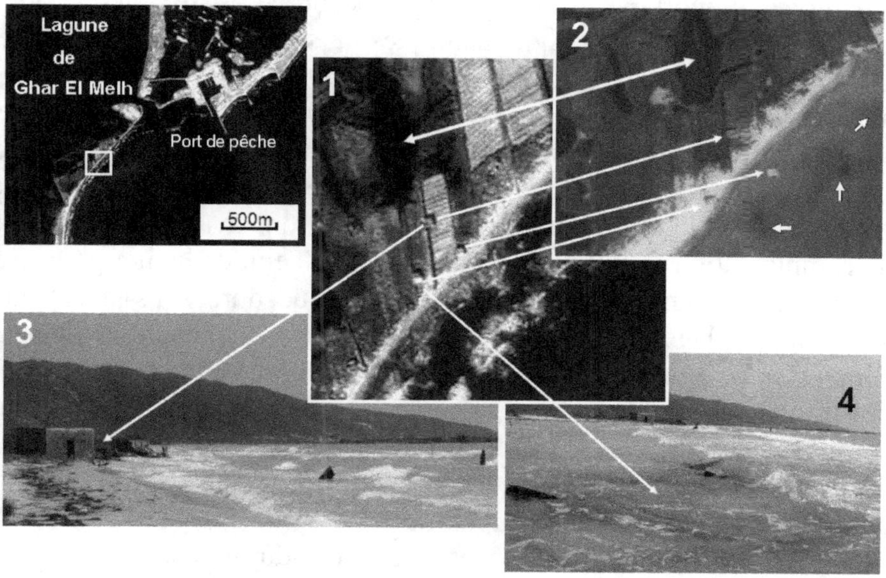

1 et 2. Extraits d'une photo aérienne (2000) et d'une image google (2004) : des habitations sur le cordon littoral en 2000 ont été annexées à la mer en 2004. Les flèches en gras sur la photo 2 indiquent des structures situées sous plus d'un mètre d'eau. Sur la photo 3, on aperçoit des restes de constructions dans l'eau, et sur la photo 4, on voit bien la base d'une habitation en cours de submersion.
1 and 2. Extracts of an aerial photograph (2000) and a Google image (2004): houses that were on the coast in 2000 were submerged in 2004. The arrows in bold on photo 2 show structures that are covered by 1 m of water. Photo 3 shows buildings in the sea and photo 4 the bottom of a house that is being submerged.

Fig. 22 – Constructions submergées par le recul du rivage au niveau du cordon de la lagune de Ghar El Melh
***Fig. 22** – Submerged buildings due to the shoreline retreat, on the sand ridge of Ghar El Melh lagoon*

Ainsi, l'existence de vestiges archéologiques sur l'avant-côte ou sous l'eau, surtout sur les littoraux meubles, peut résulter de l'intervention de facteurs variés par leur nature et par leur dynamique. La tranche d'eau qui les couvre ou qui enveloppe leur partie inférieure ne s'explique pas toujours et uniquement par les variations du niveau marin d'ordre eustatique ou par la tectonique. Il faut d'abord s'assurer de leur position initiale par rapport au rivage et au niveau marin. Une attention importante doit être accordée aux conditions hydrodynamiques et morphodynamiques du segment côtier considéré. D'un côté, les vagues peuvent, dans une conjoncture d'érosion, abaisser le profil de l'estran. Des constructions implantées, à l'origine, sur une plage épaisse et large peuvent, si cette dernière est exposée à un abaissement vertical important et à une réduction de sa largeur, se retrouver dans l'eau. Si, en plus, leurs fondations avaient déjà lors de leur implantation atteint un niveau inférieur à celui de la mer pour, par exemple, accrocher une formation géologique dure sous-jacente au sable de la plage, elles peuvent évoluer vers une situation donnant l'impression d'une élévation marine. D'un autre côté, le travail d'affouillement qu'exercent les vagues au pied des corps reposant sur les plages ou sur leurs dunes bordières peut entraîner l'enfoncement de ces derniers dans le sable et permettre aux eaux de les envahir même sans élévation du niveau marin.

En fait, la submersion sans élévation du niveau marin peut concerner même des constructions à l'origine situées en arrière d'une plage et de ses dunes, mais implantées sur les terres très basses. Ces constructions peuvent être rattrapées par les eaux avec un simple déplacement latéral du rivage dû à une évolution régressive par affaiblissement du budget sédimentaire côtier par exemple (fig. 23).

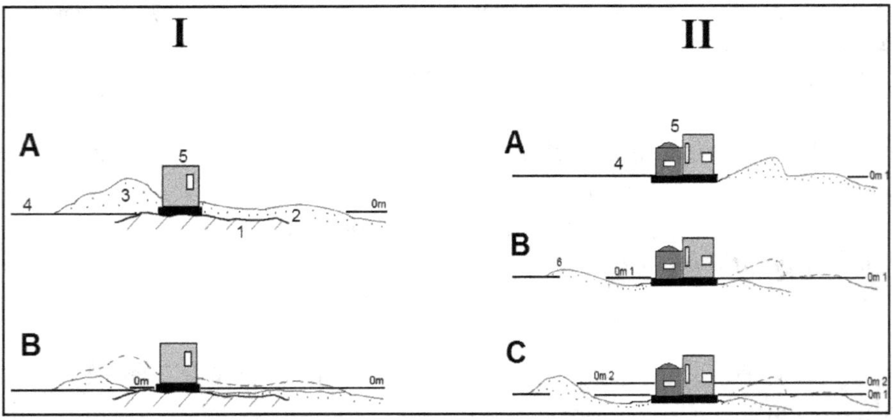

Fig. 23 – Reconstitution de l'évolution d'un rivage et de ses conséquences sur les constructions implantées sur la plage (I) ou sur les terrains bas situés en arrière (II) sans et avec une variation positive du niveau marin et en l'absence d'enfoncement dans le matériel de

l'estran. Au cas où un enfoncement se produit, la submersion sera amplifiée.

Fig. 23 – *Reconstitution of the shoreline evolution and consequences on buildings located on the beach (I) or on backshore low-lying areas (II) without or with a positive sea level change in absence of sinking in the beach sand. In case of sinking, submersion goes faster.*

1. Substratum rocheux ; 2. Plage sableuse ; 3. Dune de haut de plage ; 4. Terrains bas ; 5. Constructions.

1. Rock basement; 2. Sand beach; 3. Upper beach dune; 4. Low-lying area; 5. Buildings.

Conclusion

Au regard de ces éléments, l'on est amené à réévaluer des conclusions relatives à certains sites archéologiques examinés à l'occasion du programme de recherche des années 1987-1997. On pourrait se demander, par exemple, si la submersion des vestiges de l'antique *Capris* (N° 169) ou même celle des jetées de certains ports antiques comme celui de Botria (N°81), appartenant également à une côte meuble, n'est pas due, au moins partiellement, à des phénomènes du type de ceux qu'on vient d'évoquer.

Références bibliographiques

MORHANGE CH. & PIRAZZOLI P. A., 2005. Mid-Holocene emergence of southern Tunisian coasts. *Marine Geology*, 220, 205-213.

OUESLATI A., PASKOFF R., SLIM H., TROUSSET P., 1987. *Déplacements de la ligne de rivage en Tunisie d'après les données de l'Archéologie à l'époque historique*. Coll. C.N.R.S., Déplacements des lignes de rivage en Méditerranée, p. 67-85.

OUESLATI A., 1994. *Les côtes de la Tunisie. Recherches sur leur évolution au Quaternaire*. Publ. Fac. Sc. Hum. Soc.,Tunis, 402 p.

OUESLATI A., 1995. Sur la richesse des côtes tunisiennes en industries lithiques préhistoriques. *Rev. Tun. Géogr.*, 28, 173-197.

OUESLATI A., 2004. *Littoral et aménagement en Tunisie, des enseignements de l'expérience du vingtième siècle et de l'approche géoarchéologique à l'enquête prospective.* Orbis Presse, 534 p.

OUESLATI A., 2004. *The lower course of Oued Ouadrane (central Tunisia): Its importance in the reconstruction of the landscape evolution during Holocene and historical times in semi-arid Mediterranean areas.* Second International Conference on the Geology of the Tethys, Cairo University, March 2007, p. 373-379

PASKOFF R., 1979. Évaluation de la vulnérabilité à l'érosion marine de sites archéologiques antiques de la côte tunisienne. *Cahiers de Tunisie*, 109-110, 301-326.

PASKOFF R., 1979. *Les plages de la Tunisie*. Éditec, Caen, 198 p.

PASKOFF R. & SANLAVILLE P., 1983. *Les côtes de la Tunisie ; variations du niveau marin depuis le Tyrrhénien.* Maison Orient Médit., 192 p.

PASKOFF R. & OUESLATI A., 1991. Modifications of coastal conditions in the gulf of Gabès (Southern Tunisia) since Classical Antiquity. *Zeitschrift für Geomorph.*, suppl., Bd. 81, 149-162.

PERTHUISOT J.P., 1975. *La sebkha el Melah de Zarzis : genèse et évolution d'un bassin salin paralique.* École Norm. Sup., Paris, 252 p.

SLIM H., TROUSSET P., PASKOFF R., OUESLATI A., 2004. *Le littoral de la Tunisie : étude géoarchéologique et historique.* CNRS, France, 308 p.

CHAPITRE 3 – L'INTERET MAJEUR DE ROLAND PASKOFF POUR LES VARIATIONS DU NIVEAU DE LA MER

Résumé

Comme l'ont montré les textes précédents, Roland Paskoff a accordé, dès ses premiers travaux, une importance particulière aux variations du niveau de la mer. Dans ce chapitre, il s'agira dans un premier temps de présenter les fondements théoriques de sa pensée sur cette question et de montrer, à partir de l'analyse de ses écrits, l'importance qu'il conférait aux variations du niveau marin dans l'analyse géomorphologique. À la fin de sa carrière, l'élévation contemporaine du niveau de la mer l'a tout particulièrement intéressé. Le texte écrit par Paolo Pirazzoli, qui offre un état actualisé des connaissances scientifiques relatives à cette question, en témoigne.

Mots-clés : variations du niveau de la mer, élévation du niveau de la mer, analyse géomorphologique

Abstract

As stated in previous papers, Roland Paskoff has attached, from its first works, much importance to sea level changes. In this chapter, a first paper exposes the theoretical foundations of his thought and shows, from the analysis of his publications, the main importance he assigned to sea level changes in geomorphological analysis. At the end of his career, he paid special attention to the contemporaneous sea level rise. The contribution of Paolo Pirazzoli, which offers an updated state of knowledge on this question, gives a good illustration of this fact.

Key words: sea level changes, sea level rise, geomorphological analysis

3.1. La place des variations du niveau de la mer dans les travaux de Roland Paskoff

Virginie DUVAT*
**Professeur de Géographie, UMR LIENSs, Université de la Rochelle-CNRS 6250*

Résumé
À partir de l'analyse des écrits de Roland Paskoff, ce texte montre le rôle central des variations du niveau de la mer dans sa pensée géomorphologique. Après une analyse des fondements théoriques de cette dernière, le rôle majeur qu'avait pour lui ce facteur dans la formation et l'évolution des côtes est illustré à travers diverses thématiques : l'approche géoarchéologique, la formation des dunes, l'interprétation de l'érosion des plages...

Mots-clés : variations du niveau de la mer, approche théorique en géomorphologie littorale

Abstract
The analysis of Roland Paskoff's publications shows the central position of sea level changes in his thought. This paper presents the theoretical foundations of his works which are then illustrated through various themes such as geoarcheology, dune formation, beach erosion interpretation...

Key words: sea level changes, theoretical approaches in coastal geomorphology

Introduction

La question de l'élévation contemporaine du niveau de la mer et de ses effets sur les côtes occupe une place majeure dans les dix dernières années de l'activité scientifique de Roland Paskoff (1998a ; 1998b ; 2001a ; 2001b ; 2004). Son dernier ouvrage sur ce sujet, *L'élévation du niveau de la mer et les espaces côtiers* (2001a) et les Actes du colloque d'Arles qu'il publia la même année sous le titre *Le changement climatique et les espaces côtiers* (2001b) illustrent l'importance que cette thématique a prise dans ses réflexions à la fin de sa carrière.

L'analyse chronologique des écrits de Roland Paskoff permet d'éclairer ce constat et de mettre en évidence deux faits. Elle montre d'abord que son intérêt pour l'élévation contemporaine du niveau de la mer date de la fin des années 1980 (Paskoff, 1989a ; 1992), qui correspond à l'émergence de cette question sur la scène scientifique mondiale (mise en évidence par les marégraphes de l'élévation du niveau de la mer, constat de l'accélération du réchauffement climatique, premiers apports de l'imagerie satellitaire). La culture scientifique très anglo-saxonne de Roland Paskoff[11] et ses activités internationales, en tant que membre (en remplacement d'André Guilcher en 1980), puis Président (dès 1984 et pour 8 ans) de la Commission sur l'environnement côtier de l'Union Géographique Internationale, ont joué un rôle fondamental dans le développement de sa pensée géomorphologique en lui permettant de participer activement aux grands débats scientifiques. Sa proximité avec des géomorphologues de renom, comme l'Australien Éric Bird et l'Américain Norbert Psuty avec qui il a régulièrement travaillé, pour ne retenir ici que deux exemples, lui a permis de bénéficier de l'avance réelle des Anglo-Saxons sur diverses questions, dont celle de l'élévation du niveau de la mer (Devoy, 1987 ; Tooley et Shennan, 1987). Cela a incontestablement fait de lui un précurseur en France[12].

En second lieu, la lecture de ses travaux montre que son intérêt pour les variations du niveau de la mer est bien antérieur à l'émergence de la question contemporaine de son élévation. Dès les années 1960, au Chili, Roland Paskoff a été confronté au rôle des fluctuations du niveau de la mer dans la formation et l'évolution des littoraux. C'est l'origine de son intérêt pour cette thématique qui restera très présente dans ses travaux tout au long de sa carrière. Dans les années 1970, les recherches qu'il a entreprises en Tunisie, sur un

[11] Roland Paskoff a effectué au cours de sa carrière plusieurs séjours dans des laboratoires de recherche aux États-Unis, en 1974, 1976 et 1988. Ces initiatives témoignent de son esprit d'ouverture et de sa grande curiosité scientifique vis-à-vis d'un pays en avance sur l'Europe. Elles ont renforcé son inscription internationale et son rôle d'éclaireur en France sur de nombreuses questions.

[12] Son combat pour l'établissement d'un zonage côtier, à la manière de celui qui a été proposé aux États-Unis par le National Research Council, et pour l'expérimentation du rechargement artificiel des plages en sable, en donne deux exemples.

terrain également marqué par la néotectonique, donc affecté par d'importantes variations du niveau relatif de la mer, ont maintenu son intérêt pour ce sujet. Son expérience et son expertise se sont construites dans des contextes géomorphologiques particulièrement propices à l'intégration pleine et entière de cette question dans sa réflexion.

L'objectif de ce chapitre est de mettre en évidence et d'expliquer le poids et la permanence des variations du niveau de la mer dans les travaux de Roland Paskoff à partir de l'analyse d'une trentaine de ses publications[13]. Dans un premier temps, il s'agira d'exposer les fondements théoriques de sa pensée afin de montrer le rôle central qu'occupaient les variations du niveau de la mer dans le système géomorphologique tel qu'il le concevait. Ensuite, on présentera la place de cette thématique dans sa production scientifique en exposant les angles d'approche qu'il a développés. En dernier lieu, il s'agira d'illustrer ces différents éléments par la présentation des principaux résultats de ses travaux.

Au-delà, ce texte aborde la question plus générale de la place des variations du niveau de la mer dans les travaux de géomorphologie littorale. Leur prise en compte s'est renforcée au cours des dernières décennies, pour deux raisons au moins. La première est la multiplication des datations et des mesures par satellite, qui a considérablement fait progresser la connaissance des rythmes de la remontée du niveau de la mer dans les différentes régions océaniques au cours de l'Holocène. La contribution de Paolo Pirazzoli, qui présente une mise au point des connaissances actuelles sur l'élévation du niveau de la mer, s'inscrit dans ce cadre. La seconde, qui ne sera pas traitée ici, est l'essor des travaux situés à l'interface Homme/Nature qui intègrent au moins pour partie les recherches relatives à l'élévation contemporaine du niveau de la mer, à travers l'analyse de ses causes, et plus particulièrement de la part de l'effet de serre additionnel d'origine anthropique dans le réchauffement observé, et de ses conséquences pour les sociétés littorales.

---

[13] Les publications sur lesquelles repose ce texte sont répertoriées dans les références bibliographiques. Ont été choisies les plus significatives sur cette question sur la période 1979-2005. Les travaux chiliens n'ont pas été intégrés à cette analyse, car ils correspondent à une période spécifique, car non exclusivement littorale, de la carrière de Roland Paskoff.

3.1.1. Place et permanence des variations du niveau de la mer dans les travaux de Roland Paskoff

Pour Roland Paskoff, trois échelles de temps étaient particulièrement importantes en géomorphologie littorale :
1) Les derniers dix mille ans, qui renvoient à la transgression marine holocène dont le rôle a été majeur dans la formation des côtes actuelles ;
2) La période historique, qui couvre les derniers 2 000 ans et qui fournit des indices précieux sur les variations récentes du niveau de la mer et sur le déplacement de la ligne de rivage, en particulier là où il existe des vestiges des constructions de l'Antiquité ;
3) Le dernier siècle, pour lequel on dispose de documents cartographiques anciens et de photographies aériennes dont la comparaison permet d'établir la tendance évolutive du trait de côte, sous l'influence des agents naturels et souvent, des activités humaines et des aménagements (Paskoff et Kelletat, 1991).

À ces trois échelles de temps, des variations du niveau marin se sont produites. On les retrouve dans les travaux géomorphologiques que Roland Paskoff a conduits tout au long de sa carrière. L'on peut schématiquement classer celles de ses publications qui traitent des variations du niveau de la mer en trois catégories qui renvoient à ces trois échelles de temps et à trois angles d'approche différents.

Entre la fin des années 1970 et la fin des années 1990, Roland Paskoff a consacré diverses publications à l'évolution du littoral de la Tunisie depuis l'Antiquité (Paskoff, 1979 ; Paskoff et Oueslati, 1991 ; Paskoff *et al.,* 1991 ; Paskoff et Trousset, 1997). Elles traduisent d'abord son intérêt pour l'évolution de la position de la ligne de rivage sous l'effet de l'élévation du niveau de la mer qui est ici commandée, d'une part, par des facteurs climatiques, et d'autre part, par une subsidence marquée dans certaines régions, comme celle du golfe de Gabès. Ces travaux illustrent par ailleurs la volonté de leur auteur de vérifier s'il existe une relation de cause à effet entre la légère remontée du niveau de la mer qui s'est opérée depuis l'Antiquité et l'érosion des plages dont il établit qu'elle est la tendance sédimentaire dominante dans ce pays, ce qui revient à interroger la pertinence du principe de Bruun.

À partir de la fin des années 1980, Roland Paskoff a beaucoup écrit sur la relation qui existe entre la transgression marine holocène et la formation des côtes sédimentaires actuelles. Dès lors, il s'attache à démontrer qu'il existe une relation directe entre la remontée du niveau de la mer et la formation des dunes, la première constituant la force qui permet de mobiliser le stock de matériel accumulé sur les petits fonds marins (Paskoff et Kelletat, 1991 ; Paskoff, 1996a ; 1996b ; 2001c).

C'est aussi dans les années 1980 que Roland Paskoff a commencé à publier sur la question de l'élévation contemporaine du niveau de la mer. Il l'a d'abord fait à travers des comptes-rendus qui montrent qu'il suivait de près la sortie des ouvrages anglais et américains traitant de ce thème (Paskoff, 1989b). Il a ensuite rédigé des articles et pris l'initiative d'un ouvrage et d'un colloque importants sur cette question, qui traitent principalement des effets prévisibles de l'élévation du niveau de la mer sur les différents types de côtes.

Comment expliquer la permanence des questions relatives aux variations du niveau marin dans les travaux de Roland Paskoff ? L'analyse de ses écrits révèle, d'une part, leur place centrale dans sa conception du système littoral, donc dans les fondements théoriques de sa pensée, et d'autre part, leur rôle dans la formation et l'évolution des littoraux qu'il a étudiés à différents pas de temps.

3.1.2. Les fondements théoriques de la pensée de Roland Paskoff

Si Roland Paskoff a écrit peu de textes que l'on peut qualifier de théoriques, il s'est néanmoins intéressé aux théories existantes et émergeantes en raison des possibilités de généralisation qu'elles laissaient entrevoir. Sa mobilité, son ouverture sur le monde et ses échanges avec des géomorphologues des autres continents lui ont permis de prendre conscience du caractère global de l'érosion côtière dès le milieu des années 1970, à l'issue de la première enquête mondiale lancée par Éric Bird. Un phénomène global ayant nécessairement des causes planétaires, il s'est efforcé de rechercher un schéma d'explication général, donc de mettre à l'épreuve les modèles existants et de formuler une théorie applicable à l'échelle de la terre.

La lecture de ses publications permet d'identifier les modèles théoriques auxquels il a adhéré. Proposé par l'Allemand H. Valentin en 1952, le premier qu'il utilise dans ses ouvrages est très novateur pour l'époque en ce qu'il présente le littoral sous une forme dynamique, autrement dit comme étant en évolution permanente (en accrétion, en érosion ou stable)[14], et de manière systémique, dans le sens où les interactions entre les variations du niveau de la mer et le budget sédimentaire des compartiments géomorphologiques déterminent leur évolution (fig. 24). Ce modèle, qui figura d'abord dans *L'érosion des plages*, publié dans la collection *Que sais-je ?* en 1981, se retrouve dans *Littoraux, mers et océans,* chapitre écrit par Roland Paskoff (1996) dans l'ouvrage dirigé par Max Derruau, *Composantes et concepts de la géographie physique.* Dans ce chapitre, l'auteur explique que « *La variabilité du niveau de la mer constitue une donnée fondamentale de la géomorphologie littorale* ». L'on retrouve cette conviction forte dans ses principaux ouvrages, *Les littoraux, impacts des aménagements sur leur évolution* (1985) et *Côtes en danger* (1993), dont le premier chapitre porte à chaque fois sur les variations du niveau de la mer qu'il présente de manière très détaillée.

Dans les ouvrages de Roland Paskoff, figurent d'autres schémas qui traduisent la même représentation du littoral, comme étant un système en évolution sous l'effet combiné des variations du niveau de la mer et des processus morphogéniques. On retiendra celui qu'il a emprunté à J.R. Curray (1964) (fig. 25) et une figure de synthèse conçue par lui (fig. 26), toutes deux parues dans *Les littoraux, impacts des aménagements sur leur évolution.*

Dans sa contribution à l'ouvrage de Max Derruau et dans *Les littoraux*, Roland Paskoff détaille les différents scénarii possibles. Les côtes stables doivent cette situation à une émersion compensée par l'érosion, ou à une submersion annulée par l'accumulation ou encore à une stabilité du niveau de la mer et de leur budget sédimentaire. Les littoraux qui présentent les changements les plus marqués sont ceux sur lesquels les effets des variations du niveau de la mer et de l'évolution sédimentaire se cumulent. Ainsi, les côtes qui cumulent émersion et accumulation sédimentaire progradent rapidement, de la même manière que celles sur lesquelles submersion et érosion

[14] Cette approche dynamique rompt avec les premières classifications descriptives qui prévalent alors.

s'associent reculent. Roland Paskoff insiste sur le fait que les rivages en émersion peuvent reculer s'ils sont affectés par un déficit sédimentaire important et que, suivant la même logique, les côtes en voie de submersion peuvent prograder en cas d'accumulation sédimentaire rapide. Il invitera ainsi à rejeter la « *vision simpliste* » qui consisterait à penser qu'une élévation du niveau marin se traduit nécessairement par une submersion passive des milieux côtiers : « *une élévation du niveau de la mer n'entraîne pas nécessairement une perte d'espace terrestre par submersion, même lorsqu'il s'agit de littoraux bas* » (1994, p. 105). La formulation, puis la défense de la théorie de la pénurie sédimentaire feront évoluer ses écrits vers un diagnostic plus tranché. Il affirmera progressivement que l'élévation du niveau marin se traduit par un démaigrissement des plages et par un recul du trait de côte (Paskoff, 1991, 1998b, 1998c, 1999, 2004).

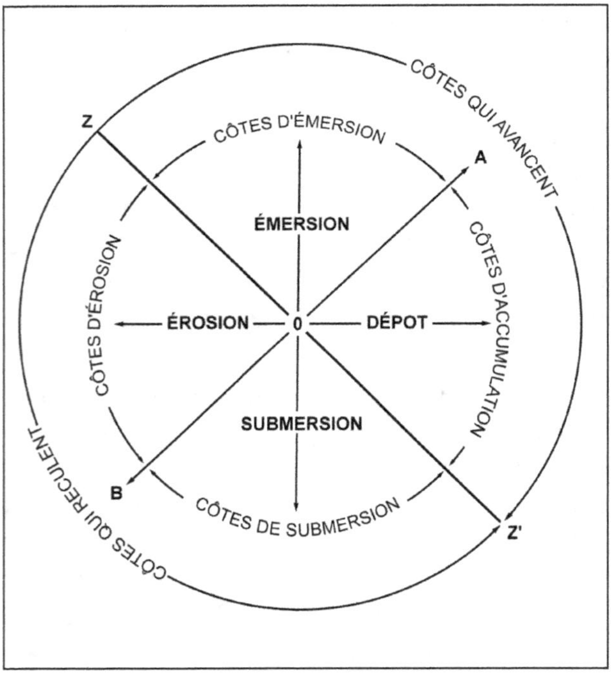

Fig. 24 – Le modèle de H. Valentin, 1952
Fig. 24 *– H. Valentin's model, 1952*
Ce modèle classe les côtes en fonction de leur évolution, commandée par leur budget sédimentaire et les variations du niveau de la mer.
This innovative model classifies coasts according to their evolution, determined by their sedimentary budget and by sea level changes

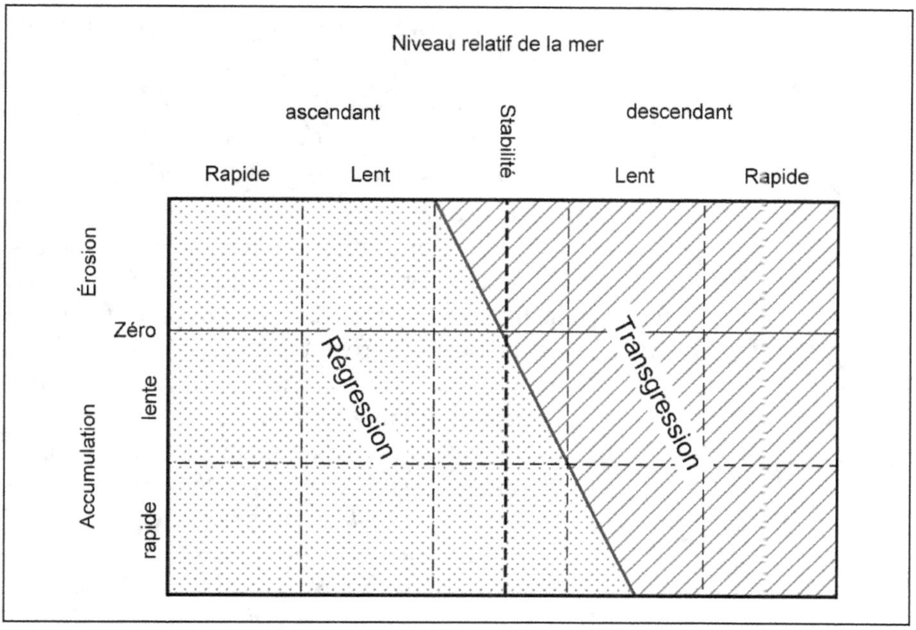

Fig. 25 – Le modèle de J.R. Curray, 1964
***Fig. 25** – J.R. Curray's model, 1964*

Roland Paskoff utilise également les travaux de J.R. Curray pour discuter la relation qui existe entre budget sédimentaire et variations du niveau de la mer, et rejeter la vision simpliste qui consisterait à penser qu'une élévation du niveau marin se traduit nécessairement par une submersion des côtes.
Roland Paskoff also uses J.R. Curray's works to discuss the relationship between the sedimentary budget of a beach and sea level changes, rejecting the simplified view pretending that sea level rise necessarily leads to coastal flooding.

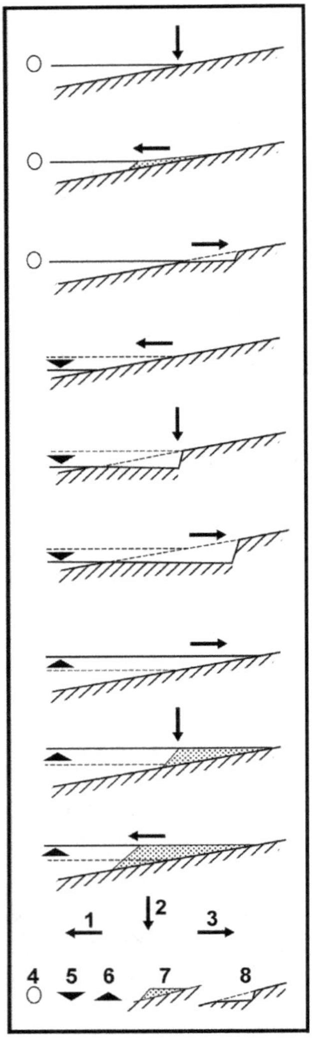

Fig. 26 – Ligne de rivage, niveau marin et action morphogénique des processus littoraux (R. Paskoff)

Fig. 26 *– Coastline, sea level and morphogenic action of coastal processes (R. Paskoff)*

1. Régression (retrait de la ligne de rivage en-deçà de sa position antérieure) ; 2. Stabilité de la ligne de rivage ; 3. Transgression (avancée de la ligne de rivage au-delà de sa position antérieure) ; 4. Stabilité du niveau marin ; 5. Baisse du niveau marin ; 6. Élévation du niveau marin ; 7. Accumulation ; 8. Érosion.

1. Regression (retreat of the coastline in comparison with its previous position); 2. Stability of the coastline; 3. Transgression (progradation of the coastline); 4. Stability of sea level; 5. Sea level fall; 6. Sea level rise; 7. Sediment accumulation; 8. Erosion.

Un deuxième modèle théorique qui a influencé la pensée de Roland Paskoff est le principe de Bruun (1962) (fig. 27). Celui-ci stipule que sur une plage stable et non affectée par la dérive littorale (bilan sédimentaire longitudinal nul), une élévation du niveau de la mer se traduit par un recul du trait de côte sous l'effet du transfert d'une partie des sables de la plage vers l'avant-plage, ce qui a pour effet de maintenir la hauteur d'eau initiale. Ce principe fait donc de l'élévation du niveau marin un facteur d'érosion des plages. On le retrouve dans les principales publications de Roland Paskoff, en particulier dans ses ouvrages généraux, du plus ancien (1981) au plus récent (2001a). À chaque fois, Roland Paskoff s'est employé à exposer ce principe, ses conditions d'applications, et les expérimentations en laboratoire et sur le terrain qui ont permis de le valider. Dans la plupart de ses écrits, il s'y réfère, faisant de l'élévation du niveau de la mer l'une des causes naturelles du recul des plages. Son ouvrage de 2001 montre une évolution, car il questionne la validité de ce principe sur la base des difficultés d'application qu'il rencontre et des résultats d'une étude récente réalisée en Louisiane afin de le tester.

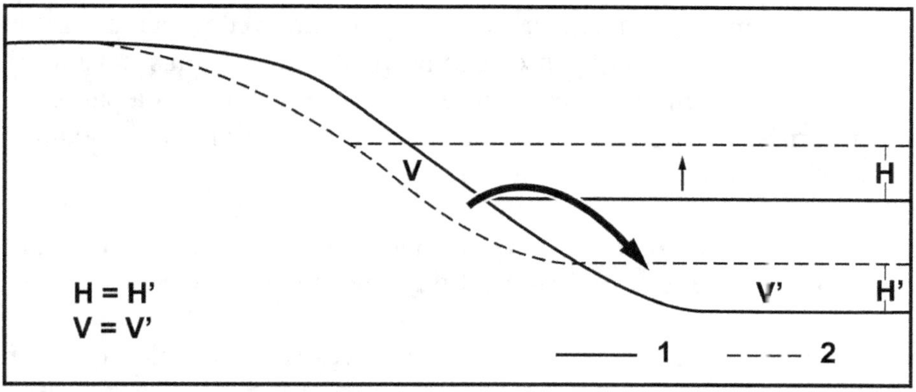

Fig. 27 – Le modèle de Bruun, 1962 : adaptation du profil transversal d'une plage à une élévation du niveau de la mer

***Fig.** 27 – Bruun's model, 1962: response of the transverse profile of a beach to an elevation of sea level*

1. Niveau de la mer et profil d'équilibre de la plage au départ ; 2. Niveau de la mer surélevé et nouveau profil en équilibre de la plage.

1. Sea level and initial equilibrated beach profile; 2. Elevated sea level and new equilibrium beach profile.

« Le modèle bidimensionnel n'est valable que pour une plage en état d'équilibre sédimentaire, sans transfert latéral appréciable de sables ou de galets. Cette condition réduit considérablement le champ d'application du principe de Bruun » (R. Paskoff, 1998).

« This bidimensional model is valid for beaches showing stability that are not affected by lateral sediment transport of sand or pebbles. This prerequisite reduces the applicability of Bruun's principles » (R. Paskoff, 1998).

Les variations du niveau de la mer occupent une place centrale dans le système géomorphologique littoral tel que le concevait Roland Paskoff. Pour lui, la relation qui s'établit entre les fluctuations du niveau marin et les transports sédimentaires détermine la tendance évolutive des côtes sableuses.

3.1.3. La place centrale des variations du niveau marin dans l'analyse géomorphologique : illustration à partir des travaux de Roland Paskoff

L'analyse de plusieurs séries de publications de Roland Paskoff permet de montrer quelle a été la signification des variations du niveau de la mer dans sa pensée géomorphologique. L'on s'intéressera successivement aux travaux de géoarchéologie auxquels il a participé, à la formation des côtes actuelles et à la question de l'élévation contemporaine du niveau de la mer.

A. L'intérêt des « marqueurs archéologiques » pour l'étude des variations du niveau de la mer et du recul du trait de côte

La richesse des littoraux tunisiens en vestiges archéologiques, en particulier des périodes romaine et punique, a précocement intéressé Roland Paskoff en ce qu'ils pouvaient constituer des « marqueurs » du déplacement de la ligne de rivage sous l'effet de variations du niveau de la mer et/ou de l'érosion des côtes. « *La nature même de ces marqueurs, leur position d'origine par rapport à la mer sont à elles seules des indices de grande valeur sur le tracé ancien du littoral et sur le niveau marin dans l'Antiquité* » (Paskoff *et al.*, 1991, p. 517). À ce titre, la Tunisie lui a offert un fabuleux terrain pour mettre à l'épreuve les modèles et les principes théoriques existants et pour forger ses propres interprétations. Rapidement, ces recherches ont donné lieu à des échanges avec des archéologues, qui se sont concrétisés par la mise en place à partir de 1987 et pour dix ans d'un programme de recherche transdisciplinaire[15].

Dans une première publication qui date de 1979, Roland Paskoff propose une évaluation de la vulnérabilité à l'érosion marine de 45

[15] Lire à ce sujet le texte d'Ameur Oueslati dans le chapitre 2 de cet ouvrage.

sites antiques dont 28 correspondent à d'anciennes villes. Le but de cet article « *est d'abord de signaler à l'attention des archéologues les endroits les plus menacés* » (p. 302) afin de pouvoir « *procéder à des recherches prioritaires sur les sites importants les plus menacés* » (p. 306). En fin d'article, il propose quelques recommandations pour l'étude et la protection de ces sites. Roland Paskoff les classe sur une échelle de 0 (absence d'érosion) à 3 (érosion forte), et montre que les plus affectés par l'érosion sont situés dans le nord-est, fortement exposé aux vagues de nord-ouest. À l'opposé, ceux du sud-est, en particulier du golfe de Gabès, bénéficient d'une position abritée sous le vent de l'archipel des Kerkennah et de l'important développement de la plate-forme continentale qui amortit les houles. Les publications suivantes, qui relatent les résultats d'importantes campagnes archéologiques (plus de 200 sites seront intégrés dans le programme d'étude), livrent d'intéressants éléments de diagnostic sur l'évolution des côtes.

Dans un article publié en 1982, Ameur Oueslati et Roland Paskoff présentent l'évolution géomorphologique des côtes tunisiennes au cours des derniers 15 000 ans. Ils étudient les conséquences de la néotectonique sur l'évolution des rivages. Dans le sud-est, ils distinguent les situations de l'île de Jerba et de la région de Zarzis où s'observent les traces d'un stationnement de la mer à un niveau plus élevé que l'actuel – qu'ils expliquent par un phénomène de basculement – de celle de l'archipel des Kerkennah qui est affecté par une subsidence marquée. Ici, l'élévation du niveau relatif de la mer est responsable d'une érosion généralisée : « *Le léger relèvement du niveau de la mer depuis l'Antiquité (...) favorise l'érosion par les vagues. Ses effets sont renforcés là où il est accru par des phénomènes de subsidence très récents, par exemple autour des îles Kerkennah. Celles-ci se sont affaissées pendant la période historique, comme en témoigne la tranche d'eau anormalement épaisse qui inonde partiellement les ruines romaines de Cercina. D'où une érosion généralisée des côtes de l'archipel, jalonnées de palmiers battus par les vagues.* » (p. 104).

Dans un article de 1983 intitulé *Geomorphological problems on Mediterranean coasts* et co-signé avec E.C.F. Bird, Roland Paskoff dresse un rapide bilan sur le rôle des variations du niveau de la mer dans différentes régions de la Méditerranée. Il montre que l'on trouve également en Grèce, en Crète et sur la côte tyrrhénienne de l'Italie, des vestiges archéologiques submergés par un relèvement du niveau de la mer. Il établit une relation directe entre ce phénomène et l'érosion qui affecte les côtes.

Dans un article publié en 1987 et consacré à *Plages et tourisme en Tunisie*, Roland Paskoff revient sur la situation de l'antique Cercina dont les ruines sont « *submergées aujourd'hui sous 2 m d'eau par grande marée* ». Il mobilise le principe de Bruun pour rendre compte du recul du trait de côte et précise : « *Le retrait du trait de côte est estimé* (suivant le principe de Bruun) *à environ 150 à 200 fois la valeur de l'élévation du niveau de la mer, soit de l'ordre de 0,20 à 0,60 m par an suivant les secteurs du littoral de la Tunisie orientale* » (p. 281). Mobilisant les deux facteurs qui expliquent selon lui le recul actuel des rivages sableux, il conclut : « *Il apparaît donc que par suite de la faible quantité des apports sédimentaires actuels au domaine côtier et de l'élévation contemporaine du niveau de la mer, les plages de la Tunisie se trouvent dans une conjoncture précaire* » (p. 281).

Dans un compte-rendu de l'Académie des inscriptions et belles-lettres de 1991 (avec Pol Trousset et Hédi Slim) et un article paru en 1997 (écrit avec Pol Trousset), on trouve une interprétation plus complète de l'évolution des littoraux tunisiens depuis l'Antiquité et des cartes géoarchéologiques précises. Trois types de côtes sont distingués. La situation des côtes en régression, qui représentent les trois quarts du linéaire total, s'explique par un relèvement du niveau marin d'ordre eustatique, aggravé par des mouvements régionaux de subsidence, et par un déficit sédimentaire marqué. Les littoraux stables (le quart de la longueur de côte) et en progradation (moins de 5 % du linéaire) doivent leur situation à des apports d'alluvions et également, pour les derniers, à une position d'abri. Conformément aux fondements théoriques exposés plus haut, le diagnostic de terrain a recours à deux types de facteurs explicatifs, les variations du niveau marin et l'évolution des stocks sédimentaires mobilisables.

Les auteurs proposent une typologie des marqueurs archéologiques, qui distingue les installations implantées face au large, celles qui avaient été sises en terre ferme et les « villes englouties ». La qualité de marqueur des constructions humaines est analysée, comme le montre l'exemple des carrières : « *Les carrières littorales sont d'excellents marqueurs archéologiques pour apprécier les variations de la ligne de rivage dans l'Antiquité, à la fois dans le sens vertical et dans le sens horizontal. D'une part, la submersion actuelle des fonds de carrières sous plusieurs décimètres d'eau est un fait partout constatable (...) : elle témoigne du relèvement général du niveau marin depuis l'Antiquité. D'autre part, la digue de protection caractéristique de ces chantiers antiques sur toutes les rives de la Méditerranée et qui marquait avec précision leur limite d'extension du côté du large, a été presque partout franchie par les vagues, tandis qu'une nouvelle ligne de rivage, soulignée par l'existence d'une falaise vive, s'est constituée plus en retrait.* » (Paskoff *et al.*, 1991, p. 531).

B. Le rôle de la transgression marine holocène dans la formation des espaces côtiers

Le rôle de la transgression marine postglaciaire dans la formation des côtes actuelles sera abordé plus en détail dans le chapitre relatif à la théorie de la pénurie sédimentaire, aussi sera-t-elle traitée rapidement ici. Au vu de l'objectif qui est poursuivi, l'on s'attachera à montrer le rôle que Roland Paskoff attribuait à la remontée du niveau de la mer en elle-même dans le processus d'accumulation sédimentaire qui a donné naissance aux grands systèmes dunaires.

Variations du niveau de la mer et formation des systèmes dunaires atlantiques

Dans un article introductif de la revue *Zeitschrift für Geomorphologie*, D. Kelletat et R. Paskoff (1991) font état de quatre modèles de dunes selon la relation qui existe entre leur période de formation et la position du niveau de la mer. Après les avoir présentés, et au regard des datations disponibles pour de nombreuses régions du monde, les auteurs soutiennent l'hypothèse de la formation de la majeure partie des systèmes dunaires à la fin de la transgression marine holocène. Ce scénario est celui que Roland Paskoff a défendu toute sa vie dans nombre de publications.

Plus récemment, dans un texte écrit en hommage à un collègue portugais, le Professeur Doutor Gaspar Soares de Cavalho, Roland Paskoff (2001c) distingue les dunes de deuxième génération du sud-ouest de la France, qui correspondent à la période d'abondance de sable liée à la transgression postglaciaire, des dunes de troisième génération, associées à la pénurie sédimentaire qui a suivi et par conséquent formées sous l'effet de la remobilisation de sables issus des dunes antérieures. Il propose son interprétation à ses collègues portugais dans une perspective comparative, d'importantes analogies existant entre les dunes des Landes et celles du nord-ouest du Portugal.

L'étude des générations d'éolianites du Quaternaire supérieur en Tunisie

Roland Paskoff (1996b) distingue trois grandes périodes d'activité éolienne qui sont à l'origine des éolianites que l'on trouve sur les côtes septentrionale et orientale de la Tunisie :
1) Les éolianites tyrrhéniennes de la formation Rejiche, datées du dernier interglaciaire (126 000 ± 7 000 ans) ;
2) Les éolianites würmiennes, de la formation dite du Cap Bon (15 000-12 000 ans BP) ;
3) Et les éolianites holocènes (formation Sidi Salem), datées de 9 200 à 5 500 ans BP, donc dues à des formations dunaires antérieures à la culmination de la transgression marine.

Les deux dernières générations d'éolianites sont associées à de hauts niveaux marins, ce qui constitue pour lui un argument en faveur du rôle des périodes de remontée du niveau de la mer dans la formation des systèmes dunaires.

C. Des enseignements du passé à la proposition de scénarios pour le futur

Comme on l'a vu, au nom du principe de Bruun et sur la base d'importants travaux de terrain, Roland Paskoff a établi une relation de plus en plus directe et systématique au cours de sa carrière entre les phénomènes de relèvement du niveau de la mer et les situations d'érosion côtière dans les contextes de pénurie. Les observations effectuées à deux échelles de temps, la période historique (relèvement du niveau relatif de la mer de 1,50 m dans certaines régions tunisiennes), et le dernier siècle (élévation moyenne du niveau de la mer de l'ordre de 10 à 15 cm), pour lequel il s'est appuyé sur les relevés marégraphiques complétés par les analyses issues de l'imagerie satellitaire, ont conforté sa position au fil des années. Le résultat en est, comme on le verra dans le prochain chapitre, la formulation de la théorie de la pénurie sédimentaire qui confère un rôle important à la transgression postglaciaire.

C'est sur ces bases qu'à partir de la fin des années 1980, Roland Paskoff s'intéressera aux conséquences possibles de l'élévation contemporaine du niveau de la mer sur les espaces côtiers. À partir du principe de Bruun et des résultats des études qu'il a conduites en Tunisie, en particulier, il affirmera que cette élévation devrait se traduire par une érosion des plages et un recul du trait de côte.

Ainsi, dans l'évolution de sa pensée et dans la construction de son argumentation, il existe une relation forte entre les enseignements que lui a livrés l'étude du passé et les projections qu'il se propose de faire pour le futur.

Conclusion

L'analyse des travaux de Roland Paskoff met en évidence un système de pensée très cohérent, nourri à la fois d'une vaste culture scientifique qui emprunte largement aux chercheurs anglo-saxons et d'importants travaux de terrain dans lesquels la période tunisienne occupe indubitablement une place à part. Les effets d'aller-retour entre la théorie – un modèle de fonctionnement des rivages qui explique leur évolution par la relation étroite qu'entretiennent les variations du niveau de la mer et les processus morphogéniques – et le terrain sont constants dans son œuvre. Les études de cas réalisées ici et là, les échanges avec d'autres géomorphologues sur leurs terrains de recherche, et le suivi scrupuleux des publications étrangères, ont constamment alimenté les réflexions de Roland Paskoff dans une perspective de généralisation et de théorisation.

Les travaux que j'ai eu l'occasion d'effectuer avec lui dans l'océan Indien, d'abord dans l'archipel des Seychelles, puis dans celui des Mascareignes, m'ont révélé l'intérêt fort et constant qu'il manifestait pour la relation qui existe entre les variations du niveau de la mer et les processus d'accumulation sédimentaire. Ces missions lui ont apporté beaucoup de satisfaction intellectuelle, parce qu'elles ont largement conforté sa théorie. Dans la zone intertropicale, le rôle des variations du niveau de la mer dans la production et la mobilisation de sédiments est attesté par la succession de générations de récifs coralliens qui se développent pendant les périodes de transgression marine (croissance récifale) et sont démantelées par l'érosion (karstification et production de matériel détritique) pendant les périodes de régression. Ici, il existe donc une traduction directe dans la morphologie (restes d'anciens récifs, formes littorales) et dans les stocks sédimentaires (matériel inerte accumulé sur les petits fonds marins) des fluctuations du niveau marin.

Références bibliographiques

BIRD E.C.F. & PASKOFF R., 1983. Geomorphological problems on Mediterranean coasts. *Coastal problems in the Mediterranean Sea,* International Geographical Union, Commission on the coastal environement, Proceedings of a symposium held in Venice, 10-14 may 1982, Bologne, p. 7-17.

BRUUN P., 1962. Sea-level rise as a cause of shore erosion. Journal of the Waterways and Harbors Division, Proceedings of the American society of Civil Engineers, 88, 117-130.

CURRAY J.R., 1964. Transgressions and regressions. *In :* R. Miller (ed.) – *Papers in marine geology, Sheppard commemorative volume, p. 175-193.*

DEVOY R.J.N., 1987. *Sea surface studies, a global view.* Croom Helm, Londres, 649 p.

OUESLATI A. & PASKOFF R., 1982. L'évolution géomorphologique de l'espace côtier de la Tunisie depuis 15 000 ans. *Géographie et Développement,* 5, 99-104.

PASKOFF R., 1979. Évaluation de la vulnérabilité à l'érosion marine des sites archéologiques antiques de la côte tunisienne. *Cahiers de Tunisie,* 109-110, 301-326.

PASKOFF R., 1981. *L'érosion des côtes.* Collection Que sais-je ? Presses Universitaires de France, 128 p.

PASKOFF R., 1985. *Les littoraux, impacts des aménagements sur leur évolution.* Masson, Paris, 188 p.

PASKOFF R. 1987. Plages et tourisme en Tunisie. *Le développement du tourisme dans les espaces voisins des grandes zones de fréquentation touristique,* Union Géographique Internationale et Office National du Tourisme Tunisien, Tunis, p. 276-287

PASKOFF R., 1989a. Les variations du niveau de la mer. *Annales de Géographie,* 546, 215-218.

PASKOFF R., 1989b. Les variations du niveau de la mer. Compte-rendu, *Annales de Géographie,* 546, 215-218.

PASKOFF R., 1991. L'érosion littorale. *Eaux de Rhône, Méditerranée, Corse,* Agence de l'eau, Lyon, p. 203-207 et 225-227.

PASKOFF R., 1992. Eroding tunisian beaches : causes and mitigation. *Bolltino di Oceanologia Teorica ed Applicata,* 10, 2-3-4, 85-91.

PASKOFF R. 1993. *Côtes en danger.* Masson, Paris, 250 p.

PASKOFF R., 1994. Impacts sur les espaces côtiers d'une élévation du niveau de la mer. *Séminaire Eaux-Environnement,* 4, Ministère de l'Environnement, Paris, p. 105-112.

PASKOFF R., 1996a. Upper quaternary eolianits in coastal Tunisia : a review. *Zeitschrift für Geomorphologie.* Suppl.-Bd. 102, 135-149.

PASKOFF R., 1996b. Littoraux, mers et océans. *In :* M. Derruau (dir.) – *Composantes et concepts de la géographie physique,* Masson, Paris, p. 115-130.

PASKOFF R., 1998a. Conséquences possibles sur les milieux littoraux de l'élévation du niveau de la mer prévue pour les prochaines décennies. *Annales de Géographie,* 600, 233-248.

PASKOFF R., 1998b. Impacts à attendre d'une élévation du niveau de la mer sur les côtes françaises. *Impacts potentiels du changement climatique en France au XXIe siècle,* Paris, Ministère de l'Aménagement du Territoire et de l'Environnement, p. 46-53.

PASKOFF R., 1998c. La crise des plages : pénurie de sédiments. *Mappemonde,* 52, 11-15.

PASKOFF R., 1999. Le développement durable de la plage nord de Mahdia. *Développement durable en zone côtière,* Actes du Séminaire international, Mahdia, Tunisie, 21-24 juin 1999, Paris, UNESCO, p. 171-175.

PASKOFF R., 2001a. *L'élévation du niveau de la mer et les espaces côtiers.* Institut Océanographique, Paris, 191 p.

PASKOFF R. (dir.), 2001b, *Le changement climatique et les espaces côtiers. L'élévation du niveau de la mer : risques et réponses.* Mission interministérielle de l'effet de serre. Paris, 97 p.

PASKOFF R., 2001c. Analogies entres les dunes littorales du nord-ouest du Portugal et celles du sud-ouest de la France. *Homagen Professor Doutor Gaspar Soares De Cavalho,* Universidad do Minho, Braga, Portugal, p. 301-306.

PASKOFF R., 2004. Potential implications of sea level rise for France. *Journal of Coastal Research,* 20, 424-434.

PASKOFF R. & KELLETAT D., 1991. Review of coastal problems. *Zeitschrift für Geomorphologie,* Suppl.-Bd., 81, 149-162.

PASKOFF R. & OUESLATI A., 1991. Modifications of coastal conditions in the gulf of Gabes (southern Tunisia) since classical Antiquity. *Zeitschrift für Geomorphologie,* Suppl.-Bd. 81, 149-162.

PASKOFF R., SLIM H., TROUSSET P., 1991. Le littoral de la Tunisie dans l'Antiquité : cinq ans de recherches géoarchéologiques. *Comptes-rendus des séances de l'Académie des Inscriptions et des Belles-Lettres,* Paris, juillet-octobre, 515-546.

PASKOFF R. & TROUSSET P., 1997. Évolution du littoral de la Tunisie depuis l'Antiquité. *La dynamique des paysages préhistoriques, antiques, médiévaux et modernes,* XVII rencontres internationales d'archéologie et d'histoire d'Antibes, Centre de Recherches Archéologiques, CNRS, Sophia Antipolis, 413-430.

TOOLEY M.J. & SHENNAN I., 1987. *Sea-level changes.* Basil Blackwell, Oxford, 397 p.

3.2. Les variations actuelles du niveau de la mer : une mise à jour (juillet 2007)

Paolo Antonio PIRAZZOLI*
**Directeur de recherche, Laboratoire de Géographie Physique de Meudon, UMR 8591*

Résumé
Ce texte présente une mise à jour des connaissances sur les variations actuelles du niveau de la mer. Il montre que ce sujet qui intéressait fortement Roland Paskoff reste d'autant plus préoccupant pour les sociétés que la valeur de l'élévation globale du niveau de la mer à l'échéance de la fin de siècle est très probablement sous-estimée.

Mots-clés : variations du niveau de la mer, élévation du niveau de la mer

Abstract
This paper presents an updated state of knowledge on present sea level changes. It shows that this question which gained much attention from Roland Paskoff is all the more serious for our contemporaneous societies that the global value of sea level rise is probably under-estimated.

Key words: sea level changes, sea level rise

Introduction

Lors de l'établissement du troisième rapport du GIEC (Groupe d'experts intergouvernemental sur l'évolution du climat) (IPCC, 2001), nous avions eu le privilège de figurer parmi les relecteurs du Groupe 1 (*Les aspects scientifiques du changement climatique*). Connaissant l'intérêt de Roland Paskoff pour le sujet, nous n'avions pas hésité à le tenir au courant, en avant-première confidentielle, des résultats les plus récents sur les variations du niveau marin.

En 2004, Roland Paskoff était particulièrement satisfait, puisque le GIEC venait de l'inclure parmi les scientifiques chargés de la relecture du 4ème rapport pour le Groupe 2 (*Adaptation et vulnérabilité à la suite du changement climatique*), alors que cette fois nous n'avions pas été consulté. Il aurait dû avoir, de ce fait, un accès privilégié et direct aux principales conclusions du rapport du GIEC, dont la publication était prévue en 2007, et l'opportunité de valoriser les thèmes littoraux qui lui étaient chers. Malheureusement, le temps lui a manqué pour accomplir cette tâche comme il l'aurait souhaité.

Il nous a donc semblé utile, dans cet ouvrage d'hommage à sa mémoire, d'essayer de faire le point des acquis les plus récents sur les variations du niveau global de la mer, que Roland Paskoff aurait aimé utiliser lui même dans des applications.

3.2.1. La récente accélération de la montée du niveau global de la mer

Au cours du XXe siècle, l'estimation des changements du niveau de la mer à l'échelle mondiale a été pendant longtemps un sujet débattu. Les estimations des divers auteurs étaient généralement fondées sur les valeurs moyennes mensuelles et annuelles déduites des marégraphes du monde entier, collectées et archivées depuis 1933 dans une banque de données par le Permanent Service for Mean Sea Level à Bidston (Royaume-Uni).

En fait, la plupart des stations marégraphiques ont été installées pour les besoins de la navigation, plus que dans des buts scientifiques. Leur localisation est particulièrement dense le long des côtes des pays développés, surtout dans des estuaires, des lagunes et dans des régions littorales basses, où des ports et des industries peuvent se développer. De même, le nombre limité d'enregistrements suffisamment longs, leur distribution géographique inégale et la difficulté de séparer les mouvements du sol des tendances enregistrées pour le niveau de l'eau, ont créé de nombreuses difficultés d'interprétation.

L'approche la plus fréquente, surtout celle des études anciennes, consistait à appliquer plusieurs sortes de moyennes aux données non corrigées, après avoir cependant exclu les séries considérées comme douteuses ou provenant de régions notoirement en voie de soulèvement, ou tectoniques, mais sans exclure de vastes régions de légère subsidence. D'autres approches ont consisté à « corriger » les enregistrements, à l'aide de tendances géologiques dans des régions voisines, ou de modèles mathématiques, pour estimer les tendances isostatiques.

Ces approches ont donné une estimation de l'élévation du niveau global de la mer comprise entre + 0,5 et + 3,0 mm/an (pour des références jusqu'en 1993, *cf.* Paskoff, 2001, p. 24) alors que certaines études (y compris nous-même) concluaient même à l'impossibilité d'obtenir une estimation précise fiable à partir des seuls marégraphes. Ces difficultés étaient reconnues encore en 2001 par le troisième rapport du GIEC (IPCC, 2001), qui donnait pour l'élévation moyenne globale du niveau de la mer au cours du XXe siècle la fourchette assez imprécise de + 1,0 à + 2,0 mm/an. Les estimations au cours du XXe siècle étaient rendues difficiles également du fait d'une accélération dans la vitesse d'élévation (que l'on n'arrivait pas à démontrer par des séries marégraphiques isolées), parfois masquée par une variabilité interdécadaire, qui était en train de se produire à l'échelle globale.

L'élément déterminant dans l'amélioration des estimations a été, à partir de la fin de l'année 1992, l'arrivée des satellites altimétriques, d'abord Topex/Poseidon, suivi par Jason. Ces satellites ont permis de rapporter les mesures altimétriques à une base de référence absolue géocentrique. L'orbite des satellites a été choisie pour que le satellite repasse à la verticale d'un même point de l'océan (entre 66°N et 66°S) tous les dix jours exactement (Cazenave et Feigl, 1994). Les cartes de changements du niveau marin qui en résultent permettent d'estimer tous les dix jours le niveau de la mer global avec une précision de l'ordre de 4 à 5 mm (Leuliette *et al.*, 2004).

Depuis 1993, le taux moyen d'élévation du niveau de la mer mesuré par les satellites altimétriques a été de + 3,1 ± 0,4 mm/an (Nerem *et al.*, 2006), auquel il convient d'ajouter + 0,3 mm/an pour tenir compte de la correction glacio-isostatique (Cazenave et Nerem, 2004). Cette valeur de l'élévation globale, comme celles de même ordre obtenues par les observations des satellites au cours des années précédentes, dépasse largement toutes les estimations déduites des marégraphes au cours du XXe siècle, laissant supposer qu'une accélération a dû se produire récemment.

En fait, toutes les cartes de variation du niveau marin d'après les satellites altimétriques le montrent, le niveau de la surface de l'eau varie d'une région océanique à l'autre, en fonction de la température de l'eau, avec parfois des élévations nettement plus fortes que la moyenne globale, mais aussi avec des régions où le niveau baisse. Ces inégalités régionales sont cependant temporaires et tendent à se déplacer d'une décennie à l'autre et donc, à terme, à s'homogénéiser.

Ces résultats ont stimulé des analyses plus approfondies des enregistrements marégraphiques, dont la distribution géographique avait entre temps été nettement améliorée par l'IOC (UNESCO) avec l'installation, dans les années 1990, de nombreuses nouvelles stations dans le cadre du projet GLOSS (Global Sea Level Observing System). De ce fait il a été possible de démontrer (Holgate and Woodworth, 2004 ; Church and White, 2006) qu'une accélération pouvait être déduite également des marégraphes, malgré la variabilité décennale qui avait empêché d'arriver à cette conclusion dans les précédentes études. Il a été également montré (Holgate and Woodworth, 2004) que la vitesse de l'élévation du niveau de la mer à proximité des côtes (où se trouvent généralement les marégraphes), mesurée aussi bien par les satellites que par les marégraphes, peut différer de celle que l'on mesure (uniquement avec les satellites) au large dans tous les océans. D'après Church et White (2006), l'accélération sur l'ensemble des côtes a été particulièrement significative entre la période 1870-1935 (une élévation de + 0,71 ± 0,40 mm/an) et la période 1936-2001 (+ 1,84 ± 0,19 mm/an). Malgré une montée du niveau marin presque continue, avec quelques périodes d'accélération (comme depuis le début des années 1990), il y a également eu pour les côtes, depuis 1948, une brève période de stabilisation du niveau marin vers le milieu des années 1970 et même quelques années de légère diminution du niveau marin dans le milieu des années 1980. Mais dans les deux cas, ces brèves périodes ont été suivies par une forte accélération de la montée du niveau de la mer (Holgate and Woodworth, 2004).

Les mesures GPS par satellite de bases de référence situées à proximité de marégraphes peuvent également être utiles pour mesurer les mouvements verticaux du sol des stations et vérifier s'ils correspondent aux mouvements estimés par les modèles isostatiques. Ainsi, en reprenant les stations marégraphiques à partir desquelles Douglas (2001) avait déduit, après correction des modèles isostatiques, une estimation de + 1.84 ± 0.35 mm/an pour l'élévation globale du niveau de la mer et en substituant à la correction isostatique les tendances mesurées par le GPS, Wöppelmann *et al.*

(2007) ont trouvé une tendance « absolue » ou géocentrique moins élevée de + 1.31 ± 0.30 mm, suggérant la possibilité d'erreurs dans les estimations des modèles isostatiques.

D'autres recherches récentes ont réussi à quantifier les deux principales causes de l'accélération dans l'élévation du niveau marin : l'augmentation de l'expansion thermique des océans et la fonte des glaciers continentaux. Au cours de la période 1950-2000, lorsque la vitesse d'élévation du niveau global des océans (du moins à proximité des côtes) était estimée par Church *et al.* (2004) à + 1,8 ± 0,3 mm/an, la composante de l'expansion thermique était calculée par des études océanographiques à environ + 0,4 ± 0,1 mm/an (Ishii *et al.,* 2006). Par contre, pour la période 1993-2003, lorsque l'altimétrie satellitaire a mesuré une montée globale du niveau de la mer de + 3,1 ± 0,4 mm/an, plusieurs travaux océanographiques indépendants ont estimé que la composante de l'expansion thermique était trois à quatre fois plus forte qu'au cours des décennies précédentes (par exemple de + 1,2 mm/an d'après Ishii, 2006 ; de + 1,6 mm/an d'après Willis *et al.,* 2004).

La fonte des glaciers continentaux connaît aussi une accélération récente ; en niveau marin équivalent à la masse de la glace fondue, on passe d'après Lemke *et al.* (2007) de + 0,50 ± 0,18 mm/an entre 1961 et 2004 à + 0,77 ± 0,22 mm/an entre 1991 et 2004.

3.2.2. Les perspectives pour le XXIe siècle

D'après les six scénarios d'émission des gaz à effet de serre examinés par le GIEC (Solomon *et al.,* 2007), le niveau de la mer devrait s'élever en 2090-2099 (par rapport à 1980-1999) entre 18 et 59 cm (Meehl *et al.*, 2007). Cette fourchette est plus étroite que celle comprise entre 9 et 88 cm, du rapport précédent (IPCC, 2001), à la suite d'une amélioration des connaissances et d'une diminution des incertitudes sur les divers composants de l'élévation marine. Cependant cette nouvelle estimation risque de sous-évaluer la réalité pour plusieurs raisons :

1) Elle ne tient pas compte de la possibilité d'une poursuite des accélérations dans l'écoulement de la glace qui ont été constatées récemment dans la langue de certains glaciers du Groenland et de

l'Antarctique, phénomène qui pourrait accroître considérablement la contribution des calottes polaires ; à titre d'essai, celle-ci est estimée entre 10 et 20 cm par Meehl *et al.* (2007, p. 751) ;
2) Les projections de modélisation qui aboutissent à une fourchette de 18-59 cm sont indépendantes des données climatiques observées depuis 1990 ; comme l'ont noté Rahmstorf *et al.* (2007), les modèles climatiques, fondés sur des lois physiques, ont été élaborés sur de nombreuses années, mais ces modèles ne prennent pas en compte les données les plus récentes de température et de niveau global de la mer. En réalité, depuis 1990 le niveau global de la mer observé par les marégraphes (Church and White, 2006) ou depuis 1993 par les satellites altimétriques (Cazenave and Nerem, 2004; Nerem *et al.* 2006), s'est accru plus rapidement que les prévisions des modèles. De ce fait, l'élévation du niveau global de la mer entre 1990 et 2006, au lieu de rester proche de la moyenne des prévisions, a évolué autour de la limite supérieure de la fourchette d'incertitude de l'IPCC (2001), qui atteint + 88 cm en 2100 (Rahmstorf *et al.,* 2007). En conclusion, bien que la récente accélération puisse être en partie le résultat d'une fluctuation décadaire, la projection d'élévation du niveau marin proposée par Meehl *et al.* (2007), pourrait être sous-évaluée de quelques décimètres.

Enfin, d'autres facteurs peuvent modifier le niveau marin à l'échelle régionale ou locale. Pour les effets régionaux, il s'agit des effets sur la circulation océanique et sur les changements de pression atmosphérique de certains changements climatiques. D'après une moyenne effectuée à partir de seize modèles de circulation générale atmosphère-océan dans le cadre du scénario d'émission de gaz à effet de serre A1B, le niveau de la mer de la période 2080-2099 tendrait à s'élever, par rapport à la période 1980-1999, de deux à trois décimètres de plus aux hautes latitudes de l'hémisphère nord ; il s'abaisserait par contre autour de l'Antarctique et (plus faiblement) dans la partie océanique de l'hémisphère sud ; autour de l'Europe occidentale, la surélévation par rapport au niveau global serait comprise entre 5 et 15 cm (Meehl, 2007, fig. 10.32).

Les mouvements verticaux du sol et les changements climatiques locaux auront aussi un impact sur le niveau relatif de la mer et sur le risque d'inondation marine. Ainsi, par exemple, dans le delta du Rhône, le mouvement négatif du sol au Grau de la Dent est estimé à environ 1 mm/an (Suanez, 1997). Au même endroit le risque d'inondation pourrait être accru par l'augmentation des surcotes maximales (+ 1,9 mm/an) (Ullmann *et al.*, 2007).

Conclusion

Si les différents facteurs ci-dessus mentionnés sont retenus, la fourchette de 18-59 cm pour l'élévation du niveau marin prévue pour la fin du siècle par Meehl *et al.* (2007) pourrait être déplacée vers le haut de 20-30 cm en cas de poursuite au cours des prochaines décennies de la récente accélération observée du réchauffement global, de l'élévation du niveau de la mer et de la fonte glaciaire (par rapport aux vitesses projetées par les modèles) ou du fait d'autres effets régionaux ou locaux.

Références bibliographiques

CAZENAVE A. & FEIGL K., 1994. *Formes et mouvements de la terre*. CNRS Éditions, Belin, Paris, 159 p.

CAZENAVE A. & NEREM R.S., 2004. Present-day sea-level change: observations and causes. *Rev. Geophys.* 42, doi:10.1029/2003RG000139.

CHURCH J.A. & WHITE N.J., 2006. A 20th century acceleration in global sea-level rise. *Geophysical Research Letters*, 33, L01602, doi:10.1029/2005GL024826.

CHURCH J.A., WHITE N.J., COLEMAN R., LAMBECK K., MITROVICA J.X., 2004. Estimates of regional distribution of sea level rise over the 1950-2000 period. *Journal of Climatology*, 17, 2609-2625.

DOUGLAS B.C., 2001. Sea level change in the Era of the recording tide gauges. *In*: Douglas B. et al. (Eds.) *Sea-Level Rise: History and Consequences*. Int. Geophys. Ser. 75. Academic Press, San Diego, p.37-64.

HOLGATE S.J. & WOODWORTH P.L., 2004. Evidence for enhanced coastal sea level rise during the 1990s. *Geophysical Research Letters*, 31, L07305, doi:10.1029/2004GL019626.

IPCC, 2001. *Climate Change 2001: The Scientific Basis*. Cambridge University Press, Cambridge, 881 p.

ISHII M., KIMOTO M., SAKAMOTO K., IWASAKI S.I., 2006. Steric sea level changes estimated from historical ocean subsurface temperature and salinity analyses. *J. Oceanogr.*, 62, 2, 155-170.

LEMKE P., REN J., ALLEY R.B., ALLISON I., CARRASCO J., FLATO G., FUJII Y., KASER G., MOTE P., THOMAS R.H., ZHANG T., 2007. Observations: changes in snow, ice and frozen ground. In: *Climate Change 2007: the Physical Science Basis. Contribution of Working Group I to the Fourth Assessment Report of the Intergovernmental Panel on Climate Change* [Solomon S. *et al.*, (eds.)]. Cambridge University Press, Cambridge (sous presse).

LEULIETTE E.W., NEREM R.S., MITCHUM G.T., 2004. Results of TOPEX/Poseidon and Jason-1 calibration to construct a continuous record of mean sea level. *Marine Geodesy*, 27, 79-94.

MEEHL G.A., STOCKER T.F., COLLINS W.D., FRIEDLINGSTEIN P., GAYE A.T., GREGORY J.M., KITOH A., KNUTTI R., MURPHY J.M., NODA A., RAPER S.C.B., WATTERSON I.G., WEAVER A.J., ZHAO Z.C., 2007. Global Climate Projections. In: *Climate Change 2007: The Physical Science Basis. Contribution of the Working Group I to the Fourth Assessment Report of the Intergovernmental Panel on Climate Change* [Solomon S. et al., (eds.)]. Cambridge University Press, Cambridge (sous presse).

NEREM R.S., LEULIETTE E., CAZENAVE A., 2006. Present-day sea-level change: a review. *C.R. Geoscience* 338: 1077-1083.

PASKOFF R., 2001. *L'élévation du niveau de la mer et les espaces côtiers*. Institut Océanographique, Paris, 190 p.

RAHMSTORF S., CAZENAVE A., CHURCH J.A., HANSEN J.E., KEELING R.F., PARKER D.E., SOMERVILLE R.C.J., 2007. Recent climate observations compared to projections. *Sciencexpress* / www.sciencexpress.org/ 1 February 2007/10.1126/ science. 1136843.

SOLOMON S. ET AL., (eds.) (2007). *Climate Change 2007: The Physical Science Basis. Contribution of the Working Group I to the Fourth Assessment Report of the Intergovernmental Panel on Climate Change* . Cambridge University Press, Cambridge (sous presse).

SUANEZ S., 1997. *Dynamiques sédimentaires actuelles et récentes de la frange littorale orientale du Delta du Rhône*. Thèse de doctorat en Géographie physique, Université d'Aix-Marseille 1, 283 p.

ULLMANN A., PIRAZZOLI P.A., TOMASIN A., 2007. Sea surges in Camargue: trends over the 20th century. *Continental Shelf Research* 27, 922-934.

WILLIS J.K., ROEMMICH D., CORNUELLE B., 2004. Interannual variability in upper ocean heat content, temperature, and thermosteric expansion on global scales. *J. Geophys. Res.* 109, C12036, doi:10.1029/2003JC002260.

WÖPPELMANN G., MARTIN MIGUEZ B., BOUIN M.-N., ALTAMINI Z., 2007. Geocentric sea-level trend estimates from GPS analyses at relevant tide gauges world-wide. *Global and Planetary Change*, 57: 396-406.

CHAPITRE 4 – PLAGES ET DUNES

Résumé

C'est lors de son séjour en Tunisie à la suite de sa nomination à l'Université de Tunis que Roland Paskoff a définitivement ancré ses recherches dans la géomorphologie littorale. Bien qu'il se soit intéressé à tous les aspects de ce vaste champ disciplinaire, il aura néanmoins privilégié l'étude des plages et des dunes littorales, étude qui l'orientera de plus en plus vers les problèmes de gestion des côtes. 70 % des plages du monde seraient affectées par l'érosion marine, d'après une étude internationale menée entre 1972 et 1980, sous l'égide de l'Union géographique internationale. Même si ce chiffre est surestimé, il correspond à une certaine réalité : beaucoup de plages fréquentées par les touristes et plus ou moins aménagées sont menacées de démaigrissement, voire de disparition. Face à ce constat, Roland Paskoff en est venu à souligner le rôle de la pénurie sédimentaire, jusqu'à en faire une véritable théorie. C'est le premier thème développé dans ce chapitre. En tant que scientifique soucieux de comprendre le fonctionnement morpho-sédimentaire des plages, Roland Paskoff s'est plus particulièrement intéressé aux avant-dunes, dont il a montré le rôle essentiel dans le devenir des plages. C'est le deuxième thème de ce chapitre. Pour terminer, une présentation des dunes littorales chiliennes rend hommage à l'influence scientifique de Roland Paskoff dans ce pays qui fut son terrain de thèse doctorale et qu'il ne cessa de visiter et d'étudier jusqu'à la fin de sa vie.

Mots-clés : plage, érosion marine, dunes littorales, avant-dune, pénurie sédimentaire, Chili

Abstract
Roland Paskoff definitively adopted coastal geomorphology as his main research domain during his long stay in Tunisia as a teacher of the University of Tunis. He was certainly interested by all aspects of this wide scientific discipline, but nevertheless gave more importance in his researches to the study of beaches and coastal dunes. It explains why he became naturally a specialist of beach and dune management. According to an international study conducted between 1972 and 1980, 70% beaches are being eroded. Even if over estimated beach erosion is a reality: many attractive and more or less equipped beaches are subject to depletion not to say threatened to disappear. Confronted with this problem, Roland Paskoff highlighted the role of sediment shortage in this process and proposed a theory to explain it. This point is developed in the first part of the chapter. As a scientist looking for the morpho-sedimentary development of beaches, Roland Paskoff was peculiarly concerned with foredunes, which he thought to be essential in the coastal system. This is the main topic of the chapter's second part. To end the chapter, Chilean coastal dunes are presented, in tribute to the great scientific influence that Roland Paskoff exerted in this country where he carried out his doctorate thesis and was still doing some research before he died.

Key words: beach, marine erosion, coastal dune, foredune, sediment shortage, Chile

4.1. La théorie de la pénurie sédimentaire

4.1.1. Origine et lieux fondateurs

Virginie DUVAT* et Martine AMBERT**
** Professeur de Géographie, UMR LIENSs, Université de la Rochelle-CNRS 6250*
*** Maître de Conférences en Géographie, Laboratoire GESTER, EA 3766, Université Paul Valéry, Montpellier 3*

Introduction

Parmi la multitude des causes du recul actuel des plages que R. Paskoff a remarquablement synthétisées dans *Côtes en danger* (1993) et dans *Les littoraux, impacts des aménagements sur leur évolution* (1985, 1998), il en est une, la pénurie sédimentaire, qui, au fil de ses recherches, a pris le pas sur les autres au point de figurer dans l'intitulé même de trois de ses publications récentes. En 1998, c'est « *La crise des plages : pénurie de sédiments* » qui paraît dans la revue Mappemonde alors que le contenu de l'article aborde aussi le rôle de l'élévation du niveau marin, des grands travaux et de la pollution. Le titre témoigne ainsi de la hiérarchie des causes en présence qui s'est imposée au terme de plus de trois décennies d'inlassables recherches. En 2000, le message est encore plus clair dans « *L'érosion des plages... est due à un déficit naturel en sédiments* » (Paskoff, 2000). Enfin, en 2004, cette thématique fondamentale est développée dans « *Les littoraux sableux et dunaires : de l'abondance à la pénurie de sédiments* » (Paskoff, 2004a). Les sept pages de cette communication sont consacrées à l'appauvrissement du stock sédimentaire d'origine naturelle. Seules cinq lignes en conclusion présentent les actions anthropiques qui ont aggravé ce déficit.

L'importance et la permanence de cette thématique dans les travaux de Roland Paskoff à partir de la fin des années 1970 justifient qu'on lui consacre un chapitre spécifique dans cet ouvrage. Elle constitue d'ailleurs l'un de ses apports majeurs à l'étude de l'érosion des plages. L'objectif sera de retranscrire les grandes étapes de l'émergence de la théorie de la pénurie sédimentaire et de montrer quel rôle a joué Roland Paskoff dans sa mise en place et dans sa défense. Dans cette perspective, deux voies d'investigation ont été privilégiées. La première a consisté à analyser différents textes écrits par des géomorphologues sur la question de l'érosion des côtes sableuses à travers le monde afin de restituer l'état des recherches dans les années 1970 et de pouvoir mettre en regard les écrits de R. Paskoff avec ceux des autres chercheurs investis sur cette thématique. La seconde a pris la forme d'une lecture attentive de ses travaux afin de pouvoir éclairer le cheminement de ses réflexions, et plus précisément, les étapes majeures et les lieux fondateurs de la construction de cette théorie.

A. Si l'érosion est généralisée, elle relève nécessairement de facteurs globaux

Dans les décennies 1970 et 1980, les travaux de la Commission sur l'Environnement Côtier de l'Union Géographique Internationale (UGI) ont mis en évidence le caractère prédominant de l'érosion des plages à l'échelle mondiale (Bird, 1976, 1979, 1981 ; Paskoff, 1983). À l'issue d'enquêtes réalisées entre 1972 et 1984 auprès de 200 correspondants répartis dans 127 pays, son président, E.C.F. Bird, a publié un ouvrage de synthèse, *Coastline changes* (1985), qui établit que les côtes sableuses ont reculé sur 70 % de leur longueur au cours des dernières décennies. Cet important bilan a par ailleurs montré que l'évolution des plages différait suivant leur source d'alimentation. Celles qui bénéficient d'un important approvisionnement continental par des cours d'eau, des falaises en recul ou des apports en sables désertiques, sont en général stables ou en accrétion, par opposition avec celles qui dépendent essentiellement d'apports marins, affectées par l'érosion.

Le constat du caractère planétaire de l'érosion a conduit la communauté scientifique à rechercher des causes globales à ce phénomène. Plusieurs hypothèses ont été examinées. L'élévation contemporaine du niveau de la mer a été invoquée, en application de la célèbre loi de Bruun (1962), mais elle n'a pas été retenue. Le recul de côtes sur lesquelles le niveau relatif de la mer connaît une évolution négative a en effet démontré qu'elle ne constituait pas une explication satisfaisante. D'autres causes naturelles, comme la fréquence des tempêtes ou les rythmes d'évolution des falaises littorales, parce qu'elles opèrent à une échelle régionale ou locale, ont été reléguées au rang de facteurs secondaires. La littoralisation récente des sociétés, qui s'est accompagnée de la multiplication des aménagements et des équipements dont certains ont perturbé la dynamique côtière et induit des déséquilibres sédimentaires, a également été considérée. Mais le recul rapide de côtes naturelles et/ou très peu aménagées a conduit à abandonner cette piste. Face à cette situation, l'hypothèse avancée par R.J. Russell en 1967 pour expliquer le recul des îles-barrières a été reprise et reformulée pour être étendue aux autres types de côtes sableuses. Elle a donné naissance à la théorie de la pénurie sédimentaire au début des années 1980.

B. Les pionniers qui posèrent les bases de la théorie

Il est difficile de reconstituer la chronologie exacte de l'émergence de cette théorie, parce qu'elle renvoie à des publications et à des auteurs divers. Cet exercice impose en effet d'une part, de faire des recherches sur les premiers travaux théoriques relatifs aux facteurs d'évolution des rivages, ce qui implique de remonter au moins aux années 1950, et d'autre part, de balayer des écrits portant sur divers types de côtes meubles situées sous différentes latitudes[16]. Dans ces conditions, il s'agira ici de proposer une première reconstitution de la progression des connaissances qui ont conduit jusqu'à l'émergence de la théorie de la pénurie sédimentaire. Elle ne sera pas exhaustive, son objectif principal étant de montrer quels travaux, quelles collaborations et quels terrains ont inspiré Roland Paskoff au moment où il l'a formulée.

L'Allemand H. Valentin (1952) a été l'un des premiers à s'intéresser à l'évolution de la ligne de rivage et à en proposer une approche théorique (fig. 24, chap. 3, p. 108). Il a mis en évidence le rôle qu'y tiennent deux facteurs, l'isostasie, soulignant ainsi

[16] On verra en effet dans ce chapitre que les travaux qui ont porté sur les côtes tempérées et tropicales ont progressé parallèlement vers la recherche d'une théorie d'explication générale de leur évolution.

l'importance des fluctuations du niveau relatif de la mer[17], et les variations volumétriques de l'approvisionnement des côtes. L'élévation (relative ou absolue) du niveau marin et la baisse de l'alimentation des rivages sont toujours considérées aujourd'hui comme les deux principales causes naturelles de l'érosion, d'où l'importance de la contribution de H. Valentin à l'interprétation de ce phénomène. Comme nous le verrons ultérieurement, ses travaux ont inspiré E.C.F. Bird et R. Paskoff.

C'est à l'Américain R.J. Russell (1967), également cité par ces deux chercheurs, que l'on doit l'étape suivante. Ses travaux sur les îles-barrières l'ont amené à proposer une reconstitution de leur évolution qui pose les bases de la théorie de la pénurie sédimentaire. Il distingue trois périodes dans la formation et l'évolution de ces îles. La première, qui correspond à la fin de la dernière grande glaciation marquée par un abaissement du niveau de la mer d'environ 120 m (15 000 ans BP), se caractérise par l'accumulation sur le plateau continental émergé d'importantes quantités de matériel sédimentaire provenant d'apports fluviaux et éoliens et d'anciennes formes d'accumulation littorales. La deuxième, qui recouvre la transgression marine holocène, est marquée par la remontée vers les continents, sous l'effet de l'action des vagues, d'importants volumes de ces sédiments qui donnent alors naissance aux îles-barrières, cette phase de progradation ayant connu son apogée au moment de la stabilisation du niveau de la mer, il y a 5 000 à 6 000 ans. La troisième période, qui perdure aujourd'hui, est celle du recul de ces îles sur leur face tournée vers le large, qui traduit un renversement de la tendance sédimentaire (fig. 28). Dans les années 1980, face au constat de la prépondérance à l'échelle mondiale de l'érosion des plages, E.C.F. Bird et R. Paskoff remobiliseront cette hypothèse. Entre temps, plusieurs géomorphologues reprennent ce scénario général pour expliquer l'érosion des côtes sableuses, comme W.R. Tanner et F.W. Stapor (1972) et Davies (1974).

[17] Ce facteur est demeuré majeur dans les analyses qui ont suivi, avant même que des études précises ne soient réalisées sur les impacts prévisibles du changement climatique. On retrouve cette préoccupation à travers les travaux de Roland Paskoff et d'Éric Bird.

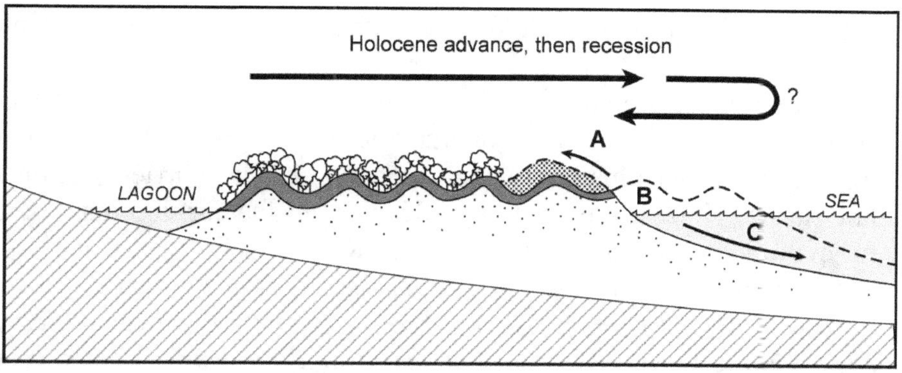

Fig. 28 – La théorie de R. J. Russell (1967) sur l'évolution des îles barrières au cours de l'Holocène

Fig. 28 – *R.J. Russell's theory on barrier islands evolution in the Holocene times*

A. Perte de sable par projection à l'intérieur des terres ; B. Perte de sable par le jeu du courant de dérive littorale ; C. Perte de sable au profit des petits fonds marins.

A. Sand loss due to wave overwash or wind blow; B. Longitudinal sand loss due to the longshore current; C. Sand loss due to sediment transfer to the nearshore.

Ces différents auteurs ont inconstestablement influencé E.C.F. Bird et R. Paskoff. Le premier citera systématiquement H. Valentin et R.J. Russell, et il admettra l'intérêt de l'hypothèse avancée par le premier pour expliquer l'érosion de plages qui n'appartiennent pas à des îles-barrières. De la même manière, R. Paskoff renverra régulièrement dans ses écrits, non seulement à leurs travaux (Paskoff, 1981a, 1983), mais aussi à ceux de Tanner, de Stapor et de Davies en écrivant dans l'article qu'il signe avec J.-M. Miossec en 1979 : « *Une idée séduisante a été avancée pour rendre compte de l'érosion généralisée qui affecte aujourd'hui les plages du monde : à une économie de richesse en sables [...] aurait succédé, depuis, un régime de pénurie. Il y aurait trois étapes dans cette évolution...* » (Miossec et Paskoff, 1979, p. 150). Plus tard, il abandonnera le conditionnel pour affirmer avec beaucoup de conviction une hypothèse qu'il aura érigée en théorie.

À ce stade, il est intéressant d'observer que bien qu'ils aient entretenu des échanges réguliers à partir des années 1970, E.C.F. Bird et R. Paskoff n'ont pas accordé à l'hypothèse de R.J. Russell la même importance.

À la suite de l'enquête mondiale qu'il avait lancée sur l'état de santé des plages, E.C.F. Bird concluait au milieu des années 1980 que leur situation était plus complexe que celle des îles-barrières et qu'il était par conséquent impossible de dégager un facteur dominant dans leur évolution. À propos de la théorie de R.J. Russell, il écrivait alors : « *This hypothesis fits many of the features shown by sandy barrier coasts, but no one hypothesis can account for the prevalence of beach erosion in the variety of environments around the world's coastlines. Several factors have contributed to the predominance of erosion on such coasts during the past centuries [...]. The relative significance of each of the several factors has varied from sector to sector around the world's sandy coastlines at particular times, and explanations of coastal erosion should be presented in terms of a ranking of these factors for each coastal sector* ». (Bird, 1985, p. 174). E.C.F. Bird réserve donc l'explication proposée par R.J. Russell aux îles-barrières. La lecture de l'un de ses derniers ouvrages sur les plages, *Beach management* (1996), montre que sa pensée a assez peu évolué par la suite. Dans le paragraphe qu'il consacre aux plages composées de sédiments issus des fonds marins (pp. 12-13), il expose très clairement le rôle constructeur de la transgression marine holocène, mais en faisant toujours très explicitement référence aux îles-barrières. Il indique néanmoins que la progradation associée à cette transgression d'une part, et l'érosion qui touche aujourd'hui les plages d'autre part, concernent de nombreuses côtes dans le monde. Son chapitre sur l'érosion des plages (pp. 73-110) confirme bien sa position. Pour lui, la baisse des apports de sédiments en provenance des petits fonds marins n'est que l'une des vingt causes de leur évolution régressive. Il ne hiérarchise pas ces causes, considérant que leur nature et leur importance relative varient d'une plage à une autre.

C. Poser, prouver et défendre cette théorie : l'œuvre de Roland Paskoff

Roland Paskoff a érigé l'hypothèse de la pénurie sédimentaire en une véritable théorie. Celle-ci prend graduellement corps dans ses travaux à partir de la fin des années 1970. Très actif au sein de la Commission sur l'Environnement Côtier de l'UGI dont il a pris la présidence à la suite d'E.C.F. Bird en 1984, il a élargi sa connaissance des plages du monde et pu vérifier la réalité de la pénurie sédimentaire qui affecte la plupart d'entre elles.

Dès 1981, dans l'ouvrage intitulé *L'érosion des côtes*, après avoir rappelé que « *l'on doit penser à des causes naturelles, générales et locales, et à des causes induites par l'intervention humaine* » (Paskoff, 1981a, p. 85), il affirme que la période actuelle se caractérise par une « *économie de pauvreté en matériel* » et expose méthodiquement les trois grandes phases de l'évolution des côtes identifiées par R.J. Russell. Par rapport à 1979, sa pensée a considérablement évolué. Ce tournant s'explique au moins en partie par la réalisation, dans différentes parties du monde, de datations qui attestent de l'ancienneté du stock sédimentaire accumulé sur les côtes, donc de son caractère hérité. Les travaux de R. Paskoff lui-même en Tunisie, et plus particulièrement à Jerba, jouèrent un rôle central dans la construction de sa pensée, comme en témoigna Jean-Marie Miossec, qui a travaillé avec lui sur ces littoraux, au colloque de Tunis en 2006 : « *Ce cas de figure jerbien fut décisif pour l'orientation que prirent alors les recherches de Roland Paskoff. Non seulement il s'intéressa encore un peu plus à la dynamique littorale [...]. En outre, le déficit sédimentaire de Jerba, petite île basse sans cours d'eau ni falaise vive, éveilla fortement son attention et stimula sa réflexion sur la pénurie de sédiments* » (J.-M. Miossec, 2007, p. 343). Ici en effet, l'absence de cours d'eau actifs, qui s'explique par l'endoréisme, et la faiblesse de l'alimentation des plages par les côtes rocheuses, créaient des conditions idéales et finalement assez rares pour tester cette théorie. Sur la grande majorité des littoraux, la multiplicité des paramètres en jeu rend difficile l'interprétation du recul, notamment la détermination de la part qui revient à chacun d'eux. A Jerba, si l'inactualité du stock sédimentaire était évidente, l'incertitude de son âge demeurait. Elle fut levée par l'étude spécifique des sables riches en oolithes, qui furent datés d'environ 8 000 ans B.P. (Lucas *et al*, 1969 ; Fabricius *et al.*, 1970 ; Paskoff et Sanlaville, 1983). Ainsi, la formation de géomorphologue de R. Paskoff contribua à l'élaboration de sa théorie en lui donnant une assise scientifique indispensable. L'exemple de Jerba deviendra dès lors une référence clé figurant dans ses publications ultérieures (Paskoff, 1981b ; 1983 ; 2003 ; 2004b). Parallèlement, il utilisa des datations réalisées dans d'autres régions du monde, comme la côte orientale des États-Unis (Sanders et Kumar, 1975 ; Fischer, 1980), les Landes (Froidefond *et al*, 1982), ou encore la péninsule de Woy Woy en Australie (Thom *et al.*, 1981), qui confortèrent sa thèse et lui permirent de devenir théorie.

Dès lors, R. Paskoff rappellera régulièrement que « *la règle générale, c'est la régression des plages* » et parlera de « *période de crise* » (Paskoff, 1983) avant de retenir l'expression de « *pénurie sédimentaire* » au milieu des années 1980 (Paskoff, 1984, 1985). En 1985, dans *Les littoraux, impacts des aménagements sur leur évolution,* il présente la pénurie sédimentaire comme une cause planétaire de l'érosion des plages, sans considération de contexte, ce qui distingue clairement sa pensée de celle d'E.C.F. Bird. Il expose « *l'évolution classique d'une plage au cours des derniers millénaires* » distinguant, comme l'avaient fait R. J. Russell et E.C.F. Bird avant lui, trois périodes principales (fig. 29). On retrouve la progradation associée à la transgression holocène, puis l'inversion de tendance qui a succédé à la stabilisation du niveau de la mer. Il précise que la « *période d'abondance dure jusqu'à ce que la réserve sous-marine de sédiments soit tarie et que l'équilibre du littoral soit réalisé, ce qui peut demander un temps plus ou moins long suivant les endroits. Commence ensuite, et elle est aujourd'hui généralisée, une époque de restriction en matériaux puisque les seuls apports appréciables se limitent désormais aux produits directs de l'érosion continentale et marine. La situation du point de vue de l'approvisionnement en sédiments est donc devenue précaire pour les plages.* » (Paskoff, 1985, p. 40).

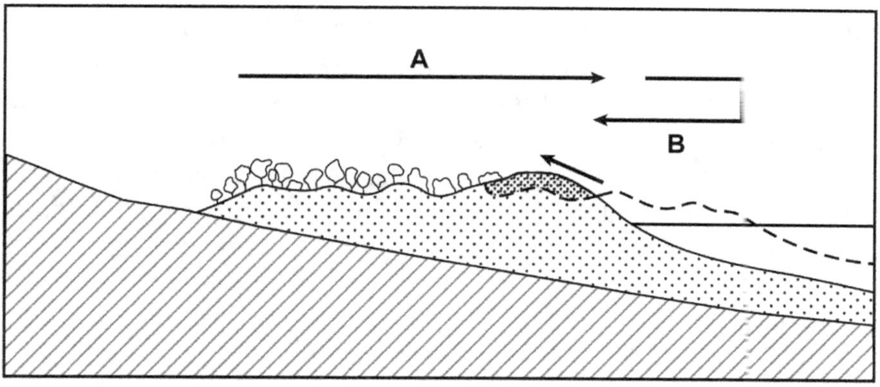

Fig. 29 – Évolution d'une plage au cours des derniers millénaires (d'après E.C.F. Bird, 1985). Source : R. Paskoff, 1998
Fig. 29 *– Evolution of a beach over the last millennia (from E.C.F. Bird, 1985). Source : R. Paskoff, 1998*

Une série de crêtes de plage a été édifiée pendant une première période (A), caractérisée par une abondante fourniture en sable qui permettait une progradation du rivage. Par la suite (B), la tendance s'est inversée, conséquence d'une diminution de l'alimentation en sédiments ; l'érosion prévaut et la plage recule.
Successive beach ridges have formed during a first period (A), characterized by an important sand supply which has been favourable to coastal progradation. Then (B), the trend has been reversed, as a result of an important diminution in sediment supply. Erosion prevails and the beach is receding.

À l'exception de quelques publications pour la plupart destinées au grand public qui ne retranscrivent pas la hiérarchisation qu'il a opérée des causes de l'érosion (Paskoff, 1989, 1990, 1997), les travaux de R. Paskoff témoignent dès lors de son engagement à défendre et à enraciner sa théorie. Au fil des années, sa volonté de l'imposer le conduit même à présenter parfois de manière très rapide les autres causes de l'érosion. Il appliquera les expressions imagées utilisées en géomorphologie fluviale pour convaincre, qualifiant de stades de « *jeunesse* », de « *maturité* » et de « *vieillesse* » les trois périodes de l'évolution récente des côtes sableuses (Paskoff, 1996 ; 2003 ; 2004a). L'homme ne fera dès lors qu'aggraver la situation, par exemple en construisant des barrages qui retiennent des sédiments au détriment des embouchures, donc des côtes. Ainsi écrira-t-il à propos de l'Èbre : « *96 % de la charge solide n'arrive plus jusqu'à la côte à cause des barrages dont il a été équipé* » (Paskoff, 2003). Acceptant la variation de l'importance des facteurs de l'érosion à l'échelle locale, il s'attache néanmoins à défendre en priorité sa théorie qui fait de la pénurie sédimentaire la cause profonde de l'érosion au détriment des autres facteurs auxquels il attribue globalement un rôle aggravant.

Conclusion

C'est ainsi que ce qui a d'abord été une hypothèse pour l'explication de l'érosion des plages (application de la théorie de l'évolution des îles-barrières de R.J. Russell) est devenu l'une des causes reconnues de leur évolution régressive, puis une véritable théorie, énoncée et défendue sur la base de solides arguments scientifiques par son auteur. Par la hiérarchisation des facteurs de l'érosion côtière qu'elle propose, la pensée de R. Paskoff se distingue de celle de E.C.F. Bird qui privilégie une approche combinatoire et non hiérarchisée à l'échelle globale de ses causes.

Ce cheminement scientifique explique la mobilisation forte et continue de R. Paskoff auprès des gestionnaires à partir du milieu des années 1980. Convaincu de l'origine naturelle de l'érosion des plages, il s'employa à diffuser cette théorie dans le but de faire évoluer les pratiques vers des solutions plus adaptées. C'est ainsi qu'il s'éleva contre la défense lourde des côtes et qu'il prôna le repli stratégique et le rechargement artificiel des estrans en sable, car ce sont les seules solutions qui prennent en compte la cause profonde de l'érosion pour la traiter de manière préventive. L'on peut ainsi mettre en relation l'atteinte par sa pensée d'un stade de maturité – vérification de sa théorie – et le renforcement de son engagement auprès des décideurs afin de faire passer sa « *nouvelle philosophie des rivages* ».

Références bibliographiques

BIRD E.C.F., 1976. *Shoreline changes during the past century.* University of Melbourne, 54 p.

BIRD E.C.F., 1979. Coastal processes. *In:* K.J. Gregory & D.E. Walling (Eds.) – *Man and environmental processes*. Dawson, Folkestone, p. 82-101.
BIRD E.C.F., 1981. Recent changes on the world's sandy shorelines. *In:* E.C.F. Bird & K. Katsui (dir.) – *Coastal dynamics and scientific sites*, p. 5-30.
BIRD E.C.F., 1985. *Coastline changes. A global review*. John Wiley, Chichester, 219 p.
BIRD E.C.F., 1996. *Beach management*. Wiley and Sons, Chichester, 276 p.
BRUUN P., 1962. Sea-level rise as a cause of shore erosion. Journal of the Waterways and Harbors Division, Proceedings of the American society of Civil Engineers, 88, 117-130.
DAVIES J.L., 1974. The coastal sediment compartment. *Australian Geogr. Studies,* 12, 130-151.
FABRICIUS F.H., BERDAU D., MUNICH K.O., 1970. Early holocene ooids in modern littoral sands reworked from a coastal terrace, southern Tunisia. *Science,* 139, 757-760.
FISCHER J.J. 1980. Shoreline erosion, Rhode Island and North Carolina coasts. *Proceedings of the Per Bruun Symposium*, M. L. Scwartz et J.J. Fischer (ed.)., University of Rhode Island, Newport, 32-54.
FROIDEFOND J.M., DUPLANTIER F., WEBER O., 1982. Estimation and flux of the theoretical sedimentary volume displaced during the Holocene transgression on the Bayonne inner-shelf (SW France). *Marine Geology*, 46, 101-116.
LUCAS G., LANG J., GODARD C., 1969. Étude sédimentologique de quelques sédiments prélevés dans le golfe de Gabès. *Recueil des Travaux de la station marine d'Endoume,* 46, 253-260.
MIOSSEC J.-M., 2007. Des analyses et aménagements côtiers à la gestion des littoraux. *In :* M. Bourgou (dir.) – *Les littoraux entre nature et société,* Actes du Colloque de Tunis en hommage à Roland Paskoff, Publications de l'ENS et Éditions Sahar, p. 310-356.
MIOSSEC J.-M. & PASKOFF R., 1979. L'érosion des plages dans le sud tunisien : exemples à Jerba (côtes est et sud-est) et à Zarzis. *Revue Tunisienne de Géographie*, 2, 137-155.

PASKOFF R., 1981a. *L'érosion des côtes.* Collection Que sais-je ? Paris, 127 p.
PASKOFF R., 1981b. L'érosion des plages en Tunisie. *Revue Tunisienne de Géographie*, 8, 81-96.
PASKOFF R., 1983. L'érosion des plages. *La Recherche,* 140, 20-28.
PASKOFF R., 1984. Érosion et protection des plages : une nouvelle approche. *Actes du Colloque sur l'Hydraulique et la maîtrise du littoral.* Société hydrotechnique de France, III. 7.1-III.7.7.
PASKOFF R., 1985. *Les littoraux, impact des aménagements sur leur évolution.* Masson, Paris, 188 p.
PASKOFF R., 1989. Le reflux du littoral. *Le Monde,* 5 juillet 1989, 17.
PASKOFF R., 1990. Érosion des côtes et problèmes d'aménagement. *Mondes et Cultures,* 49, 346-358.
PASKOFF R., 1993. *Côtes en danger.* Masson, Paris, 260 p.
PASKOFF R., 1996. Littoraux, mers et océans. *In :* M. Derruau – *Composantes et concepts de la géographie physique,* Colin, Coll. U, p. 115-130.
PASKOFF R., 1997. Protéger les plages. *Pour la Science,* 238, 25.
PASKOFF R., 1998. La crise des plages : pénurie de sédiments. *Mappemonde* 52, 4, 11-15.
PASKOFF R., 2000. L'érosion des plages … est due à un déficit naturel en sédiments. *Pour la Science*, 269, 21-22.
PASKOFF R., 2003. L'érosion des côtes : le cas des plages de l'île de Jerba (Tunisie). Actes Colloque *Gestion du risque eau en pays semi-aride*, Tunis 20-22 mai 2003, p. 123-130.
PASKOFF R., 2004a. Les littoraux sableux et dunaires : de l'abondance à la pénurie en sédiments. *B A G F – Géographies*, 3, 373-382.
PASKOFF R., 2004b. L'érosion des côtes : le cas des plages de l'île de Jerba (Tunisie). *La Houille Blanche* 1, 48-51.
PASKOFF R. & SANLAVILLE P., 1983. *Les côtes de la Tunisie, variations du niveau marin depuis le Tyrrhénien.* Maison de l'Orient Méditerranéen, Université de Lyon 2, 192 p.
RUSSELL R.J., 1967. Aspects of coastal morphology. *Geogr. Ann.*, 49A, 299-309.
SANDERS J.E. & KUMAR N., 1975. Evidence of shoreface retreat and in-place drowning during Holocene submergence of barriers, shelf of Fire Island, New York. *Geol. Soc. Am. Bull.,* 86, 65-76.

TANNER W.F. & STAPOR F., 1972. Accelerating crisis in beach erosion, *Internat. Geogr.*, 2, 1020-1021.

THOM B.G., BOWMAN G.M., GILLESPIE R., TEMPLE R., BARBETTI M., 1981 – *Radiocarbon dating of Holocene beach ridge sequences in South-East Australia*, Monographie n°11, Department of geography, University of New South Wales, Duntroon

VALENTIN H., 1952. *Die Küsten der Erde*, *Petermanns Geografische Mitteilungen,* 246, 1-118.

4.1.2. Application aux littoraux tempérés français

4.1.2.1. L'apport du littoral languedocien à la théorie de la pénurie sédimentaire

Martine AMBERT*

**Maître de Conférences en Géographie, Laboratoire GESTER, EA 3766, Université Paul Valéry, Montpellier 3*

Introduction

Il s'agira ici de mettre en perspective la théorie de la pénurie sédimentaire avec le cas languedocien. L'exemple de Maguelone, particulièrement démonstratif de la pénurie ancienne de matériel, nous avait réuni d'abord épistolairement – Roland Paskoff s'étant prêté généreusement à la relecture de notre manuscrit – puis sur le terrain en mai 2003. Toujours très attentif aux données nouvelles, il nous avait sollicitée pour présenter nos résultats à l'atelier de l'EUCC des 27-28 septembre 2005 qu'il devait diriger. Ce texte est ainsi l'expression, à défaut d'une collaboration, d'un échange réel, mais inachevé par suite de sa disparition brutale.

Roland Paskoff était familier du lido languedocien qu'il arpentait volontiers notamment du côté de Villeneuve-lès-Maguelone où il suivit d'abord la mise en place du cordon expérimental de Peyre Blanche, puis l'étude prévisionnelle d'évolution de ce site pilote diligentée par le Conservatoire du littoral dans la perspective de l'accélération de l'élévation du niveau marin. Sa position universitaire le conduisit aussi à diriger en région plusieurs mémoires de maîtrise d'étudiants lyonnais. À défaut d'évoquer précisément leur sujet d'étude puisqu'ils portaient sur deux thématiques qui lui étaient chères, l'artificialisation du littoral et l'impact des aménagements touristiques sur le milieu naturel, mais qui seraient hors sujet dans cette communication, je me souviens de la courtoisie de Roland Paskoff qui les invitait toujours à se mettre en relation avec l'université du territoire d'étude.

Concernant la pénurie sédimentaire, le Languedoc ne figure pas dans les lieux qui ont forgé sa réflexion. Dans la synthèse du BAGF (Paskoff, 2004), une seule allusion est faite au Languedoc d'après les travaux de B. Teissier et *al.*, parus en 2000 : « *Sur la côte du Languedoc, le prisme sédimentaire littoral était considérablement plus important dans l'Antiquité qu'il ne l'est aujourd'hui* ». Il est vrai que nos publications sur ce thème sont, soit trop récentes, l'exemple de Maguelone n'ayant été publié qu'en 2004 et 2006, soit éparses dans des ouvrages de médiation scientifique (Ambert M., 1986, 1990 et 2006), avec le risque inhérent à ce type de contribution : ne pas être lu par les spécialistes et tout particulièrement les extra-régionaux !

Le secteur de Maguelone est particulièrement démonstratif à la fois de l'ancienneté du cordon et de l'ancienneté de son recul.

A. L'ancienneté du cordon au droit de Maguelone

Le cordon qui affleure au droit de Maguelone correspond en effet au cordon initial, celui qui fixe l'ossature de la côte languedocienne avant la création de l'excroissance progressive du delta du Rhône (fig. 30). Sensiblement de même altitude (+/-2 m) que les cordons actuels, le cordon ancien s'en différencie néanmoins très nettement par sa composition granulométrique beaucoup plus grossière. Alors que ceux-là sont souvent sableux, celui-ci est plus caillouteux. Il renferme de nombreux galets d'origine rhodanienne (variolites) auxquels s'ajoutent des fragments de grès coquilliers, arrachés lors de la transgression flandrienne aux cordons anciens (consolidés en grès dits de Carnon), aujourd'hui immergés à moins d'un kilomètre du rivage par 8 à 12 m de profondeur.

Il entre en contact direct avec la mer au droit de Maguelone et seulement là jusqu'aux Aresquiers (fig. 30). En revanche, vers l'Est, c'est le cordon sableux actuel ou subactuel que la mer modèle, le cordon primitif demeurant sur sa face interne, côté étang, bien visible dans la coupe du canal des étangs aux environs de la Grande Motte (Bazile, 1974 ; Ambert M., 1992). Au-delà, il se poursuit suivant une direction ouest-est, émergeant du paysage grâce à ses bosquets de pins (*Sylve Godesque*), en passant par la Bergerie de la Haute plage, Grand Chaumont, jusqu'à Sylveréal.

Sa mise en place par la transgression flandrienne, au moment où celle-ci s'achève, est confirmée dans le secteur de la Grande-Motte par de nombreuses recherches d'approche complémentaire, soit chronologique et archéologique (L'Homer *et al.* 1989 ; Bazile, 1974), soit palynologique (Planchais, 1978).

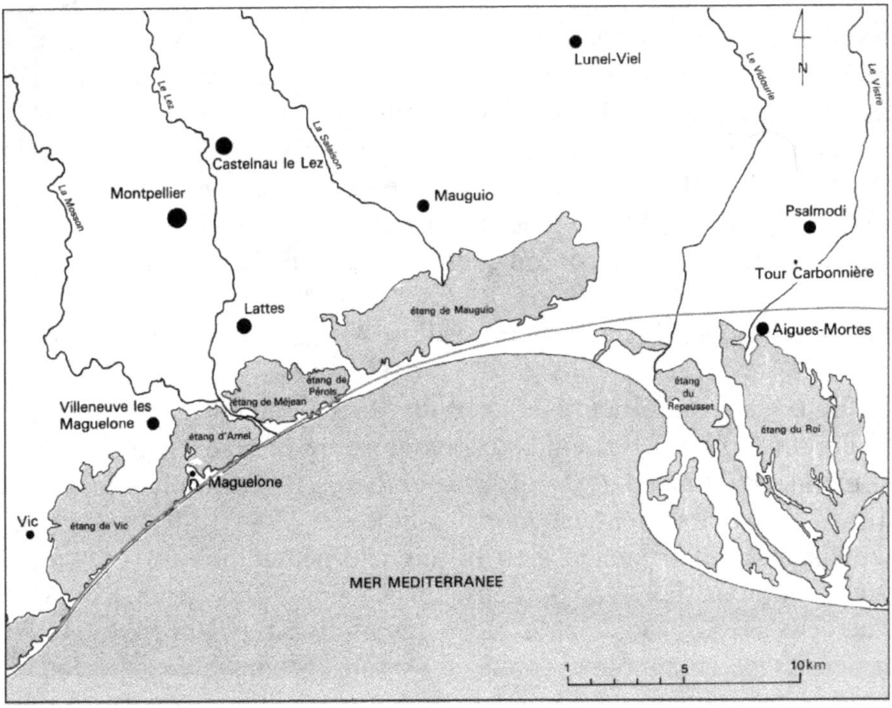

Fig. 30 – Carte de localisation
Fig. 30 – *Location map*

1. Plusieurs datations au ^{14}C, effectuées à partir de coquilles contenues dans le cordon, ont fourni les dates suivantes :
- Au Petit Travers : 5100 +/- 190 avant J.C. (datation calibrée : 5960/5250 av. J.C.) ;
- Au Grand Travers : 4130 +/- 110 avant J.C (datation calibrée : 4780/4330 av. J.C.).
2. La présence en arrière du cordon à l'intérieur de l'étang de Mauguio, au Mas de la Grande Motte, d'industries du Néolithique Moyen, Chasséen (3500-2600 avant J.C) et Fontbouisse (2200-1800 avant J.C), interstratifiées dans un colmatage palustre, prouve que l'association cordon-étang existait dès cette époque.
3. Enfin, le sondage palynologique de Marsillargues, en bordure orientale de l'étang de Mauguio, montre lui aussi dès la base du

sondage datée de 2810+/- 100 avant J.C., un remplissage de type vaseux, lagunaire, effectué en eau très calme, donc à l'abri du cordon littoral.

B. L'ancienneté du recul du cordon littoral à Maguelone

La comparaison de la carte de Cassini avec la carte d'état-major de 1937, que R. Paskoff avait découvert à l'occasion de la lecture du manuscrit, l'avait particulièrement intéressé au point qu'il nous a demandé l'autorisation de la diffuser dans le film réalisé en Languedoc à l'occasion du trentenaire du Conservatoire du littoral. Elle montre que le cordon a terriblement reculé tout en s'effilochant, en perdant de sa largeur, de sa substance (fig. 31).

Au droit immédiat de Maguelone, le trait de côte, soit la limite externe du cordon, se situe en 1937 en retrait par rapport à la limite interne de 1775. Le cordon y est donc intégralement remanié, aucun des éléments qui le composent n'est dans sa position de 1775. C'est ici un recul de 692 mètres qu'il faut envisager. Au lieu-dit Verdurel, le recul est légèrement moindre, 605 m. En revanche, le retrait s'accentue au sud en direction des Aresquiers où il atteint 864 m alors qu'au nord, vers Palavas, il s'atténue et avoisine les 260 m.

Ces données transcrites en valeurs annuelles permettent d'évaluer le recul de 4,2 à 5,3 m/an de 1770 à 1937. Ces valeurs se rapprochent de celles publiées par F. Doumenge. Ce dernier, précurseur en matière d'érosion littorale affectant la région de Palavas, avait démontré, cadastres à l'appui, la disparition de parcelles sises en bord de mer sur une largeur de 25 à 35 m entre 1935 et 1945 (Doumenge, 1951). De la sorte, le recul, certes varié mais généralisé, est, tout le long de ce linéaire côtier, ancien, antérieur à l'anthropisation récente, laquelle est d'ailleurs sur place quasiment inexistante. Ce recul structurel est à mettre au compte de la situation qui rappelle par certains points celle des exemples de Jerba et de la péninsule de Woy Woy en Australie. Le site est à l'écart des fleuves pourvoyeurs. Il est en effet à l'amont d'une dérive d'ouest en est qui prend naissance à l'ouest des Aresquiers. De ce fait, elle ne redistribue nullement les apports rhodaniens contrairement à ce qui est fréquemment mentionné dans les écrits. Il convient de rajouter pour l'exemple présent l'orientation du trait de côte, orthogonal par rapport aux houles du sud-est qui sont les plus nombreuses. Enfin, la présence toute proche en profondeur des grès de Carnon renforce la houle par convergence et réfraction.

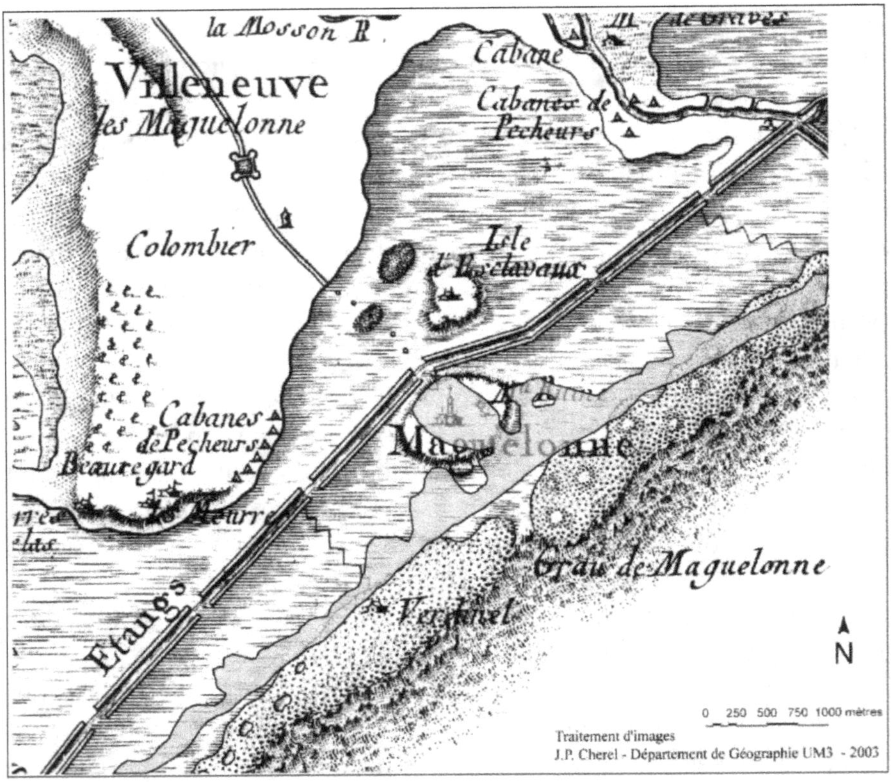

Fig. 31 – Évolution du lido de Maguelone (1760-1937)
***Fig. 31** – Evolution of the lido of Maguelone (1760-1937)*

C. Le cordon de Maguelone au Moyen Âge et la théorie de la pénurie sédimentaire

Partant de ce recul structurel et de ces valeurs, la méthode a été appliquée en rétrospective, pour positionner le cordon au Moyen Âge, dans le cadre d'une journée d'étude de médiévistes sur « L'évêché de Maguelone au Moyen Âge », en décembre 2001 (Ambert M., 2006). Deux hypothèses ont été simulées, l'une haute avec un recul de 3 m par an, et l'autre plus faible avec un recul de 2 m. La première

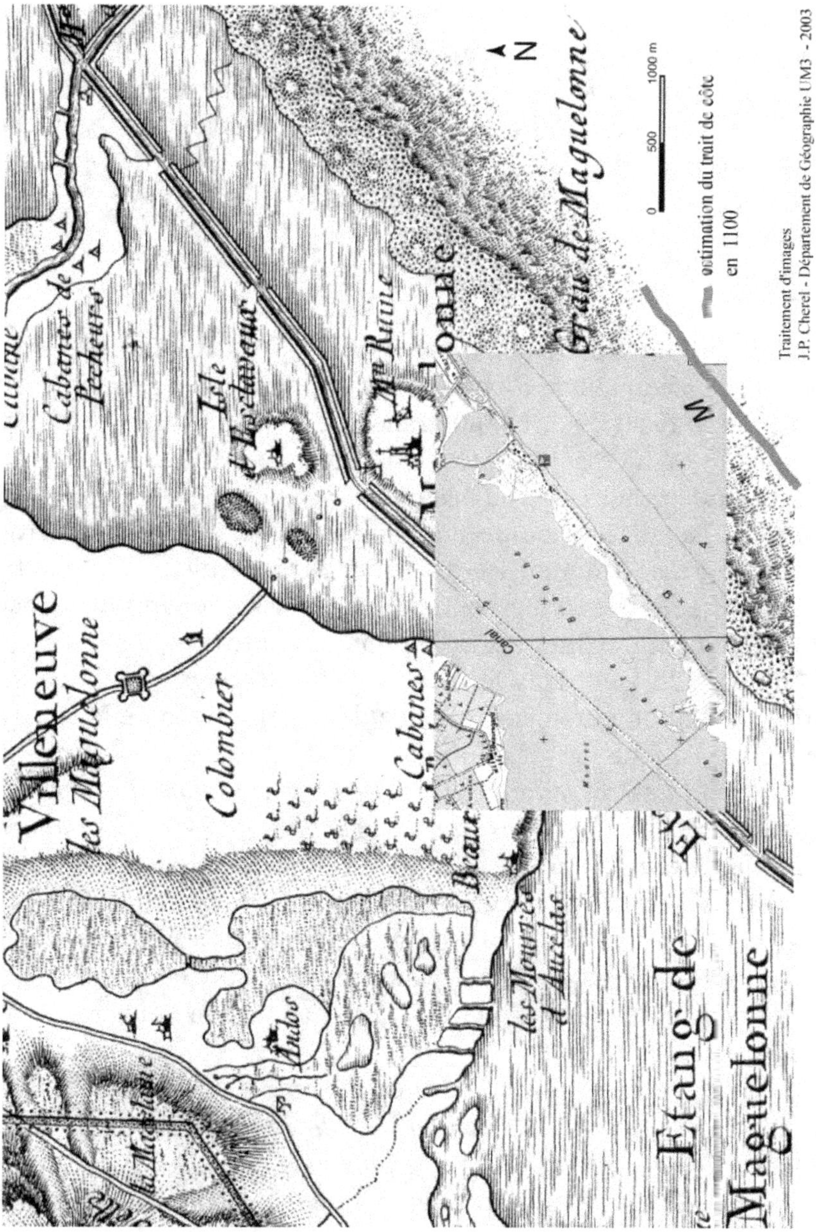

Fig. 32 – Évolution du trait de côte au niveau de Maguelone depuis le XIIe siècle

Fig. 32 *– Evolution of the coastline at Maguelone since the XIIth century*

simulation donne en 675 ans un recul de 2025 m. La deuxième fournit quant à elle un trait de côte situé à 1350 m au large de l'actuel, ce qui correspond *grosso modo* avec la courbe de - 10 m. C'est cette option qui a été retenue, après examen de l'efficacité des vagues en profondeur, pour la date de 1100, moment où le destin de l'île dans sa vocation épiscopale est définitivement scellé (fig. 32) .

Conclusion

Ce travail fut l'occasion d'un échange avec Roland Paskoff sur l'abondance sédimentaire passée des cordons et l'épuisement des réserves de l'avant-côte. L'importance de la plate-forme continentale sur laquelle la mer a transgressé à partir de - 15000 ans a pu être évaluée à 60 km au large de Maguelone (Ambert M., 2009). À cette importance spatiale, s'ajoute en Languedoc la vigueur de l'érosion éolienne qui a sévi durant les dernières phases froides. Les multiples dépressions éoliennes, creusées dans les molasses tendres du Miocène, particulièrement en Biterrois et Narbonnais, attestent sur le continent l'importance du vent dans le façonnement des paysages au cours du Würm. L'ablation purement éolienne de la dépression de Montady, la plus emblématique de ces formes, est de l'ordre de 120 millions de m^3. "*Celle de Marseillette, à l'Est de Carcassonne, l'une des plus vastes dépressions fermées du Languedoc (4,5 km de diamètre), correspond sensiblement à un enlèvement de matériaux de 800 millions de* m^3" (Ambert P *et al*, 1992 ; Ambert P., 1994). Les dépôts corrélatifs de cette importante déflation liée aux vents de terre n'ont pu se déposer que sur la plate-forme continentale compte tenu de l'organisation topographique du Languedoc ouverte sur la Méditerranée.

Il y a là une autre similitude avec l'exemple de Jerba dont Roland Paskoff disait : « *Lors du maximum de la régression contemporaine de la dernière glaciation, une vaste partie de ce qui est aujourd'hui la plate-forme continentale très étendue du golfe de Gabès était émergée puisque le niveau de la mer se situait à 120-130 m au-dessous de sa position actuelle. Les vents venus du continent y accumulaient des sables dunaires* » (Paskoff, 2003).

Références bibliographiques

AMBERT M., 1986. Le milieu naturel des étangs à l'époque médievale. *In Les étangs à l'époque médiévale d'Aigues-Mortes à Maguelone*, Musée archéologique de Lattes, p. 19-29.

AMBERT M., 1992. L'évolution récente de la ligne de rivage de Sète à la Petite Camargue. *In :* J. Rieucau et G. Cholvy (dir.) - *Le Languedoc, le Roussillon et la mer*. L'Harmattan, p. 36-55.

AMBERT M., 2004. *Contribution à la connaissance du patrimoine naturel languedocien : enjeux, concepts et applications. Géomorphologie et Patrimoine*. Thèse Univ. Lyon 2, 325 p + annexes.

AMBERT M., 2005. L'île de Maguelone : environnement et contraintes à l'époque médiévale. *In L'évêché de Maguelone au Moyen Âge*, Actes de la journée d'études du 13 décembre 2001. *Monspeliensa Medievalia 2*, 11-26. Université P. Valéry-Montpellier 3.

AMBERT M., 2006. Le littoral, 3 panneaux : l'histoire du littoral héraultais ; vagues et vents à l'oeuvre sans relâche et le comblement des étangs littoraux. *In : Exposition La géologie de l'Hérault,* BRGM et Conseil Général de l'Hérault.

AMBERT M., 2009. Valorisation et vulgarisation du patrimoine géologique et géomorphologique en Languedoc-Roussillon : retour d'expériences. *Bulletin Association de Géographes Français*, n°1, Séance du 18/10/2008 : Valorisation et vulgarisation du patrimoine géomorphologique, objectifs et pratiques, pp. 82-95.

AMBERT M., à paraître. Mise en valeur du patrimoine géomorphologique littoral : l'exemple du Musée de Palavas-les-Flots (Hérault, France) In Colloque Géomorphosites 2009, Paris-Sorbonne, 10-12 juin 2009.

AMBERT P., 1994. L'évolution du Languedoc central depuis le Néogène (Grands Causses méridionaux, piémont languedocien). Documents du BRGM, Orléans, n° 231, 210 p+ 3 cartes géomorphologiques.

AMBERT P. & CLAUZON G., 1992. Morphogenèse éolienne en ambiance périglaciaire : les depressions fermées du pourtour du golfe du Lion (France méditerranéenne), *Zeitschrift für Geomorphologie*, Suppl.Band. 84, 55-71.

BAZILE F., 1974. Nouvelles données sur l'âge des cordons littoraux récents du Golfe d'Aigues-Mortes. *Bull. Soc.Lang. Géogr.*, 8, 3-4, 199-206.

DOUMENGE F., 1951. Un type méditerranéen de colonisation côtière : Palavas. *Bull.Soc.Lang.Géogr*, 1, 1-124.

L'HOMER A., BAZILE F., THOMERET J. & Y., 1981. Principales étapes de l'édification du Delta du Rhône de 7000 B.P. à nos jours ; variations du niveau marin. *Océanis*, 7 (4), 389-408.

PASKOFF R., 2003. L'érosion des côtes : le cas des plages de l'île de Jerba (Tunisie). Actes Colloque Gestion du risque eau en pays semi-aride, Tunis 20-22 mai 2003, p. 123-130.

PASKOFF R., 2004. Les littoraux sableux et dunaires : de l'abondance à la pénurie en sédiments. *B A G F-Géographies*, 3, 373-382.

PLANCHAIS N., 1977. Palynologie lagunaire de l'étang de Mauguio. Paléoenvironnement végétal et évolution anthropique. *Pollens et spores*, 24,1, 93-118.

TEISSIER B., CERTAIN R., BARUSSEAU J.-P., HENRIET J.-P., 2000. Évolution historique du prisme littoral du lido de l'étang de Thau (Sète, sud-est de la France). Mise en évidence par sismique réflexion très haute résolution. *C.R. Acad. Sci. Paris, Sciences de la Terre et des Planètes*, 331, 709-716.

4.1.2.2. La pénurie sédimentaire des plages en érosion de la Côte d'Opale

Yvonne BATTIAU-QUENEY*

**Professeur de Géographie, HALMA-IPEL, UMR 8164, Université de Lille 1-USTL et EUCC-France*

Résumé

La Côte d'Opale juxtapose des plages à fonctionnement morphosédimentaire « naturel », adossées à une avant-dune bien établie, et des plages amputées de leur avant-dune, le plus souvent remplacée par une digue-promenade. À l'équilibre sédimentaire des premières s'oppose le démaigrissement des secondes. On montre qu'ici la pénurie sédimentaire est avant tout d'origine anthropique.

Mots-clés : pénurie sédimentaire, érosion des plages, avant-dune, Côte d'Opale, Nord de la France

Abstract

Along the "Opal Coast", in the North of France, wide sand beaches are either linked with well-established foredune or bordered with concrete sea-walls. In a similar coastal environment they undergo contrasted evolution: in the first case sedimentary processes and exchanges lead to long-term shoreline stability; in the second case beach depletion and dramatic sand level lowering are observed, because of local sand shortage.

Key words: sediment shortage, beach erosion, foredune, Opal Coast, North of France

A. Le constat : équilibre sédimentaire et stabilité du trait de côte de nombreuses plages de la Côte d'Opale

La pénurie sédimentaire comme cause première de l'érosion des plages est un thème que Roland Paskoff a longuement explicité et argumenté. Il l'a encore souligné à plusieurs reprises dans son petit livre *Les plages vont-elles disparaître ?*, paru en 2005, juste avant sa mort.

Or la Côte d'Opale semble faire exception. Lors d'une sortie commune que nous avions faite en juin 2004 sur les côtes du Nord-Pas-de-Calais, la discussion est venue de savoir pourquoi cette pénurie n'était pas aussi généralisée qu'ailleurs. La plage de Bray-Dunes est un cas exemplaire d'équilibre sédimentaire ayant entraîné une quasi stabilité du trait de côte à l'échelle du demi-siècle, comme le prouvent l'emplacement actuel des bunkers allemands de la deuxième guerre mondiale en haut de plage et celui de deux ouvrages français de 1917 (Lanoy-Ratel, 2004). Le même constat peut être fait à l'est de Calais, sur la commune de Oye-Plage, ou à Stella-Plage entre Le Touquet et Merlimont (fig. 33). Contrairement à la plupart des plages françaises, la Côte d'Opale jouit donc d'une situation très particulière. Elle bénéficie de réserves sédimentaires encore très abondantes, sous la forme de bancs de sable sous-marins longeant les côtes françaises. Les côtes françaises de la Manche orientale connaissent donc provisoirement une abondance sédimentaire assez exceptionnelle dans l'Atlantique nord. Elle s'explique par la courantologie particulière de cette mer bordière peu profonde, dont la résultante tend à plaquer les bancs le long des côtes françaises. Le problème est que ces réserves sont en grande partie héritées des périodes froides et que ce précieux stock de sable ne se renouvelle plus, car les alluvions sableuses apportées par les fleuves côtiers de la région sont aujourd'hui négligeables. Il est donc indispensable de gérer ce stock avec parcimonie, en sachant que toute perte ne sera pas compensée par de nouveaux apports.

Fig. 33 – Stella-Plage (au sud du Touquet).
***Fig. 33** – Stella-Plage (South of Le Touquet).*
La casemate allemande de la Deuxième Guerre Mondiale est restée parfaitement en place, mais l'embrasure est aujourd'hui presque totalement masquée par le sable, prouvant une légère progradation du trait de côte. La dalle supérieure de l'ouvrage, aujourd'hui en contrebas du sommet de la dune, montre que celle-ci s'est exhaussée depuis 1944.
The German bunker is still in its original place but the embrasure has been partly covered with sand proving a slight progradation of the shoreline since 1944. Moreover, the position of the upper concrete slab below the dune summit indicates foredune rising.
Photo: Y. Battiau-Queney

B. Les plages en érosion

Si, considérée globalement, la pénurie sédimentaire n'a pas encore atteint la Côte d'Opale, il est néanmoins vrai qu'à l'échelle locale, les cas de plages en érosion existent, en particulier à Wimereux, Malo-les-Bains, Hardelot et surtout Wissant. Ce dernier exemple est le plus spectaculaire : l'une des plus belles plages de sable fin de la Côte d'Opale dans les années 1950 n'est plus qu'un vaste estran de sable constamment humide, parsemé d'affleurements de plus en plus étendus de tourbe (fig. 34). Le diagnostic est bien celui d'une pénurie sédimentaire engendrant le démaigrissement accéléré de la plage, l'abaissement de sa surface, l'approfondissement de la tranche d'eau et le renforcement consécutif de l'énergie des vagues déferlantes à marée haute. Il y a déficit sédimentaire dans un système côtier dont les paramètres morphologiques doivent s'adapter. Mais pourquoi cette pénurie n'est-elle observée que sur ces sites particuliers ?

Fig. 34 – Wissant, dune d'Aval (au sud de la digue)
Fig. 34 *– Wissant, Aval Dune (South of the promenade sea-wall)*
L'ancienne avant-dune, encore très bien alimentée depuis la plage jusque dans les années 1970, est aujourd'hui tronquée en une falaise abrupte. Sur l'estran, les larges affleurements de tourbe du Subboréal (entre 3200 et 4000 BP) témoignent du démaigrissement marqué de la plage. Le système plage-dune est déséquilibré : en raison de l'abaissement de sa surface, la plage reste humide à marée basse et ne peut plus alimenter la dune.
The former foredune, which was still well fed with beach-sand in the seventies, is now strongly eroded into a steep sea-cliff. Extensive peat outcrops (dating from Subboreal, around 4000 BP) indicate important beach depletion. Because of the beach-level lowering sand can no more be blown to the dune.
Photo : Y. Battiau-Queney, 15 mars 2008

Dans une conférence prononcée lors d'une réunion publique à Hardelot en juillet 2002, Roland Paskoff soulignait le danger des ouvrages en dur, digues, perrés : « *s'ils protègent les constructions, ces ouvrages en dur dénaturent le rivage et amplifient le déferlement des vagues contre le mur* ». Cette même année, la digue de Wissant venait d'être reconstruite... Au cours de cette réunion, le procédé Écoplage avait été présenté par ses concepteurs comme une solution aux problèmes d'érosion, mais Roland Paskoff avait insisté sur la nécessité de faire des études plus poussées sur ce site, avant d'entreprendre les travaux de drainage. Il indiquait aussi que le drainage de la plage freinait l'exportation du sable par la mer mais ne pouvait rien contre une pénurie de sable déjà établie.

Hardelot présente une situation contrastée. Au nord, la plage adossée à son avant-dune connaît une stabilité durable depuis près de 80 ans, en dépit de fluctuations à court terme du trait de côte (alternance d'épisodes d'avancée et de recul). Au sud, la persistance d'humidité sur la plage empêche la formation d'une avant-dune. L'étude morphologique et hydrogéologique menée en 2005 et 2006 sur ce site (Battiau-Queney *et al.*, 2006) montrait clairement l'importance des facteurs locaux, mais elle conduisait aussi à des conclusions plus générales, rejoignant une autre idée-force défendue par Roland Paskoff, à savoir le rôle primordial de l'avant-dune dans l'équilibre sédimentaire des plages. Les nombreuses recherches historiques et morphosédimentaires menées sur le site de Wissant aboutissent à des conclusions voisines.

C. Un déficit de sable d'origine essentiellement anthropique

Tout conduit à dénoncer l'homme et ses multiples interventions depuis plus d'un siècle. La pénurie sédimentaire est bien la cause immédiate du démaigrissement des plages mais, ici, elle n'est pas d'origine naturelle. C'est avant tout la destruction de l'avant-dune, remplacée par une digue-promenade ou arasée en vue de lotissements, qui est la cause première du déséquilibre actuel. La dynamique éolienne extrêmement efficace sur la Côte d'Opale opère un prélèvement massif de sable sur la plage exondée sur plusieurs centaines de mètres de large à marée basse. Ce sable va normalement s'accumuler dans l'avant-dune : celle-ci grossit chaque fois que le vent est efficace, puis cède à nouveau une partie de son sable lorsque des vagues de tempêtes atteignent son pied. Le sable de la dune est alors redistribué au large. Dans ce fonctionnement naturel, la dune constitue un volant indispensable à l'équilibre sédimentaire du système côtier. Non seulement la dune a été détruite dans ces stations balnéaires, mais tout le sable soufflé de la plage et accumulé sur le front de mer a été régulièrement évacué sans qu'il soit redéposé sur la plage. Depuis le début du XXe siècle, ce sont des quantités considérables de sable qui ont ainsi disparu du système côtier au profit de l'industrie cimentière, du bâtiment, des routes et des ports…

Roland Paskoff écrivait dans son petit livre-manifeste *Les plages vont-elles disparaître ?* (2005) : « *Des immeubles, des villas, des promenades ont trop souvent été implantées sur l'emplacement du bourrelet dunaire, voire sur le haut de plage. Or, une plage ainsi amputée voit son économie sédimentaire sérieusement perturbée car le bourrelet dunaire joue un rôle important de réserve de sable. Par ailleurs, en diminuant la largeur de l'estran, on réduit son pouvoir dissipateur de l'énergie des vagues. Dans ces conditions, si la plage est déjà en état d'érosion, on comprend pourquoi son recul sera accéléré* ».

C'est bien ce qui s'est passé ici. À Wissant, les conséquences sont beaucoup plus graves qu'à Hardelot, car l'implantation touristique y est plus ancienne et les ouvrages de « *défense* » contre la mer y sont paradoxalement très agressifs en renforçant l'énergie des vagues au déferlement. Il était prévisible que la nouvelle digue achevée en 2002 n'allait pas résister aux tempêtes : dès mars 2007, la mer la détruisit à nouveau. « *Sans même parler de la dénaturation de l'environnement qu'ils introduisent,* - les murs et cordons d'enrochement - *gênent l'accès à la plage et en réduisent la largeur puisqu'ils sont implantés sur sa partie haute, amoindrissant de ce fait la surface d'accueil du public. Ensuite, et surtout, ils n'arrêtent pas son érosion car ils n'en corrigent pas la cause, qui est un déficit en sédiments* ». Ce texte écrit par Roland Paskoff en 2005 s'applique parfaitement aux stations de Wissant ou d'Hardelot. Pourtant, à Wissant, il n'est encore question que d'enrochements et d'ouvrages en dur, sans que la source du problème soit traitée. On connaît la solution, un réensablement massif, mais on refuse d'y recourir, bien que les économies apparentes réalisées dans l'immédiat soient minimes eu égard aux dégâts prévisibles à très court terme.

Sur la Côte d'Opale, la pénurie sédimentaire ne concerne, pour le moment, que les plages dont l'avant-dune a été détruite. Partout où cette dernière est conservée, les plages se maintiennent en bon état grâce aux réserves sableuses exceptionnelles de l'avant-côte. À ce titre, les plages en érosion comme celle de Wissant offrent une sorte de laboratoire naturel permettant d'étudier en accéléré les effets d'un déficit sédimentaire : le déficit accumulé par suite des prélèvements répétés chaque année, a fini par créer une situation irréversible que l'homme ne contrôle plus. Pour Roland Paskoff, la *« crise des plages »* est avant tout une question de budget sédimentaire. Le cas particulier de la Côte d'Opale confirme ce diagnostic, mais, alors que la pénurie est presque toujours le fruit d'une évolution naturelle, elle est ici, d'abord et avant tout, d'origine anthropique.

Références bibliographiques

BATTIAU-QUENEY Y., MALATERRE G., TRESCA A., 2006. *Expertise géomorphologique de la plage de Neufchâtel-Hardelot (2005-2006).* Rapport technique, Université de Lille 1-USTL et Mairie de Neufchâtel-Hardelot, 37 p.

LANOY-RATEL P., 2004. La bunker archéologie : principes et études de cas sur le littoral du Nord-Pas-de-Calais. *BAGF- Géographies*, 3, 405-417.

PASKOFF R., 2005. *Les plages vont-elles disparaître ?* Les Petites Pommes du Savoir, Le Pommier, Paris, 58 p.

4.1.2.3. La théorie de la pénurie sédimentaire appliquée au sud-ouest de la France : l'exemple de l'Aquitaine et des Charentes

Marie-Claire PRAT*

Maître de Conférences en Géographie, Laboratoire de Géographie Physique Appliquée, Université Michel de Montaigne-Bordeaux 3

Introduction

De l'estuaire de la Gironde au débouché de l'Adour, se développe sur 230 km une côte basse et sableuse où n'existe qu'une seule échancrure, celle du Bassin d'Arcachon. Au nord de l'estuaire de la Gironde, la presqu'île d'Arvert offre de la même manière une côte rectiligne, séparée de l'île d'Oléron par le pertuis de Maumusson. Lors de la dernière période froide, le niveau marin se situait à 120 m plus bas que l'actuel et les fleuves drainant le sud-ouest de la France charriaient une quantité importante de matériaux fournis par l'érosion glaciaire et périglaciaire. Les sables, accumulés sur une plate-forme continentale très étendue, ont été ensuite remontés par la mer lors de la transgression flandrienne et ont alimenté les plages et les dunes. Cette situation d'abondance sédimentaire va durer pendant plusieurs millénaires, comme en témoigne l'ampleur des accumulations dunaires en Aquitaine et en Charente (fig. 35).

Mais le recul du trait de côte y est un phénomène ancien, alors que le littoral comptait très peu d'aménagements jusqu'au développement des stations balnéaires à la fin du XIXe siècle. Cette région peut donc être considérée comme exemplaire pour valider la théorie de Roland Paskoff sur la pénurie sédimentaire (Paskoff 1983, 1998, 2005). Il convient donc d'essayer de repérer dans le temps la fin de la période d'abondance des sables apportés par la mer. En effet, à partir de ce moment-là, seules les alluvions transportées par les fleuves ont pu constituer une source d'alimentation pour les plages, s'ajoutant à la redistribution des sables issus de l'érosion de la côte et transportés par une dérive littorale majoritairement orientée du nord vers le sud.

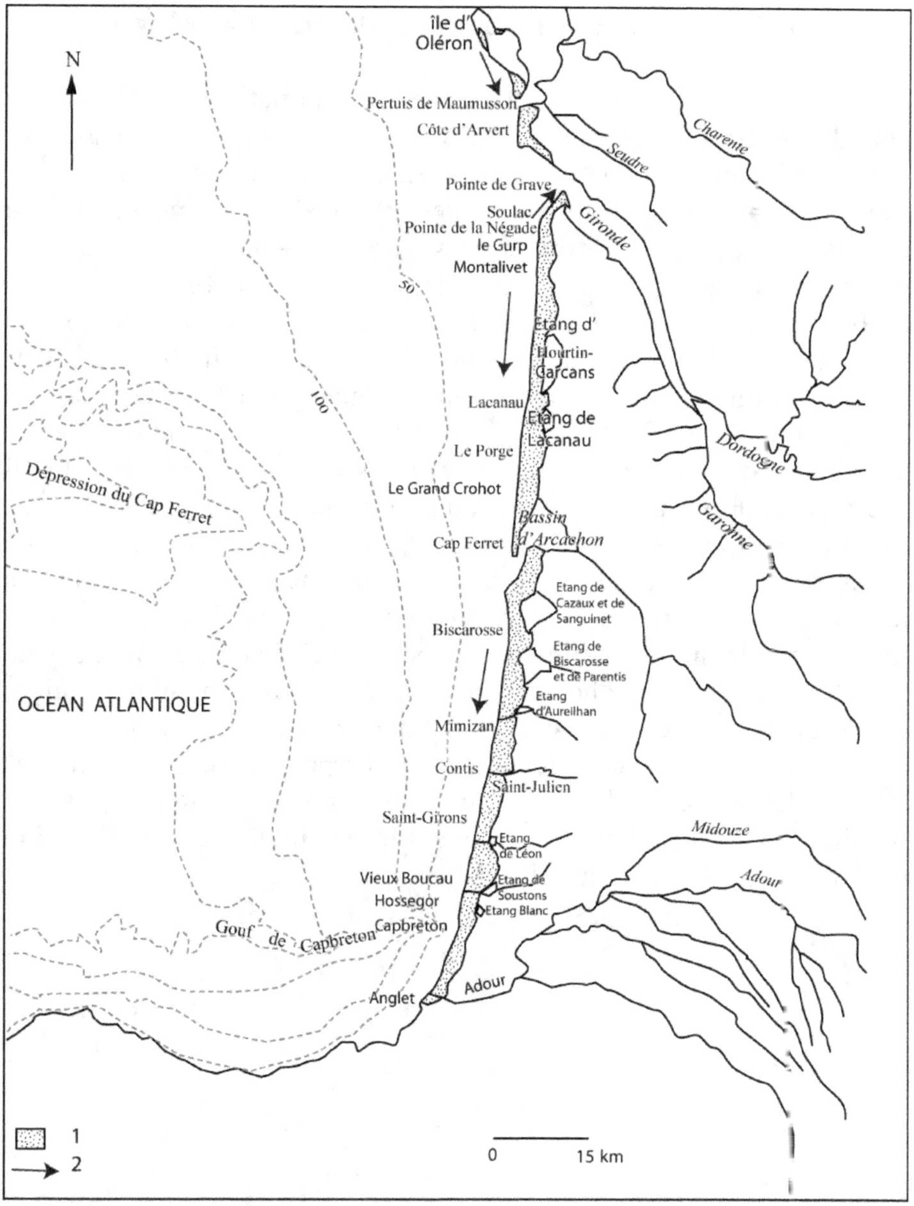

Fig. 35 – Le littoral du sud-ouest de la France
***Fig. 35** – The southwestern coast of France*

1. Massifs dunaires ; 2. Dérive littorale dominante.
1. Dune fields; 2. Dominant direction of the longshore drift.

A. L'abondance sédimentaire dans l'Antiquité et au Moyen Âge

Les documents anciens sont riches d'informations révélant cette abondance des sables sur le littoral sud-ouest de la France, notamment par la présence d'importants bancs de sable à proximité de la côte. Mais en l'absence de cartes fiables, il faut, au moins jusqu'à la période moderne, confronter les textes avec les recherches géologiques et archéologiques pour tenter de situer la fin de la période d'abondance. Lors de la transgression flandrienne, le trait de côte se déplace vers l'est avec la remontée du niveau marin (fig. 36). Des témoins sédimentaires des littoraux submergés permettent de les retracer (Gensous 1971 ; Froidefond, 1985). La cote - 40 m est atteinte vers 9000 BP et la Gironde est alors divisée en trois bras. Le littoral présente un dessin arqué NW-SE au nord de la Gironde et N-S dans sa moitié méridionale. Vers 6000 BP, à environ une dizaine de kilomètres du littoral girondin actuel, des flèches sableuses discontinues isolent des lagunes et migrent vers l'est au fur et à mesure que le niveau marin se rapproche de l'actuel. Les marques de la transgression marine holocène se retrouvent notamment au fond du lac de Cazaux où les sédiments contiennent des diatomées marines. Le littoral tend vers une direction N-S perpendiculaire aux houles dominantes mais, au début de l'ère chrétienne, il n'était pas encore rectiligne. De petits fleuves drainaient le bassin aquitain en direction de l'ouest vers l'Atlantique (fig. 37).

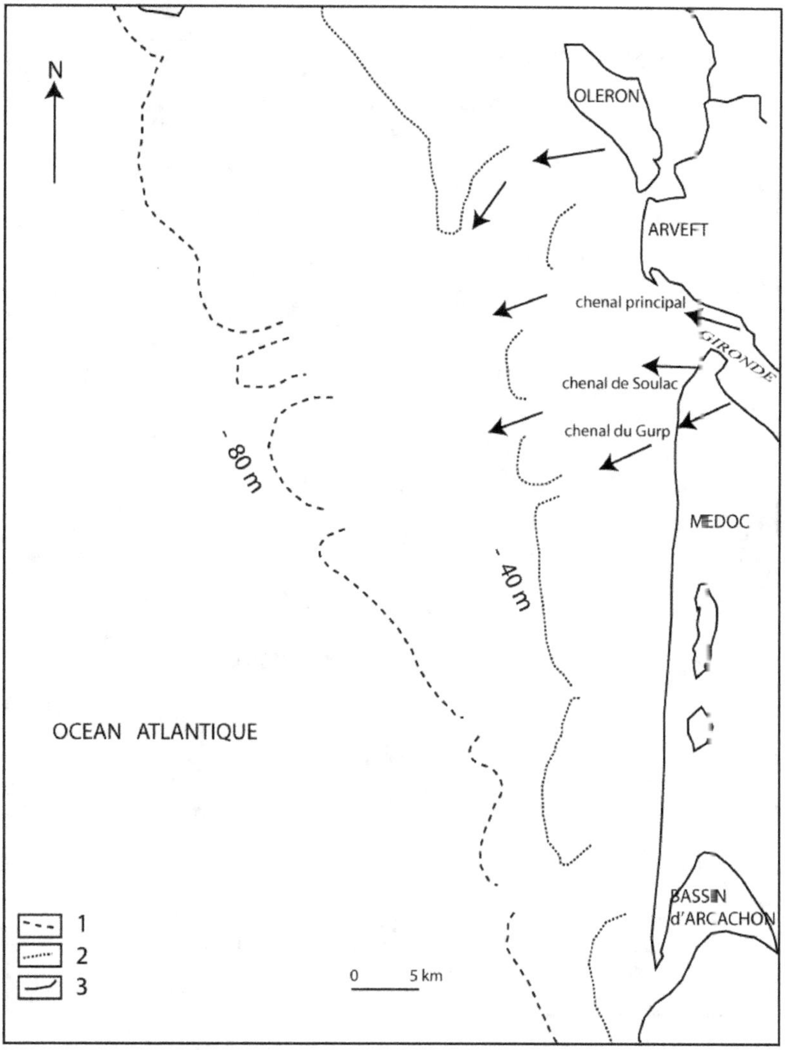

Fig. 36 – Évolution du trait de côte holocène (d'après Gensous, 1971 ; Froidefond, 1985)

***Fig. 36** – Evolution of the Holocene coastline (from Gensous, 1971; Froidefond, 1985)*

1. Trait de côte vers 13 000 BP ; 2. Trait de côte vers 9 000 BP ; 3. Trait de côte actuel.

1. Coastline around 13 000 BP; 2. Coastline around 9 000 BP; 3. Present coastline.

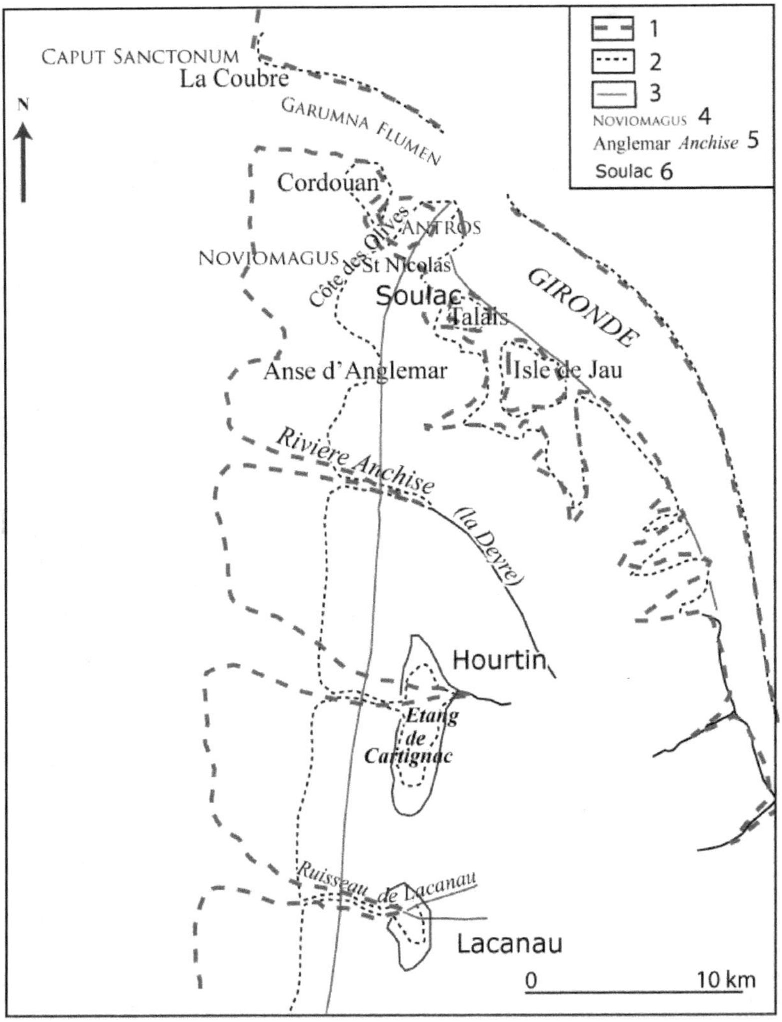

Fig. 37 – L'évolution de la côte du Médoc depuis l'époque gallo-romaine : synthèse d'après des cartes anciennes présentées par Buffault (1942).

Fig. 37 *– Evolution of the Medoc coast since the Gallo-Roman times: synthesis from ancient maps presented by Buffault (1942).*

1. Trait de côte à l'époque gallo-romaine ; 2. Trait de côte au Moyen Âge ; 3. Trait de côte à la fin du XIXe siècle ; 4. Toponymes gallo-romains ; 5. Toponymes du Moyen Âge ; 6. Toponymes actuels.

1. Coastline in the Gallo-Roman times; 2. Coastline in the Middle Ages; 3. Coastline at the end of the XIXth century; 4. Gallo-Roman toponyms; 5. Medium Ages toponyms; 6. Current toponyms.

Dans l'estuaire de la Gironde, plus large qu'aujourd'hui et décrit par Ausone comme une mer, se trouvaient plusieurs îles (Jau, Talais, Antros, Cordouan). Des petits ports existaient dans les anses ou baies. Ainsi, Noviomagus (Médoc) était-elle une ville commerçante et un port très fréquenté. Dans une autre cité, Domnotonus, résidait Théon, ami d'Ausone, dont la correspondance nous livre certaines informations intéressantes sur le littoral.

À cette époque, des cordons littoraux et des dunes se formaient, tendant à obturer les petits estuaires côtiers. Dans sa correspondance avec Ausone, Théon écrivait qu'il cultivait les monticules de sable, mais que des masses sableuses avaient envahi Noviomagus. Les habitations, le port comme la côte avec la voie romaine des Medulli furent ensuite ensevelis sous les dunes, avant d'être engloutis par la mer (Palowski, 1903).

Au Moyen Âge, l'abbaye de Saint-Nicolas, construite au XIIe siècle près de la pointe de Grave, fut envahie par les sables et déplacée vers l'est, puis abandonnée. Plusieurs baies peu profondes existaient encore sur le littoral aquitain. En Médoc, on trouvait plusieurs anses : au niveau du Gurp avec le port des Anglots, à l'ouest d'Hourtin avec l'Anchise, à l'ouest du Porge avec la Malie et le havre de Saint Vincent évacuait les eaux de La Canau (fig. 37). Pendant la guerre de Cent Ans, ces baies étaient les lieux favoris de débarquement des Anglais, mais elles se fermèrent progressivement avec l'arrivée des sables apportés par la dérive littorale nord-sud. Au XVe siècle, d'après le routier de Garcie dit Ferrande, il y avait au large de l'estuaire des bancs dangereux comme celui des Asnes et celui de la Mauvaise. Ces bancs se disloquèrent ensuite en partie et le sable alla engraisser la côte de Soulac et des Graves.

Dans les Landes, de nombreux villages étaient situés près du littoral, au débouché des petits fleuves (port de Contis, port de Léon). Néanmoins, les arrivées de sable étaient importantes sur la côte et le barrage dunaire s'épaississait, gênant l'évacuation des eaux continentales vers la mer et préparant la formation des étangs. Les havres se trouvant au niveau des étangs d'Aureilhan, de Saint-Julien, de Lit et de Léon furent en partie comblés dès le XVe siècle.

En Charente, de grandes remontées sableuses se sont produites au Moyen Âge, surtout aux VIe et VIIe siècles. Mais les sables sont toujours abondants au XIIIe siècle et Richard de Poitevin raconte qu'au niveau du Pertuis de Maumusson « *un courant marin arrivait ...et se précipitait en écumant vers l'orient* ». Il y avait des « *montagnes arénacées couvertes par les flots où, bien souvent, se perdaient les navires de passage* ». Le Pertuis était donc navigable, mais dangereux en raison de bancs de sable et d'un courant violent.

Au XVe siècle, à la suite d'importants déplacements de sables, de nombreux villages furent ensevelis et la ligne de rivage se déplaça vers l'ouest. Auparavant, il était possible de naviguer dans le marais de Bréjat puisqu'il communiquait avec la mer. Les Anglais avaient emprunté ce passage, nommé détroit de Bradjort, pendant la guerre de Cent Ans. Mais les sables ont ensuite obstrué les chenaux qui étaient en relation avec la mer.

Ce sont donc des volumes considérables de sable qui ont été remontés sur une plate-forme continentale très large au niveau de l'Aquitaine. L'abondance des sables a permis la construction des massifs dunaires en Aquitaine et en Charente tandis que les sables mobilisés par la dérive littorale étaient suffisamment abondants pour obturer progressivement les petits estuaires.

Outre une bonne alimentation des plages en sable, une conjonction de facteurs favorables explique la formation en Aquitaine de grands champs de dunes : l'orientation des vents d'ouest dominants, matérialisée par l'axe des dunes en croissant, et une topographie continentale plane permettant le transit éolien vers l'est.

De nouvelles datations par la méthode de thermo-luminescence IRSL (Clarke *et al*, 1999, 2002) sont venues compléter la connaissance des dunes holocènes que l'on datait jusque-là à partir des datations C^{14} des paléosols (dune du Pyla au sud du bassin d'Arcachon et Médoc), mais aussi d'après les trouvailles archéologiques. Plusieurs périodes de mobilisation du sable et de développement des dunes ont été mises en évidence, dont une dans l'Antiquité entre 4 000 et 3 000 BP, puis une autre entre 1 300 et 900 BP, soit pendant le Moyen Âge, ce qui vient appuyer les différents textes évoqués ci-dessus. Ces dunes ont été fixées naturellement par une forêt mixte de pins et de feuillus durant la dernière période, plus chaude, du Moyen Âge.

B. Invasions sableuses et érosion marine à l'époque moderne

L'abondance des sables se retrouve à l'époque moderne sur la côte charentaise et de nombreux textes le rappellent. L'île d'Oléron offrait toujours sur la côte ouest de nombreuses échancrures, comme celles de Chaucre et Domino avec, en arrière, la présence de marais, mais le sable tendait à fermer les baies et isolait des lagunes dont certaines furent réouvertes lors des grandes tempêtes de 1580. Au XVIe siècle, l'avancée des dunes était un problème au sud de l'île et les sables avaient recouvert plusieurs villages. L'ingénieur Masse écrivait au XVIIe siècle que « *les dunes ont insensiblement couvert Saint-Trojan surtout l'église, où les sables atteignaient le sommet* » et où l'« *on passe à cheval sur le clocher enterré dans les sables* ».

Masse indique également dans ses Mémoires qu'« *au sud de la Seudre était l'isle d'Alvert qui a bien changé de figure, où il y a à présent les paroisses de La Tremblade, d'Alvert, de Chaldevet, de Notre Dame de Parade, de l'isle de Bresse ou des Mattes... Le tour de ces isles s'est encombré des vases ou limon de la mer que le flux a repoussé dans les endroits où il n'y avait pas de courants assez forts pour repousser ces vases.* ». Il ajoutait que « *l'entrée de la Seudre estoit difficile à cause du banc qui formoit la Pointe du Meus du Loup* ».

Une large avancée de la côte vers l'ouest s'était produite (fig. 38) avec les dépôts de sable et un important massif de dunes paraboliques se développait au nord jusqu'à Ronce, tandis qu'au sud la pointe de la Coubre s'était formée au nord de l'estuaire de la Gironde (Ribatet, 1996). Tassin définit en 1631 ce secteur de la Coubre comme une zone grossièrement arrondie et prolongée vers le sud-ouest par une multitude de bancs de sable. « *La marche des montagnes en Arvert* » était préoccupante selon Le Terme. « *Chaque jour les sables continuent de faire des progrès effrayants* » malgré l'ordonnance de M. de Creil (1707) interdisant de couper « *les arbres et bois* » qui « *préservaient le pays des inondations des sables de la mer* ».

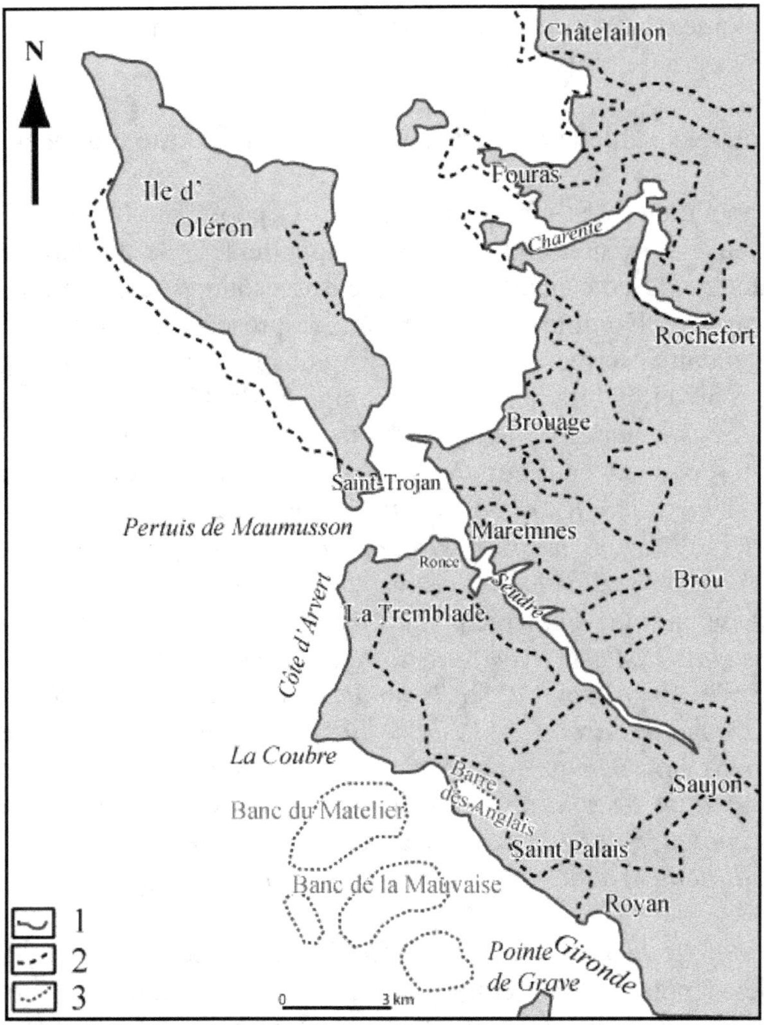

Fig. 38 – Évolution des côtes charentaises entre la fin du XVe siècle et le XIXe siècle : synthèse d'après des cartes anciennes présentées par Vaux de Folletier (1926).

***Fig. 38** – Evolution of the charentaise coasts between the end of the XVth and the XIXth century: synthesis of ancient maps presented by Vaux de Folletier (1926).*

1. Trait de côte vers 1880 ; 2. Trait de côte vers 1600 ; 3. Bancs de sable (position approximative vers 1600).

1. Coastline around 1880; 2. Coastline around 1600; 3. Sand banks (approximate position around 1600).

En 1705, les cartes de Masse décrivaient la position des différents bancs assez nombreux dans l'estuaire de la Gironde ainsi qu'en parallèle de la côte d'Arvert (Grand Matelier, Petit Matelier, banc de la Mauvaise et des Mameaux). Ils étaient découverts à marée basse et changeaient souvent de position et de forme, ce qui explique qu'ils étaient redoutés par les navigateurs.

Si l'abondance sédimentaire caractérise la côte charentaise à l'époque moderne, érosion marine et invasion des sables coexistent sur la côte médocaine. En 1550, Montaigne écrivait qu'en Médoc, le long de la mer, son frère « *le sieur d'Arsac veoid une sienne terre ensevelie sous les sables que la mer vomit devant elle ; le faiste d'aucuns batiments paroist encore ; ses rentes et domaines se sont échangez en pacages bien maigres. Les habitants que depuis quelques temps la mer se poulse si fort vers eux qu'ils ont perdu 4 lieues de terre.* ».

Le seigneur de Lesparre, en faisant un inventaire en 1585, constatait que l'océan dévorait profondément les terres et la grande forêt de pins. Selon les commentaires de H. de La Popeliniere (1592), l'avancée de la mer avait été inquiétante pour les paysans. Elle aurait été de 6 lieues en peu de temps.

La carte de Blaew (1650) indique des vestiges dans une zone littorale au sud-ouest de Soulac. Il s'agit probablement du Cimetière du Fagion qui avait été englouti. Sur cette même carte, au niveau de Soulac, une passe appelée Bot de Brignon se trouve à l'emplacement d'une pignada qui avait appartenu aux bénédictins et avait disparu.

Lorsque Masse parcourut la côte médocaine pour ses levés, de 1688 à 1723, la côte était assez rectiligne sauf l'anse du Gurp. Les plages océanes étaient bordées par de « *grandes montagnes de sables dont quelques unes* » étaient « *fort hautes* », appelées « *Peu ou Deu* ». « *Ces dunes étaient élevées de 60, 80 à 90 pieds* ». Selon Masse, les dunes étaient « *d'affreux remparts dont les hauteurs étaient variables et où les gens du pays n'osaient s'aventurer de peur de se perdre ou de tomber dans les sables mouvants* ». Les paysans empruntaient des passages dans les dunes avec les troupeaux pour accéder au littoral. Les dunes bouchaient les anciens boucaux et, bloquant les écoulements, provoquaient des inondations hivernales.Sur toute la côte nord, rectiligne, il n'y avait pas de village, excepté Soulac, petit à petit recouvert par les sables. Son église avait disparu sous les sables en 1744 et le village fut reconstruit 5 km plus à l'est. Selon Masse, le recul du trait de côte était de 10 à 12 toises par an (soit 20 m/an). Mais au vu des cartes marines, on peut estimer le recul du rivage à Soulac à plus de 500 m entre 1677 et 1784. Cette érosion marine intense sur la côte Nord-Médoc peut s'expliquer par les modifications des chenaux et des bancs sableux au sud de l'estuaire de la Gironde. En effet, le banc des Chevriers, localisé entre Cordouan et la passe de Grave, se disloqua dans sa quasi-totalité. Les sables issus du banc allèrent d'abord engraisser l'estran sous l'impulsion des houles du nord-ouest, mais, à la fin du XVIIIe siècle, la côte n'étant plus abritée par ce banc sous-marin, fut vigoureusement attaquée. La modification des chenaux au niveau de la Gironde favorisa l'action directe des courants de marée et la destruction des bancs sableux permit aux houles d'exercer leur action érosive sur la pointe de Grave qui recula de 1 800 m en 25 ans (Howa, 1987).

Si les cartes du XVIIe siècle montraient déjà la fermeture des estuaires et la formation des étangs médocains, les étangs landais conservaient une ouverture sur la mer. En 1635, l'atlas de Blaew montrait de véritables estuaires et la superposition d'une carte plus récente réalisée par Boellmann permet de remarquer la formation de l'étang de Parentis et la séparation de celui d'Aureilhan par les dunes. Au début du XVIIe siècle, le port de Mimizan était encore un port maritime en eau profonde. Toutefois, il était situé au fond d'une anse entourée de hautes dunes boisées. Selon Desbyer, en 1776, « *une masse de sables sous-marins au droit du courant d'Huchet, était périodiquement reprise par la mer et le vent* ». Elle provoquait les déplacements de l'embouchure du courant. En 1778, Mimizan est menacée par les avancées de sable. Le port fut envahi par les sables et recouvert par la haute dune d'Udos (Ribatet, 1996).

Les datations des dunes holocènes par IRSL (Clarke *et al*, 2002) permettent de situer la dernière période de mouvements des sables entre le XVe et le début du XIXe siècle, ce qui vient confirmer les faits historiques évoqués ci-dessus (invasions sableuses, villages abandonnés). Cette période correspond à la période froide du Petit Âge Glaciaire. Outre la péjoration climatique agissant sur la couverture végétale et facilitant la remobilisation des sables, cette période est marquée par une extension des glaces et des eaux froides vers le sud, d'où un gradient thermique plus marqué entre 65° et 55°N avec un accroissement de la fréquence des tempêtes dans l'Atlantique Nord (Lamb, 1995). Les dunes formées à l'époque moderne entre les XVe et XVIIIe siècles étaient encore actives au début du XIXe siècle, jusqu'à ce qu'elles soient fixées par la plantation de pins maritimes.

Ainsi, jusqu'au XVIIIe siècle, l'abondance sédimentaire est mise en évidence aussi bien sur la côte charentaise, où l'on observe des phénomènes d'accrétion, que sur la côte landaise, où les arrivées de sable vont achever la fermeture de la plupart des estuaires tandis que les courants landais sont déviés vers le sud. Le recul du rivage est toutefois avéré dans le Nord-Médoc et accompagné d'une diminution significative des bancs de sable au large, mais il est aussi lié à l'évolution des passes de la Gironde.

C. Vers une situation de pénurie sédimentaire

L'évolution vers la pénurie sédimentaire se fait progressivement à partir de la fin du XVIIIe siècle, mais ne concerne pas tous les secteurs de la côte. L'évolution du rivage peut être évaluée par comparaison entre la carte de Belleyme (1763) et la carte de Cassini (1815), la carte d'État-Major (1818), puis celle de Beautemps-Beaupré en 1825 dont la précision permet la comparaison avec les cartes actuelles de l'IGN.

La côte de la Gironde continue d'être affectée par une forte érosion marine. Selon Buffault (1929), la distance entre l'église de Soulac et la mer était de 975 m sur la carte de Belleyme (1766), de 460 m sur la carte d'état-major, soit un recul de 10 m/an en moyenne. La distance de l'église de Vendays à la côte passe de 8 288 m sur la carte de Belleyme (1763) à 7460 m en 1818, soit un recul de la côte de 828 m en 55 ans (15 m/an en moyenne). Même en tenant compte d'une marge d'erreur inhérente à ces cartes anciennes, les reculs sont conséquents. À Hourtin, Brémontier signale que la côte reculait de 2 m/an vers 1875.

Mais le rythme de recul n'est pas uniforme. Certains secteurs connaissent des pics d'érosion qui peuvent être précisés dans le temps. La pointe de Grave est affectée par un fort recul (18 à 30 m/an) entre 1818 et 1846 (Ribatet, 1996). Au niveau des Huttes (au nord de Soulac), un recul de 350 m est enregistré entre 1825 et 1854, équivalent à 12 m/an.

Les temps forts de l'érosion sont séparés par des périodes de répit, voire d'accrétion. Entre 1905 et 1912, dans le secteur de Soulac, une période d'engraissement incita les habitants à s'aventurer sur la dune et à y construire. Toutefois, les années 1920 voient l'érosion marine se développer à nouveau. Le casino de Soulac est emporté en 1923 et des maisons situées en front de mer disparaissent en 1924.

À la fin du XVIIIe et au XIXe siècle, le recul est donc notable sur la côte septentrionale de la Gironde et le matériel érodé au nord vient engraisser la flèche du Cap Ferret qui progresse de 2750 m entre 1706 et 1922. En même temps, l'allongement de la flèche qui tend à fermer le bassin d'Arcachon repousse l'érosion sur la rive opposée. La dune de la Grave située au sud du bassin est fortement érodée et le sable remobilisé par les vents d'ouest donne naissance à la dune du Pyla, située plus à l'est, plus étroite mais plus haute que la précédente. Cet exemple met en évidence les liens entre l'érosion marine qui attaque la dune ancienne et remet en circulation le sable, et l'accrétion, une partie de ce sable étant repris par le vent sur l'estran pour alimenter la nouvelle dune.

Au XXe siècle, les photographies aériennes, les mesures régulières au sol à partir de points fixes, et plus récemment le G.P.S, permettent du suivre l'évolution du trait de côte. Les blockhaus du Mur de l'Atlantique, initialement construits sur la dune et aujourd'hui basculés sur l'estran ou immergés, sont les témoins visibles du recul du rivage. On observe sur les dernières décennies une augmentation du linéaire concerné par des taux d'érosion allant de 1 à 4 m/an en moyenne. En Gironde, le recul dans le Nord-Médoc reste fort avec un recul de 260 m au sud de l'Amélie sur 40 ans, mais avec des variations dans le taux annuel passé de 1 m/an dans les années 1970 à plus de 8 m/an dans les années 1990. Le secteur de Carcans, qui était plutôt stable, recule de plus de 2 m/an (Manaud *et al.*, 2001). Au sud du bassin d'Arcachon, le secteur de la dune du Pyla a reculé de 290 m en 40 ans (1957-1997), soit de plus de 7 m/an en moyenne, et l'ouest de la Pointe du Cap Ferret de 365 m (9 m /an). La côte charentaise, qui avait connu une situation favorable avec des secteurs d'accrétion jusqu'au XXe siècle, connaît des reculs encore plus marqués (Prat et Salomon, 1997 ; Prat, 2002), de plus de 20 m/an au sud de l'île d'Oléron et de 9 m/an sur la côte de la presqu'île d'Arvert.

Certes, il existe encore des zones stables ou en faible accrétion, mais elles sont peu nombreuses : en Charente, la pointe Espagnole au sud du pertuis de Maumusson et, en Gironde, les secteurs de Saint-Nicolas, Grand Crohot, Nord du Wharf pointe d'Arcachon.

Le littoral landais connaît également des problèmes d'érosion, mais ils sont globalement moins marqués qu'en Gironde et certains secteurs connaissent une remarquable stabilité comme à Saint-Girons. L'étude du LGPA (Programme Life) dans le sud landais montre certains secteurs en accrétion (Hossegor), des secteurs de stabilité ou légère accrétion (Tarnos), mais la côte a reculé au sud de Capbreton jusqu'à Ondres de 60 m en 40 ans (Salomon et Prat, 1999).

D. Discussion

Jusqu'à la stabilisation du niveau marin à proximité de l'actuel, la mer a remonté depuis la plate-forme continentale les sables qui s'y trouvaient en abondance. Ils y avaient été amenés par les fleuves qui s'écoulaient vers l'ouest et dont on suit les paléo-vallées sur le plateau continental. Les minéraux lourds que l'on trouve dans les sables témoignent des apports de la Gironde (pyroxène, grenat, tourmaline, andalousite, épidote) et de l'Adour (amphibole et épidote) au sud du Gouf de Capbreton (Duplantier, 1976). On retrouve ces sables d'origine fluviatile dans les dunes avec des traces de l'action du gel pendant les périodes froides et surtout les marques de l'éolisation (grains émoussés mâts). Un volumineux stock sableux a permis la construction de massifs dunaires larges de 3 à 10 km, avec plusieurs générations de dunes dont la hauteur peut atteindre plusieurs dizaines de mètres. Leur volume est estimé selon les auteurs entre 15 et 20 milliards de m^3 (Froidefond, 1985).

L'abondance des sables est indéniable jusqu'au XVIIIe siècle, mais la transgression marine post-glaciaire, responsable de la remontée des sables, était achevée dès le début de l'ère chrétienne. Toutefois, les périodes de défrichement au Moyen Âge ont pu contribuer à augmenter les apports des fleuves et fournir une réserve sédimentaire supplémentaire. D'autre part, le recul du rivage par érosion marine remettait en mouvement les sables, déjà stockés dans les dunes de la génération précédente, et repris ensuite par les vagues, les courants marins et/ou le vent. Les périodes de fortes tempêtes d'ouest étaient ainsi des temps forts de l'érosion marine, mais aussi des moments favorables à la formation des dunes, surtout si la végétation raréfiée n'entravait pas cette remobilisation (Petit Âge glaciaire). D'autre part, les sables, redistribués par la dérive littorale nord-sud, tendaient à fermer les exutoires des petites rivières. Ainsi, le littoral du sud-ouest de la France tend-il vers la régularisation depuis la fin de la transgression flandrienne et vers une orientation perpendiculaire aux houles dominantes d'ouest-nord-ouest. Cette régularisation n'est pas tout à fait terminée. Le fait que la côte septentrionale recule plus que la partie méridionale va dans ce sens.

La généralisation de l'érosion sur 70 % de la côte du sud-ouest de la France alors que cette proportion était de 50 % dans les années 1970 (Manaud *et al.*, 2001) pose le problème des causes de ces phénomènes. Elles sont certainement complexes et il est difficile de faire la part entre les causes naturelles et celles qui sont d'origine humaine.

En Aquitaine, des aménagements sont certes venus modifier le fonctionnement naturel de la dynamique littorale depuis la fin du XIXe siècle, mais le recul du trait de côte avait commencé bien avant. D'autre part, ces impacts sont ponctuels. En effet, le linéaire côtier aquitain est l'un des moins artificialisés de l'hexagone avec seulement 10 % du linéaire comportant des ouvrages au niveau des aménagements portuaires ou au droit des stations balnéaires. Néanmoins, les ouvrages longitudinaux qui entraînent une augmentation de la turbulence à leur pied et des effets de réflexion aggravent les pertes sédimentaires pour le prisme littoral. Les ouvrages transversaux ne font que piéger le sable en amont-dérive, privant le littoral voisin d'apports sableux et aggravant son érosion. Si les travaux réalisés sur le littoral peuvent aggraver les problèmes d'érosion, ils n'en sont pas la cause première. La question du budget sédimentaire global reste posée.

Aujourd'hui, l'étude du proche plateau continental entre les cotes – 50 et – 10 m du Gurp au nord jusqu'à Vieux Boucau au sud (Cirac, 1999) montre que la partie nord se caractérise par un recouvrement sableux discontinu et peu épais, car des affleurements rocheux (Eocène et Oligo-Miocène) apparaissent entre Le Gurp et Montalivet. Plus au sud, les placages sableux restent irréguliers et peu épais, puis deviennent plus uniformes et plus épais (25 m) jusqu'au Cap Ferret.

Sur le plateau interne landais, la couverture sédimentaire est d'épaisseur variable (de quelques mètres à une vingtaine), avec des niveaux de sables grossiers et de graviers. Le long de la côte aquitaine, entre - 10 et - 30 m, là où existent des méga-rides, le sédiment peut bouger, mais l'étude a montré que sur 14 ans ces déplacements ont été relativement faibles. Les apports en provenance du plateau continental sont donc forcément limités, la profondeur efficace d'action des houles ne dépassant guère - 15 m et exceptionnellement - 20 m lors des très grandes tempêtes (Klingebiel, 1998), mais le matériel est plus abondant au sud qu'au nord, ce qui pourrait être l'un des facteurs d'explication des inégalités dans l'ampleur de l'érosion sur la côte aquitaine.

Le fonctionnement du littoral ne peut donc plus bénéficier aujourd'hui que de la redistribution des sables des plages et des dunes, érodés par la mer, puis redistribués par la dérive littorale, et des apports des fleuves (Adour, Garonne). Or, les matériaux apportés par la Garonne et la Dordogne au niveau de la Gironde sont très fins, ce sont essentiellement des limons et des vases. Au sud de la Gironde, a été mis en évidence un approfondissement des fonds marins de - 5 m à - 9 m entre 1826 et 1981 (Lorin et Mignot, 1986). Un nouveau levé en 1994 a confirmé cette tendance générale à l'érosion (SOGREAH/PAB). Castaing et Howa (1985) ont évalué à plus de 18 millions de m^3 la perte de matériaux sableux vers le large en 42 ans, ce qui représente un déficit considérable. Ainsi le front du delta de jusant de l'estuaire de la Gironde a-t-il reculé d'environ 1 km vers le nord-est entre 1963 et 1984 (isobathe - 10 m). Le creusement des passes sud de la Gironde et l'écrêtement des bancs au large se traduisent logiquement par une érosion des petits fonds et donc des plages.

D'autre part, les modifications de l'orientation du trait de côte dans la partie Nord-Médoc, avec la très forte érosion qu'a connue la presqu'île au XVIIIe siècle, ont modifié les courants et la dérive littorale est orientée du sud vers le nord au nord de la pointe de la Négade (fig. 35), ce qui ne permet pas au littoral aquitain situé au sud de cette pointe de bénéficier des apports de la Gironde. Cette inversion de la dérive explique aussi les plus fortes érosions du secteur Pointe de la Négade-l'Amélie situé en amont-dérive alors que les sables arrachés ici vont nourrir l'engraissement de la côte en aval-dérive dans le secteur de Saint-Nicolas.

Au sud, les apports de l'Adour ne sont pas négligeables, mais ils posent des problèmes pour les accès aux installations portuaires de Bayonne. Des dragages sont donc régulièrement réalisés, mais lorsque le clapage était fait au large jusqu'en 1974, ces sédiments étaient perdus pour les plages d'Anglet (Rihouey, 2004).

Conclusion

Ainsi, le stock sableux des plages et des dunes du sud-ouest de la France constitue-t-il un volume hérité de la période d'abondance ayant suivi la transgression flandrienne. Exposée aux fortes houles atlantiques qui sont majoritairement de secteur ouest à nord-ouest, la côte aquitaine est aujourd'hui soumise à une forte érosion marine. Certes, les vents entraînent vers l'intérieur des terres des sables qui sont également perdus pour le budget sédimentaire des plages, sauf si une avant-dune se construit, qui peut amortir les effets des tempêtes. Toutefois, ce volume perdu par érosion éolienne est très inférieur aux volumes perdus par érosion marine, comme en témoignent les suivis réalisés lors des programmes Life en Charente et dans les Landes (Prat, 2002). La gestion des dunes par l'ONF tend également à conserver ce stock sableux hérité au plus près des plages.

La lente élévation du niveau de la mer (15 cm depuis un siècle) peut accentuer le recul du trait de côte, mais jusqu'à présent il ne constitue qu'un facteur secondaire. Toutefois, cette élévation devrait s'accentuer d'ici la fin du siècle avec le changement climatique. De même, il pourrait y avoir accroissement du nombre de tempêtes, mais il n'a pas été constaté pour l'Aquitaine selon Bastères (1999) qui note toutefois un renforcement de leur intensité.

Références bibliographiques

BASTERE C., 1999. *L'impact des tempêtes sur la côte Aquitaine*. TER de Géographie. LGPA, Université de Bordeaux 3.

CIRAC. P., 1999. Projet « Trait de côte », Rapport du Département de Géologie et Océanographie de l'Université de Bordeaux 1, contrat IFREMER.

CLARKE M.L, RENDELL H., PYE K., TASTET J-P., PONTEE N.I., MASSÉ L., 1999. Evidence for the timing of dune development on the Aquitaine coast, southwest France. *Z.Geomorph.N.F.* Suppl.Bd.116 , 147-163.

CLARKE M.L, RENDELL H., TASTET J-P., CLAVÉ B., MASSE L., 2002. Late Holocene sand invasion and North Atlantic storminess along the Aquitaine coast, southwest France. *The Holocene,* 12(2), 231-238.

DUFFART C., 1902. Nouvelle preuve de l'existence de baies ouvertes sur le littoral gascon pendant les temps quaternaires. *Bulletin de géographie historique et descriptive*, Imprimerie Nationale, Paris, p. 149-154

DUFFART C., 1904. Le routier de Garcie dit Ferrande (XVe siècle). Comité des travaux historiques et scientifiques. *Bulletin de géographie historique et descriptive*, Imprimerie Nationale, Paris, p. 239-244.

DUPLANTIER F., 1976. Étude sédimentaire de la zone côtière et du proche plateau continental de la région de Capbreton : paléogéographie et évolution actuelle. Thèse 3e cycle, Université de Bordeaux 1.

FROIDEFOND J-M., 1985. *Méthode de géomorphologie côtière. Application à l'étude de l'évolution du littoral aquitain.* Mémoire de l'Institut Géologique du Bassin d'Aquitaine n°18. Bordeaux, 273 p.

GENSOUS B., 1971. *Contribution à l'étude des sédiments meubles superficiels du plateau continental aquitain.* Thèse de 3e cycle, Université de Bordeaux 1, 58 p.

HOWA H., 1987. *Le littoral Nord-Médoc : évolution d'une côte sableuse en érosion.* Thèse 3e cycle, Université de Bordeaux 1, 146 p.

KLINGEBIEL A. & LARSONNEUR C., 1980. Modèle de sédimentation littorale actuelle en zone tempérée, la façade maritime de l'Atlantique à la Manche. *Bull. Inst. Geol. Bassin d'Aquitaine*, Bordeaux, n°27.

LAMB H.H., 1995. *Climate, history and the modern world*, London Routledge, 433 p.

LORIN J. & MIGNIOT C. 1986. *Évolution du trait de côte du littoral aquitain.* Mission de contrôle MIACA, 28 p.

MANAUD F., L'YAVANC J., NEGRE S., TOUGERON C., TRUT G., 2001. *Élaboration d'un outil de gestion prévisionnelle de la côte aquitaine*. Phase 3. Rapport IFREMER DEL-AR.

MASSE C., 1715. *Mémoire de 1715*. Bibliothèque de La Rochelle, tome I, 260 p.

PALOWSKI A., 1903. Les villes disparues et la côte du Médoc d'après la géologie, la cartographie et l'histoire. Les transformations du littoral français. *Bulletin de Géographie historique et descriptive*, Imprimerie Nationale, Paris, p. 323-369.

PALOWSKI A., 1901-1911. Évolution du littoral de Charente Maritime (articles sur Brouage, Arvert et Cordouan) d'après la géologie, la cartographie et l'histoire. Les transformations du littoral français. *Bulletin de Géographie historique et descriptive*, Imprimerie Nationale, Paris.

PASKOFF R., 1983. L'érosion des plages. *La Recherche*, 140, 13-28.

PASKOFF R., 1998. *Les littoraux : impact des aménagements sur leur évolution*. Paris, Masson, 260 p.

PASKOFF R., 2005. *Les plages vont-elles disparaître ?* Les petites Pommes du savoir. Paris, Éditions Le Pommier, 58 p.

PIRAZZOLI P., 1977. Les variations des lignes de rivage depuis 2000 ans et leurs causes. *Zeitschrift für geomorphologie,* 3, 284-296.

PRAT M.C., 2002. Transferts sableux, échanges entre plage et dune, bilan sédimentaire. *In* : J.Favennec (dir.) – *Connaissance et gestion durable des dunes de la côte atlantique,* p. 37-49.

PRAT M.-C. & SALOMON J-N., 1997. L'évolution récente du littoral charentais : lignes de rivage et systèmes dunaires. *Quaternaire,* 8 (1)21-37.

RIBATET G., 1996. L'évolution du trait de côte sur le littoral atlantique à l'époque historique de la Seudre à l'Adour. Mémoire de Maîtrise, L.G.P.A, Université de Bordeaux 3, 99 p.

RIHOUEY D., 2004. Analyse statistique de l'évolution morphodynamique des plages sableuses : application aux sites d'étude du Programme National d'Environnement Côtier et aux plages d'Anglet. Thèse de doctorat, Université de Pau et des Pays de l'Adour.

SALOMON J-N. & PRAT. M.-C., 1999. Le littoral sud-landais : environnement et développement durable. *Travaux du L.G.P.A,*

Laboratoire de Géographie Physique Appliquée de l'Université de Bordeaux 3, 150 p.

TASTET J.-P., LALANNE R., MAURIN B., DUBOS B., 2008. Geological and Archaeological Chronology of a Late Holocene Coastal Enclosure. *Geoarcheology: an international Journal,* 23(1), 131-149.

VAUX DE FOLLETIER C., 1926. *Ronce les Bains, La Tremblade, Maremnes*. Éditions Raymond Bergerin, Poitiers, 23 p.

4.1.3. Application en milieu tropical insulaire

Virginie DUVAT*
**Professeur de Géographie, UMR LIENSs,*
Université de la Rochelle-CNRS 6250

Résumé
Ce texte présente les résultats d'une réflexion menée sur la validité de la théorie de la pénurie sédimentaire en milieu tropical insulaire. Cette réflexion a été initiée en 1998 avec Roland Paskoff et poursuivie au gré de nos travaux. Cette théorie fournit une explication intéressante de la tendance érosive observée sur de nombreuses plages des îles hautes de la zone intertropicale.

Mots-clés : théorie de la pénurie sédimentaire, érosion des plages, îles tropicales, récifs coralliens

Abstract
This contribution presents the results of a study concerning the relevance of the sediment shortage theory in intertropical insular environments. This work was initiated in the field in 1998 with Roland Paskoff and pursued in the following years. This theory is relevant for explaining the predominance of beach erosion both on volcanic and continental islands.

Key words: sediment shortage theory, beach erosion, tropical islands, coral reefs

Introduction

L'évolution récente des littoraux sableux des façades continentales et des îles de la zone intertropicale ne se distingue pas de celle des autres littoraux du globe. Elle se caractérise globalement par la prépondérance de l'érosion sur les situations de stabilité et de progradation. En général, les côtes en accrétion se limitent au débouché des principaux cours d'eau, aux secteurs proches de falaises à recul rapide et aux archipels qui occupent des plates-formes continentales peu profondes riches en sédiments, comme c'est le cas des Bahamas (Bird, 1985). Le recul des côtes sableuses s'observe tout autant dans les îles de la Caraïbe, de l'océan Indien (Sri Lanka, en particulier) que du Pacifique. Le fait que les côtes tropicales, qu'elles soient insulaires ou pas, présentent une tendance évolutive générale comparable à celle des autres régions du globe constitue une condition préalable qui permet d'y interroger la validité de la théorie de la pénurie sédimentaire.

Cette entreprise soulève néanmoins plusieurs questions de fond. Peut-on transposer cette théorie à des îles océaniques volcaniques qui ne possèdent pas de plate-forme continentale ? Et l'appliquer à des côtes récifales ? Ces questionnements nous conduiront dans un premier temps à exposer les spécificités de ces milieux. On s'emploiera ensuite à vérifier méthodiquement que les différentes conditions d'application de cette théorie sont réunies dans les îles situées dans la zone intertropicale, à partir de l'exemple de deux archipels de l'océan Indien (Mascareignes et Seychelles) dans lesquels elle a été testée et discutée avec R. Paskoff entre 1998 et 2004. On exposera ensuite les travaux de théorisation qui ont été effectués en milieu tropical afin de mettre en regard la théorie de la pénurie sédimentaire élaborée en milieu tempéré avec celle qui a été proposée par des spécialistes des milieux tropicaux.

A. Une spécificité, le récif corallien

La plupart des côtes sableuses situées dans la zone intertropicale possèdent une originalité, celle d'être bordées par un récif corallien (fig. 39). Il en existe plusieurs types, du banc récifal étroit accolé à la côte, à l'atoll, en passant par trois catégories qui correspondent à des degrés d'évolution différents : la plate-forme récifale, le récif frangeant et le récif-barrière (Montaggioni et Faure, 1980 ; Battistini *et al.*, 1975 ; Guilcher, 1988).

Quelle que soit sa nature, le récif corallien assure deux fonctions. D'abord, il constitue le principal pourvoyeur de matériel de nombreuses plages des îles hautes. À titre d'exemple, celles des îles granitiques de l'archipel des Seychelles sont composées à plus de 70 % de sables d'origine bioclastique issus des récifs coralliens (Cilek, 1978). Cette portion se réduit logiquement à l'embouchure des rivières et dans les secteurs situés immédiatement à leur aval. Ensuite,

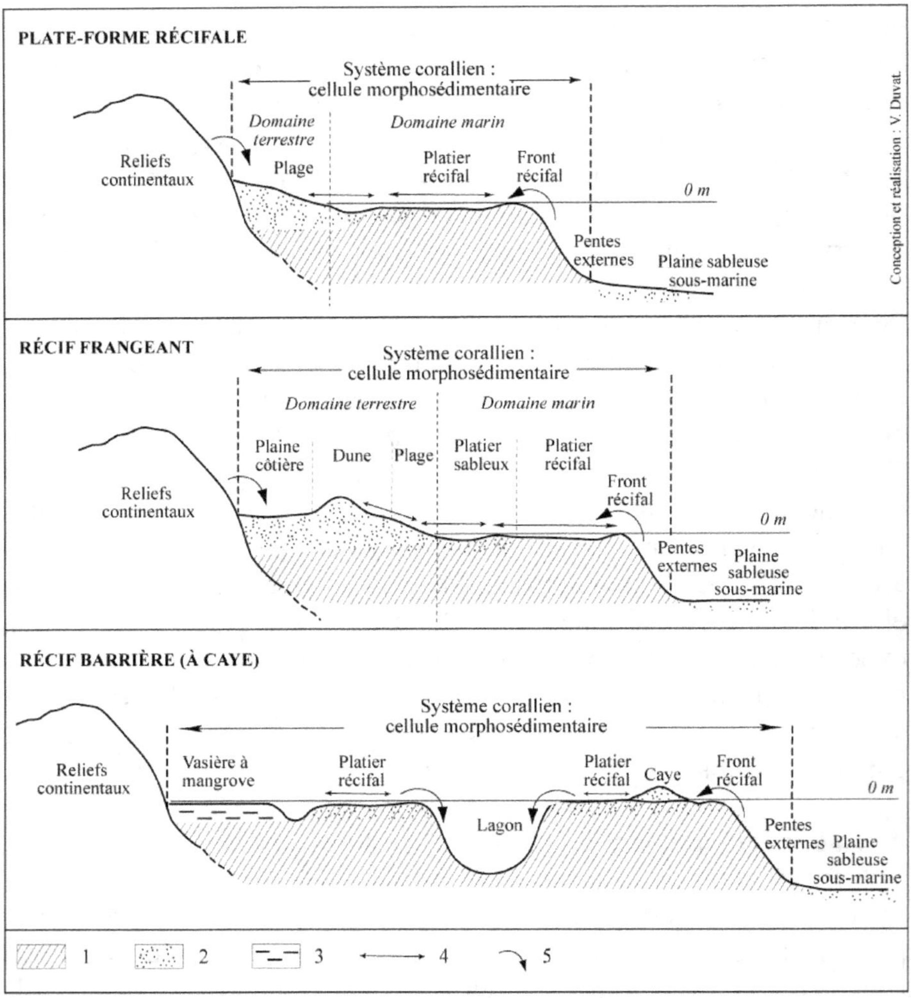

Fig. 39 – Les systèmes coralliens des îles hautes

***Fig. 39** – Coral reefs of mountainous islands*

1. Édifice récifal ; 2. Forme d'accumulation sédimentaire (sables et débris coralliens) ; 3. Vasière ; 4. Échanges sédimentaires ; 5. Apport de sédiments.

1. Coral reef; 2. Accumulation of sediments (sand and coral debris); 3. Mudflat; 4. Inner sediment transport; 5. Sediment supply.

il joue le rôle de brise-lames face aux vagues en interceptant les houles et en amortissant leur énergie avant qu'elles n'atteignent les côtes. Ce faisant, il crée des conditions hydrodynamiques (circulation de platier et de lagon) et morphodynamiques tout à fait spécifiques, comme nous allons le voir.

B. L'existence d'un plateau sous-marin

La première condition qui doit être requise pour que la théorie de la pénurie sédimentaire puisse s'appliquer est l'existence d'un plateau sous-marin sur le pourtour des îles, l'accumulation de sédiments à sa surface étant l'étape préalable à la période d'abondance holocène. En existe-t-il un dans les îles d'origine continentale (Seychelles granitiques) et volcanique (Mascareignes) ?

Les Seychelles granitiques se sont séparées du Gondwana il y a quelque 200 Ma pour dériver et prendre leur position actuelle il y a 47 Ma (Plummer, 1996). Leur origine continentale explique qu'elles sont entourées d'une vaste plate-forme continentale de 43 000 km^2, le banc des Seychelles, de 70 m de profondeur maximale (fig. 40). Situées dans la partie centrale de ce banc, les îles principales (Mahé, Praslin, Silhouette, La Digue) comportent toutes des plages de sable qui se sont développées dans des baies de dimensions variées, le plus souvent à l'arrière de récifs frangeants. Les bancs et les plates-formes récifales sont rares, et le stade frangeant n'est dépassé qu'à Praslin, dans l'ouest et dans le sud. Il existe une relation étroite, d'une part, entre la dimension de la plate-forme continentale et celle des récifs coralliens, et d'autre part, entre celle-ci et celle des plaines et des plages auxquelles ils ont donné naissance (Cazes-Duvat, 1999).

La situation des îles volcaniques est différente, car elles présentent des situations variées en fonction de leur âge et des processus qui dominent leur évolution. On considèrera ici la situation de celles qui connaissent une évolution classique, dominée par l'érosion et la subsidence, comme celles de l'archipel des Mascareignes. Lorsqu'elles sont relativement jeunes, comme c'est le cas de la Réunion (2,5 à 3 Ma), tout particulièrement dans son tiers sud-est qui correspond au volcan actif de la Fournaise, elles possèdent des côtes accores. Le plateau sous-marin est peu développé, et logiquement, il l'est davantage dans les parties anciennes de l'île qui ont connu une longue subsidence – le nord et l'ouest correspondant au volcan éteint du Piton des Neiges – que dans ses parties les plus récentes (fig. 41). Les récifs coralliens sont peu étendus (10 % du linéaire côtier) et les

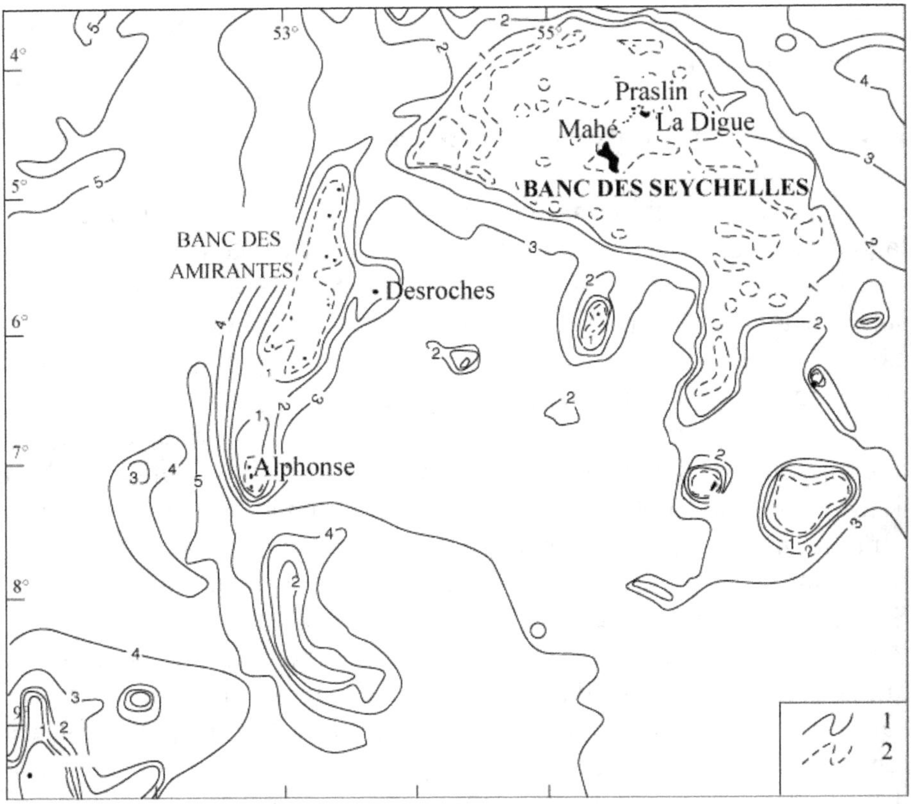

Fig. 40 – Le Banc des Seychelles (d'après D.R. Stoddart, 1975)
***Fig. 40** – The Seychelles Bank (from D.R. Stoddart, 1975)*
1. Profondeur en milliers de mètres ; 2. Isobathe 200 m.
1. Depth in thousands metres; 2. Isobath 200 m.

types embryonnaires (bancs et plates-formes) sont bien représentés, même s'il existe des récifs frangeants. Ils sont bordés de plages de sable blanc dont l'extension est variable et qui sont interrompues au débouché des cours d'eau par des plages de sables basaltiques. Sur les îles volcaniques plus anciennes comme Maurice (8 à 9 Ma), la subsidence continue a donné naissance à un plateau sous-marin plus vaste. C'est là où il est le plus développé, à l'est et au nord, que les récifs sont les plus larges, de type barrière à Mahébourg, mais que les plages sont les moins fournies (fig. 41). À l'arrière des récifs frangeants qui constituent ici le type dominant, elles sont en revanche continues, relativement larges et adossées à des champs de dunes. À

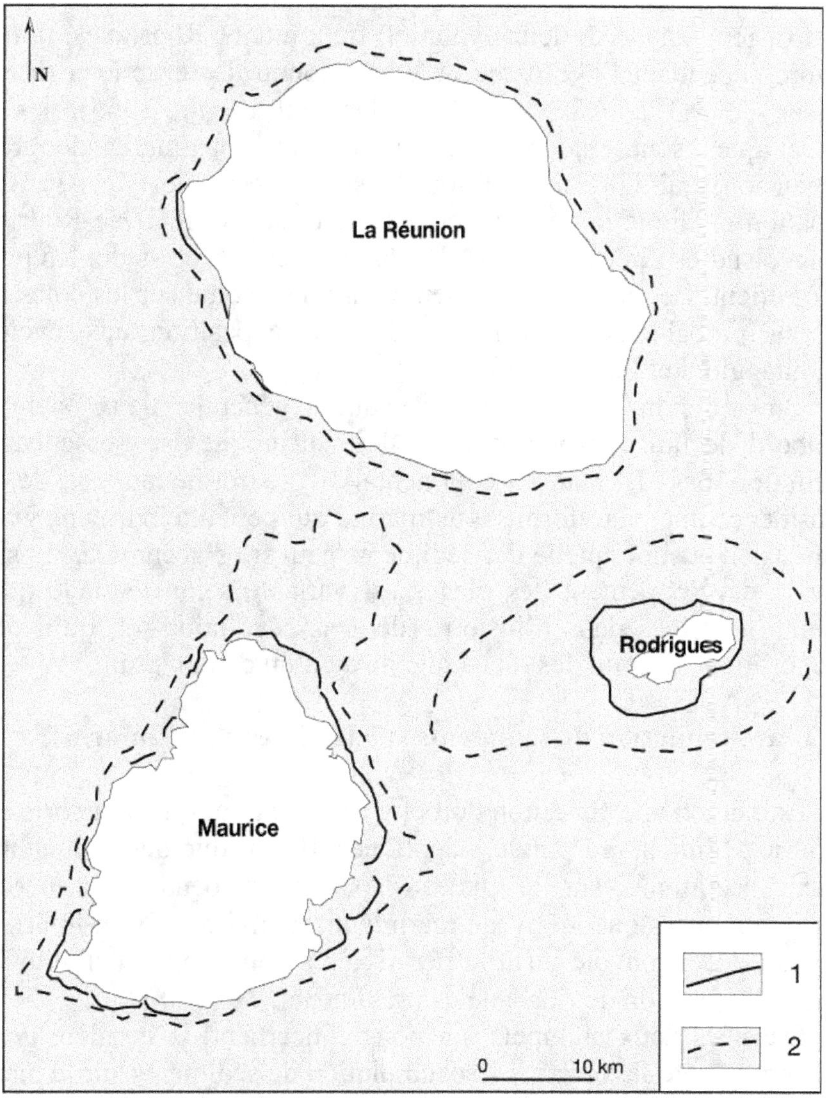

Fig. 41 – Dimension des plateaux sous-marins et des récifs coralliens dans les Mascareignes (d'après Montaggioni et Faure, 1980)

***Fig. 41** – Dimension of submarine shelfs and coral reefs in the Mascarene Islands (from Montaggioni et Faure, 1980)*

1. Limite des principaux édifices récifaux ; 2. Limite du plateau sous-marin (isobathe 200 m).

1. Limit of the main coral reef structures; 2. Limit of submarine shelf (isobath 200 m).

un troisième stade de leur évolution qu'a atteint Rodrigues, dont on ignore cependant l'âge parce qu'elle a connu des éruptions récentes datées de 1,3 à 1,5 Ma BP (McDougall *et al.*, 1965), les îles volcaniques sont entourées par un plateau sous-marin de grande dimension, qui fait ici neuf fois la surface de l'île (fig. 41). Cette situation explique le développement important du récif de Rodrigues dans le sud et l'ouest où il est de type barrière. À ce stade, les plages se raréfient. Le récif est curieusement moins évolué sur les côtes nord et est, probablement en raison de leur exposition aux cyclones (Montaggioni et Faure, 1980).

On retiendra de cette présentation générale deux éléments. D'abord, le fait que bien que les îles volcaniques ne possèdent par définition pas de plateau continental, il se forme au gré de leur subsidence une plate-forme sous-marine qui peut atteindre une grande dimension et sur laquelle des sédiments peuvent s'accumuler. Ensuite, que le développement des plages est variable selon le stade qu'ont atteint ces îles dans l'histoire de leur évolution et qu'il n'est proportionnel à celui des récifs que jusqu'à un certain point.

C. L'accumulation de sédiments sur le plateau sous-marin

Une deuxième condition doit être remplie pour que la théorie de la pénurie sédimentaire puisse s'appliquer. Il faut que des sédiments se soient accumulés sur le plateau sous-marin pendant la dernière glaciation, alors que le niveau marin était d'environ 120 m inférieur à l'actuel. Ceci renvoie au rôle des rivières dans l'apport d'alluvions, donc à la question de l'origine des sédiments.

Dans les deux archipels qui nous concernent, la dernière grande glaciation a été favorable à l'accumulation de sédiments sur le plateau sous-marin par le jeu de deux processus. Le premier a été, comme en milieu tempéré, l'apport par les cours d'eau d'une importante charge alluviale qui s'y est déposée. L'existence de passes, ces vallées qui traversent perpendiculairement les platiers et le front des récifs pour atteindre le large, constitue l'un des héritages majeurs de cette période de bas niveau marin et une preuve de leur rôle. Au-delà des passes, certaines de ces vallées se poursuivent à travers le plateau continental, comme dans l'est de Mahé aux Seychelles où le réseau hydrographique fossile est bien développé (Badyukov *et al.*, 1986 ;

Hashimi et Wagle, 1987). Mais comme le suggère la composition principalement corallienne des sables qui composent les dunes et les plaines littorales, cette source de sédiments a joué un rôle secondaire dans la formation des espaces côtiers. Les sables sont essentiellement biodétritiques, donc d'origine marine, et ils proviennent en grande partie du démantèlement d'un récif pléistocène massif qui a été daté de 120 000 à 140 000 ans dans les deux archipels (Veeh, 1966 ; Braithwaite, 1971 ; Braithwaite, 1984 ; Stoddart, 1971 ; Montaggioni, 1974). Au cours de la période chaude qui a précédé la dernière grande glaciation, un récif corallien plus important que l'actuel s'est développé le long des côtes alors que le niveau de la mer était supérieur de quelques mètres à celui d'aujourd'hui, probablement de 6 à 8 m aux Seychelles (Baker, 1963). Des restes de ce récif ont été datés à Maurice et à la Réunion ainsi que dans les îles granitiques des Seychelles où l'on peut aisément les repérer dans les chaos de blocs granitiques qui jalonnent le littoral (fig. 42). La régression marine qui a fait suite à la formation de ce récif a été à l'origine de son démantèlement sous l'action des agents climatiques, et donc de l'accumulation le long des côtes d'un important volume de débris et de sables coralliens. Les deux conditions nécessaires à l'existence d'une période d'abondance sédimentaire ont donc bien été remplies dans ces archipels.

D. L'Holocène, période d'abondance sédimentaire

À partir de là, la transgression marine holocène s'est opérée. Les vagues ont pu, comme dans les milieux tempérés, pousser devant elles les sédiments amassés sur les plateaux sous-marins. C'est ainsi que se sont formés les espaces côtiers, en particulier les plaines des Seychelles, dans l'ouest de Praslin et de la Digue, associées à de nombreux tombolos, là où les récifs étaient les plus larges. C'est suivant le même processus que s'était formée une première génération de dunes, datée de 80 000 ans BP, sur les côtes exposées à l'alizé de Maurice et de Rodrigues. Ces dunes se sont consolidées par la suite pour former des éolianites dont l'épaisseur atteint une soixantaine de mètres localement à Rodrigues (Cazes-Duvat, 1999 ; Cazes-Duvat et Paskoff, 2004).

Fig. 42 – Restes du dernier récif pléistocène en position de croissance sous les blocs granitiques, île de Silhouette, Seychelles.
***Fig. 42** – Remains of the last Pleistocene coral reef in position of growth under granite boulders, Silhouette Island, Seychelles.*
Photo : V. Duvat, 1999.

Le récif corallien actuel n'a pas entravé le transfert de sédiments vers les côtes, car son développement a accusé un retard sur la remontée du niveau de la mer. Aux Seychelles comme dans les Mascareignes, il appartient à la catégorie des récifs à croissance retardée (*catch up*) selon la typologie établie par A.C. Neumann et I.G. Macintyre (1985). Son développement a débuté vers 8 000 ans BP à la cote - 20 m pour s'accélérer ensuite et rattraper le niveau marin avant que celui-ci ne se stabilise (Camoin *et al.*, 1997 ; Camoin *et al*, 2004) (fig. 43). Tous les récifs, quelles que soient leurs dimensions, se sont formés à la même période, les différences de taille s'expliquant par la variation des conditions écologiques (Montaggioni, 1974). Pendant plusieurs millénaires, il a donc existé un passage entre le sommet du récif actuel et le niveau de la mer, qui a permis aux vagues de pousser d'importants volumes de sédiments vers les rivages. Pendant sa phase de croissance accélérée, le récif actuel a fourni des sédiments aux côtes, mais leur volume n'a probablement pas égalé celui des matériaux issus du dernier récif pléistocène. La période d'abondance sédimentaire holocène, antérieure à la stabilisation du niveau marin qui a eu lieu vers 3 000 ans BP dans l'océan Indien occidental, a donc bien existé dans ces archipels.

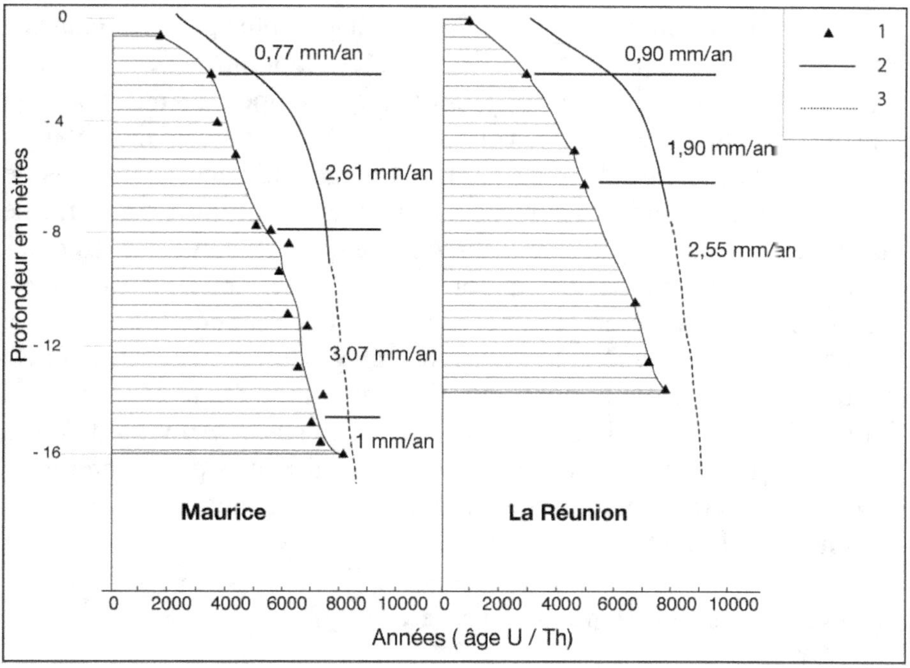

Fig. 43 – Élévation du niveau marin et croissance des récifs coralliens pendant l'Holocène à la Réunion et à Maurice (d'après Camoin *et al., 1997)*

***Fig. 43** – Sea level rise and coral reef growth during the Holocene in La Réunion and Mauritius (from Camoin* et al., *1997)*

1. Échantillon daté ; 2. Courbe de l'élévation du niveau de la mer ; 3. Courbe extrapolée de l'élévation du niveau de la mer.

1. Dated sample; 2. Curve of the sea level rise; 3. Extrapolated curve of sea level rise.

E. La pénurie sédimentaire consécutive à la stabilisation du niveau marin

Il reste maintenant à voir en quoi l'on peut parler de pénurie sédimentaire pour désigner la situation qui s'est installée depuis la stabilisation du niveau de la mer. Depuis que le récif actuel a atteint le niveau de la mer, la source de sédiments disponibles pour les plages a diminué par la conjonction de deux faits. Le premier tient à l'effet d'obstacle que produit le récif actuel, qui empêche tout nouveau transfert de matériel inerte vers les plages. Séparées des plaines sableuses sous-marines par ce récif, les plages ne bénéficient plus de cette source de sédiments anciens. Le deuxième fait qui est à l'origine du renversement de tendance sédimentaire qui s'observe sur les côtes sableuses est la baisse des apports de matériel frais issu du récif actuel. La période de croissance verticale rapide au cours de laquelle ce récif a abondamment alimenté les plages s'est achevée avec la stabilisation du niveau de la mer. Sa croissance étant plus lente, il livre moins de matériel aux estrans que par le passé. Au regard de ces éléments, on est bien passé, sur les côtes coralliennes de ces archipels de la zone intertropicale, d'une situation d'abondance à une situation de pénurie sédimentaire.

F. Les preuves livrées par le terrain

Les travaux de reconstitution géomorphologique qui ont été effectués d'abord aux Seychelles (Cazes-Duvat, 1999), puis dans les Mascareignes (Cazes-Duvat et Paskoff, 2004), ont permis de vérifier la validité qu'a, dans ces milieux pourtant spécifiques, la théorie de la pénurie sédimentaire.

Les premières preuves sont données par les datations d'échantillons de beachrock collectés sur les plages. Ces formations consolidées constituent d'excellents indicateurs de la position passée de la ligne de rivage (Battistini et Lebigre, 1994). Datés de 500 à 2 000 ans (Badyukov et Svitoch, 1986 ; Montaggioni, 1979), ces échantillons témoignent bien de la période d'abondance sédimentaire qu'ont connue les rivages et ils prouvent par leur position qu'elle est aujourd'hui révolue. La datation de galets coralliens prélevés dans des sédiments marins à Maurice et à la Réunion suggère par ailleurs que la phase de progradation a duré de 4 500 à 2 000 ans BP.

La comparaison sur le terrain des volumes de sédiments qui se sont accumulés sur les côtes par le passé avec ceux qui s'y déposent aujourd'hui apporte un argument supplémentaire en faveur de cette théorie. Les volumes sédimentaires que représentent les sables dunaires accumulés sous la forme d'éolianites à Rodrigues et les champs de dunes holocènes qui bordent les plages sont sans commune mesure avec le volume des accumulations plus récentes. La faiblesse de la déflation et de l'édification éoliennes actuelles sur ces plages pourrait tenir, au-delà du changement probable de la force et de la fréquence des vents (Montaggioni, 1978), à leur maigreur qui ne leur permet plus de jouer le rôle de plage d'envol. Cette hypothèse est confortée par le fait que les plages de sable basaltique de la Réunion ont au contraire conservé une dynamique éolienne.

Sur les côtes peu ou pas aménagées sur lesquelles les causes anthropiques de l'érosion sont limitées, sinon absentes, la pertinence de cette théorie est également démontrée par la relation étroite qui existe entre l'état sédimentaire des plages et l'existence ou non d'échanges transversaux entre elles et les petits fonds marins (Duvat, 2007a). Ainsi, les plages qui sont ouvertes sur le large sont relativement stables parce qu'elles bénéficient toujours d'apports de sédiments provenant des plaines sous-marines. L'hydrodynamisme actif qui les caractérise est à l'origine, d'une part, des variations de profil importantes qu'elles connaissent aux pas de temps annuel et pluriannuel, et d'autre part, de leur bonne résilience après les tempêtes. Les sédiments qui sont emportés vers le large par les houles cycloniques et australes sont ramenés sur le littoral par les vagues de beau temps, parce qu'aucun obstacle n'entrave les échanges transversaux. Au contraire, les plages d'arrière-récif caractérisées par un hydrodynamisme peu actif reculent inexorablement parce que les pertes sédimentaires qu'elles subissent au cours des épisodes tempétueux sont définitives. Le récif corallien a donc deux effets. Le premier est de faire obstacle au retour vers les côtes des sables qui ont été évacués vers le large par les passes. Le second est de limiter, par le fonctionnement morphodynamique qu'il induit, les possibilités de retour vers les plages d'une partie des sables qui s'accumulent sur les platiers. En provoquant le déferlement des vagues à une certaine distance des côtes et en réfractant les vagues secondaires qui se reforment sur le platier, le récif corallien amortit considérablement l'hydrodynamisme. Ce faisant, il réduit la capacité de transport des vagues. Sur les côtes abritées, cela a pour effet de limiter les recharges post-tempête à partir des sédiments accumulés sur les platiers. Ainsi, deux éléments jouent un rôle majeur dans la résilience des plages, la disponibilité de sédiments et les possibilités de leur transfert vers le littoral, qui dépendent directement de l'effet d'obstacle associé à la présence d'un récif et de l'importance de l'hydrodynamisme (Duvat, 2007b).

Comme c'est le cas en milieu tempéré, l'érosion des plages varie d'un lieu à un autre par son ampleur. Dans les deux archipels considérés, elle est aiguë sur les plages qui sont situées à l'arrière de grands récifs, au point que certaines ont disparu au cours des dernières décennies, comme c'est le cas dans le sud de Rodrigues. Elle est en revanche limitée sur les plages ouvertes, dans la partie des cellules sédimentaires qui est située en aval-dérive, et au débouché des cours d'eau qui contribuent parfois de manière non négligeable à leur alimentation. Globalement, les plages qui bordent les récifs les plus étroits et/ou les plus exposés aux houles du sud, parce qu'elles se caractérisent par un hydrodynamisme actif, sont les moins sensibles à l'érosion.

G. Une théorie pour les littoraux tropicaux

Le rôle central des récifs coralliens dans la formation et l'évolution des littoraux tropicaux a conduit A.C. Neumann (1971) à proposer une théorie spécifique pour expliquer les variations d'apports sédimentaires qui les concernent, la théorie de la « *high energy window* ». À partir de travaux réalisés aux Bermudes, A.C. Neumann explique la baisse de l'alimentation des côtes par la fermeture de la « *fenêtre* », autrement dit du passage qui a existé pendant la première partie de la transgression marine holocène entre le sommet du récif et le niveau marin. Par la suite, cette explication a été reprise par différents chercheurs à partir de travaux réalisés sur la Grande barrière de corail en Australie (Stoddart *et al.*, 1978 ; McLean *et al*, 1978).

H. Retour aux facteurs globaux

Il est particulièrement intéressant de constater que la recherche d'une théorie globale permettant de rendre compte du caractère généralisé de l'érosion côtière s'est effectuée en parallèle, à partir des années 1970, dans les zones tempérées et intertropicale. Les deux théories qui en ont résulté reposent sur les mêmes bases. Le rôle majeur des récifs coralliens dans la formation et l'évolution des côtes tropicales, s'il crée à l'évidence de fortes spécificités, notamment morphodynamiques, ne masque pas le poids des facteurs globaux, et en particulier des variations du niveau de la mer associées aux oscillations climatiques. Elles constituent en effet le facteur planétaire qui a commandé la formation des côtes actuelles.

Références bibliographiques

BADUYKOV D., DEMIDENKO Y.E.L., KAPLIN P.A., NIKOLAYEV S.D., 1986. Geomorphology and late quaternary development history of the Seychelles and Amirantes banks (Indian Ocean). *Oceanology,* 26(2), 203-208.

BADYUKOVA Y.E.N. & SVITOCH A.A., 1986. The beachrock of the Seychelles islands. *Oceanology,* 26(5), 604-608.

BAKER B.H., 1963. Geology and mineral resources of the Seychelles archipelago. *Geol. Survey of Kenya,* mem. 3 et cartes géologiques (îles granitiques), 1-40.

BATTISTINI R., BOURROUIL F., CHEVALIER J.-P., COUDRAY J., DENIZOT M., FAURE G., FISHER J.-C., GUILCHER A., HARMELIN-VIVIEN M., JAUBERT J., LABOREL J., MONTAGGIONI L., MASSE J.-P., MAUGE L.-A., PEYROT-CALUSADE M., PICHON M., PLANTE R., PLAZIAT J.-C., PLESSIS Y.B., RICHARD G., SALVAT B., THOMASSIN B.A., VASSEUR P., WEYDERT P., 1975. Éléments de terminologie récifale indopacifique. *Téthys,* 7(1), 1-111.

BATTISTINI R. & LEBIGRE J.-M., 1994 – Les littoraux tropicaux, enregistreurs de l'évolution de l'environnement. *In :* R. Maire, J.-N. Salomon, S. Pomel (Eds) – *Enregistreurs et indicateurs de l'évolution de l'environnement en zone tropicale*. Espaces Tropicaux n°13, p. 255-273, Presses Universitaires de Bordeaux.

BIRD E.C.F., 1985. *Coastline changes. A global review.* Wiley, Chichester, 219 p.

BRAITHWAITE C.J.R., 1971. Seychelles reefs structure and development. Regional variation in Indian Ocean reefs. *Symp. Zool. Soc. London ;* 28, 39-63.

BRAITHWAITE C.J.R., 1984. Geology of the Seychelles. *In :* D.R. Stoddart (ed.) – *Biogeography and ecology of the Seychelles islands,* La Haye/Boston/Lancaster.

CAMOIN G.F., COLONNA M., MONTAGGIONI L., CASANOVA J., FAURE G., THOMASSIN B.A., 1997. Holocene sea-level changes and reef development in the southwestern Indian Ocean. *Coral Reefs,* 16, 247-259.

CAMOIN G.F., MONTAGGIONI L., BRAITHWAITE C.J.R., 2004. Late glacial to post-glacial sea levels in the western Indian Ocean. *Marine Geology,* 206, 119-146.

CAZES-DUVAT V. & PASKOFF R., 2004. *Les littoraux des Mascareignes entre nature et aménagement.* L'Harmattan, Paris, 186 p.

CILEK K., 1978. Geological investigations on the beaches of Mahe in the Seychelles archipelago. *Casiopis pro mineralogii a geologii,* roc. 23, 2, 149-157.

CAZES-DUVAT V., 1999. *Les littoraux des Iles Seychelles.* L'Harmattan, Paris, 365 p.

DUVAT V., 2007a. *Les littoraux coralliens des petites îles de l'ouest de l'océan Indien.* 1ère Partie – *Géomorphologie. Océanis,* vol. 31-1/2., 191 p. + planches couleur.

DUVAT V., 2007b. Proposition de typologie des plages coralliennes (océan Indien occidental). *Zeitschrift für Geomorphologie.* 51(3), 307-325.

GUILCHER A., 1988. *Coral reef geomorphology.* John Wiley and Sons, Chichester, 228 p.

HASHIMI N.H. & WAGLE B.G., 1987. Seabeds surveys in Victoria harbour, Mahe island, Seychelles. Proceedings of the second national conference on Dock and Harbour Engineering, Madras, p.349-354.

MCDOUGALL I., UPTON G.G.J., WADSWORTH W.J., 1965. A geological reconnaissance of Rodriguez island, Indian Ocean. *Nature,* 206, 26-27.

McLean R.F., Stoddart D.R., Hopley D., Polach H., 1978. Sea level change in the Holocene on the northern Great Barrier Reef. *Phil. Trans. Soc. London,* B, 29, 167-186.

Montaggioni L., 1974. Coral reefs and quaternary shorelines in the Mascarene archipelago, Indian Ocean. *Proc 2nd Intern. Coral Reef Symp.,* Brisbane, 2, p. 579-593.

Montaggioni L., 1978. *Recherches géologiques sur les complexes récifaux de l'archipel des Mascareignes.* Thèse de doctorat sciences, Université d'Aix-Marseille, 2 vol., 524 p.

Montaggioni L., 1979. Application du principe de Bruun à la détermination des variations du niveau marin au cours de l'Holocène : cas des îles Maurice et la Réunion, Océan Indien. *Marine Geology,* 31, 29-38.

Montaggioni L. & Faure G., 1980. *Les récifs coralliens des Mascareignes.* Coll. des Travaux du Centre Universitaire de la Réunion, 151 p.

Neumann A.C., 1971. Quaternary sea-level data from Bermuda. *Quaternaria,* 14, 41-43.

Neumann A.C. & Macintyre I.G., 1985. Reef response top sea level rise : keep-up, catch-up or give-up. *Proc. 5th Intern. Coral Reef Symp.,* 3, p. 105-109.

Plummer Ph., 1996. *Geological evolution of the Seychelles Bank, achievements and prospects.* University of Saint-Andrews.

Stoddart D.R., 1971. Environment and history in Indian Ocean reef morphology. Regional variations in Indian Ocean reefs. *Symp. Zool. Soc. London,* 28, 3-38.

Stoddart D.R., McLean R.F., Hopley D., 1978. Geomorphology of reef islands, northern Great Barrier Reef. *Phil. Trans. R. Soc. Lond.,* Ser. B284, 39-61.

Veeh H.H., 1966. Th 230/U238 and U234/U238 ages of Pleistocene high sea level stand. *Journal Geophys. Res.,* 71, 3379-3386.

4.2. Les avant-dunes

Résumé

L'avant-dune est un terme traduit de l'anglais « foredune », que Roland Paskoff a proposé à partir des années 1995 pour désigner certaines formes éoliennes en contact direct avec les plages. Il en a défini les caractéristiques et souligné leur importance pour le devenir des plages. Dans un premier temps, J. Favennec analyse l'évolution de la pensée de Roland Paskoff à travers ses différentes publications de 1985 à 2005. Il montre comment le changement de terminologie proposé, de la dune bordière à l'avant-dune, correspond à une évolution conceptuelle débouchant concrètement sur de nouvelles stratégies de gestion. Dans un deuxième temps, il a paru intéressant de voir comment les idées de Roland Paskoff pouvaient s'appliquer dans trois régions différentes du littoral atlantique : l'Aquitaine, la Côte d'Opale (France septentrionale) et le Portugal.

Mots-clés : dunes, avant-dune, système plage-dune, échanges sédimentaires, résilience, côte aquitaine, Côte d'Opale, Portugal.

Abstract

Roland Paskoff proposed to use the French word "avant-dune" (equivalent to the English "foredune") to name dunes in direct contact with the beach. He identified their characteristics and emphasized their importance for the beach future. First, J. Favennec analyses the evolution of Roland Paskoff's ideas from 1985 to 2005 and explains that the change of terminology (from "dune bordière" to "avant-dune") expresses a new concept of dune development implying another management strategy. The second part of the chapter presents several cases where Roland Paskoff's ideas have been tested: Aquitaine, north of France and north-west of Portugal.

Key words: dunes, foredune, beach-dune system, sediment exchanges, resilience, Aquitaine, Opal Coast (Northern France), Portugal.

4.2.1. Le concept d'avant-dune dans la pensée de Roland Paskoff

Jean FAVENNEC*
**Responsable de la Mission Nationale Littoral de l ONF*

A. Le point de départ : la dune bordière

Dans la première édition de son ouvrage sur les littoraux (1985), Roland Paskoff décrit la dune bordière : « *Les nebkas buissonnantes qui se forment en arrière de l'estran peuvent se réunir. Leur coalescence donne naissance à une dune bordière, grossièrement parallèle au rivage, qui limite la plage vers l'amont…* ». Le rôle de la végétation est souligné : *« L'aspect du bourrelet dépend des plantes qui le colonisent...* ». Les principaux rôles des dunes bordières sont clairement énoncés : « *La dune bordière constitue un élément essentiel de l'équilibre dynamique d'une plage pour laquelle elle représente une réserve en sable... Elle joue un rôle de pare-chocs contre les fortes vagues. Elle protège de l'inondation...* ».

Roland Paskoff prend aussi position sur la gestion : « *Il est recommandé de recréer... la dune bordière là où elle a été détruite, de la restaurer là ou elle a été dégradée, de la sauvegarder où elle est encore intacte* ». Des techniques sont proposées : plantation d'Oyats, fascines et clayonnages, filets de nylon… Le recours au bulldozer n'est pas exclu : «*Pour reprofiler une dune bordière dont le versant ouest au vent est trop abrupt... un reprofilage mécanique est préférable à l'enrochement* ».

B. La dune bordière dans l'équilibre sédimentaire des plages

Dans un article publié dans La Recherche (1989), Roland Paskoff rappelle les origines des dunes bordières : *« Le point de départ de la formation d'une dune bordière est la colonisation par les plantes annuelles... d'une accumulation de sable par les vagues sur une plage au niveau des plus hautes mers* ». Elle s'exhausse « *par des apports éoliens de sable que retient une végétation progressivement diversifiée... Des monticules se développent... ils prennent la forme d'un bourrelet continu, au profil transversal à peu près symétrique...* ».

Puis il note le rôle de « *volant de sécurité* » de cette « *pièce essentielle de l'équilibre sédimentaire des plages* ». En raison de *« la solidarité étroite qui unit la plage et la dune bordière », « la réhabilitation des dunes bordières représente une nouvelle stratégie dans la lutte contre l'érosion des plages... solution douce qui peut se substituer aux enrochements* ». Il signale que des erreurs sont parfois commises par manque de connaissance des processus : *« La dune bordière est une forme instable... on tend trop souvent à l'utiliser comme un moyen de défense statique, à l'image des enrochements* ». Il en déduit des principes *: «Les dunes qui bordent les plages ont un comportement dynamique qu'il faut respecter et non contrarier... La dune bordière étant solidaire par des échanges de sédiments de la plage à laquelle elle est associée, si celle ci recule, celle là doit pouvoir aussi se replier* ».

Dans cet article destiné au grand public, Roland Paskoff reste sur une approche générale de la « *dune bordière* ». Ainsi, le bourrelet dunaire qui longe les plages d'Aquitaine est globalement considéré comme une dune bordière : *« La dune bordière de la côte aquitaine, longue de 230 km, joue un rôle capital pour la protection de la forêt... Large d'une centaine de mètres, haute d'une dizaine de mètres, elle a été artificiellement exhaussée au 19ème siècle...* ». Plus tard, il insistera sur la nécessaire distinction entre un bourrelet dunaire qui borde la plage et une « *avant-dune* » proprement dite.

C. Nécessité d'une typologie géomorphologique des milieux dunaires européens et introduction du concept d'avant-dune

Le projet de *Biodiversité et protection dunaire* coordonné par l'ONF de 1993 à 1996, a bénéficié d'un financement européen – Life-Environnement – pour mettre au point et diffuser les savoir-faire en matière de gestion des dunes boisées et non boisées. La mise en place d'un comité de suivi scientifique, composé notamment des Français Pierre Barrère et Roland Paskoff, du Néerlandais Franck van der Meulen et de la Portugaise Helena Granja, fut l'occasion pour l'ONF d'approfondir ses contacts en direction des chercheurs.

Dans le cadre de ce projet, Roland Paskoff a établi un rapport sur la « *Typologie des milieux dunaires européens* » dont les principaux éléments sont publiés en 1997. Dans ce travail, il précise le concept d'avant-dune qui doit être distingué du vocable de dune bordière car, « *Une certaine confusion règne dans la terminologie courante des formes dunaires... Il convient de préciser les conditions de formation des différents types de dune et de caractériser les modalités de leur évolution...* ». Dans le chapitre « *Les dunes en bordure des plages* », il distingue quatre grandes catégories : les avant-dunes, les cordons dunaires artificiels, les falaises dunaires et les dunes perchées. Cette subdivision permet de bien identifier ce qu'est, et ce que n'est pas, une avant-dune proprement dite. Dans un souci d'harmoniser le vocabulaire au niveau européen, les dénominations anglo-saxonnes sont données.

« *Une avant-dune (*foredune*) se rencontre en association avec une plage sous la forme d'un cordon sableux parallèle au trait de côte, couvert de plantes, généralement haut de quelques mètres, mais parfois plus, souvent large de plusieurs dizaines de mètres... Elle est constituée par du sable que le vent enlève par déflation sur la plage et dont il se déleste en arrière d'elle, là où les plantes freinent sa vitesse. Pendant les tempêtes, la mer peut non seulement éroder la plage, mais aussi attaquer l'avant-dune. Elle y prélève du sable pour le déposer en partie sur l'avant-plage sous la forme de barres qui... mettent celle-ci à l'abri d'une érosion plus grande. Le sable ainsi enlevé sera postérieurement remplacé par de nouveaux apports éoliens à l'occasion des périodes de beau temps... à partir des sédiments de l'avant-plage... Le propre d'une avant-dune est de constituer une unité morphologique clairement définie... Son originalité est aussi d'appartenir à un système sédimentaire l'associant étroitement à la plage et à l'avant-plage par des échanges sédimentaires réciproques. L'avant-dune correspond à une dune primaire entravée (*impeded primary dune*)* ».

Dans « *les étapes de formation des avant-dunes* », sont définis les différents stades observables. Au départ, c'est une banquette basse à *Elymus farctus* (synonyme de *Agropyron junceum*). Puis « *avec l'apparition d'Ammophila arenaria... la formation de tas de sable linguiformes du type nebka (*shadow dune*)... qui ont tendance à s'élever, à s'élargir et à se réunir pour former progressivement une accumulation continue... C'est le stade de l'avant-dune embryonnaire (*embryo foredune *ou* incipient foredune) (fig. 44 et 45). Quand le bourrelet est continu, assez haut et large, *« l'avant-dune atteint le stade de son plein développement (*established foredune*) »*.

1 : Nebkas coalescentes ; 2 : Avant-dune embryonnaire; 3 : Avant-dune établie *1. Coalescent nebkhas; 2. Incipient foredune; 3. Established foredune* (Photos : R. Paskoff)

Fig. 44– Slettestrand, côte ouest du Jutland
Fig. 44 *– Slettestrand, western coast of Jutland*

Fig. 45 – Santec, Bretagne : avant-dune précédée par une dune embryonnaire
Fig. 45 *– Santec, French Bretagne: embryo dunes in front of a foredune*

« Les avant-dunes sont des formes dynamiques... Le paramètre fondamental en jeu est le budget sédimentaire de la plage... Plusieurs cas de figure sont possibles... » (fig. 46).

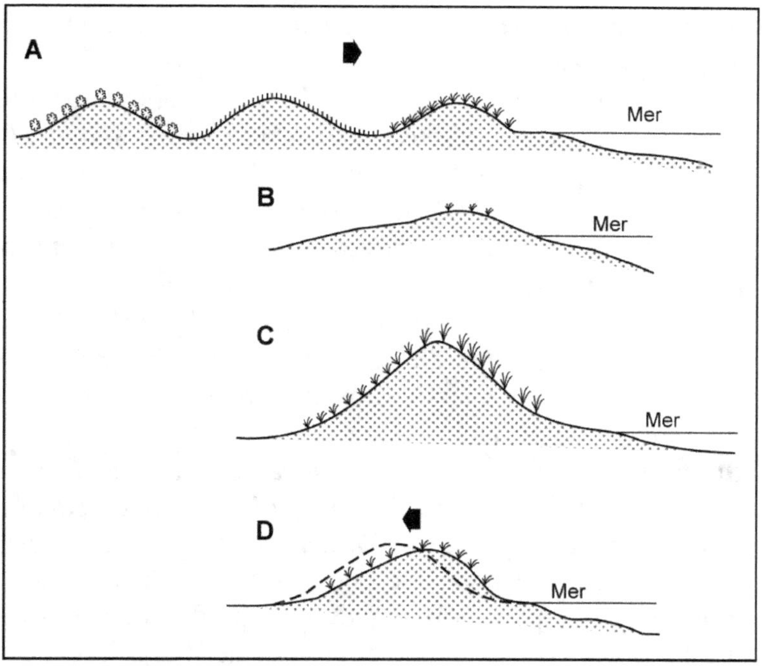

Fig. 46 – Évolution d'une avant-dune en relation avec le budget sédimentaire de la plage à laquelle elle est associée (Paskoff, 1997)

***Fig. 46** – Evolution of a foredune according to the sediment budget of the associated beach (Paskoff, 1997)*

A. Budget positif : formation d'avant-dunes successives ; B. Budget négatif : pas de véritable avant-dune ; C. Budget sédimentaire équilibré : avant-dune stable et bien développée ; D. Budget sédimentaire légèrement négatif : avant-dune migrante.

A. Positive budget: development of successive foredunes; B. Strongly negative budget: absence of true foredune; C. Balanced sediment budget: stable well-established foredune; D. Slightly negative sediment budget: migrating foredune.

Les dunes qui bordent les plages et ne sont pas considérées comme des avant-dunes sont également caractérisées :

- **Les cordons dunaires artificiels** : « *La côte aquitaine, en France, donne un très bon exemple d'une dune continue, parallèle à une* *longue plage, qui est le résultat d'une entreprise humaine (*artificially inseminated dunes*)...* ».

- **Les falaises dunaires** : « *Les falaises dunaires (*sandy cliffs*) ne sont pas des avant-dunes à proprement parler. Elles correspondent à des escarpements taillés par l'érosion marine dans des dunes anciennes qui ne sont plus actives et qui sont fixées par la végétation (*residual dunes*)...* ». Des erreurs d'interprétation de ces faciès ont parfois conduit à des erreurs de gestion : « *Sur une falaise dunaire, les conditions sont très défavorables à la présence de végétation... Aussi est-il bien évidemment inutile... de mettre en place des brise-vent et de planter des Oyats sur les falaises de sable, interprétées à tort comme des avant-dunes endommagées...* ».

- **Les dunes perchées** : « *On peut trouver au sommet des falaises dunaires des accumulations actuellement alimentées en sable par le vent qui le prélève aussi bien sur l'estran que sur l'escarpement lui-même. Elles forment des dunes perchées (*cliff top dunes ou climbing dunes*)...* ». Des exemples extrêmes de ce type de dune sont cités, la dune du Pilat sur la côte aquitaine et la dune de Rubjerg Knude sur la côte nord-ouest du Jutland au Danemark.

Le projet *Biodiversité et protection dunaire* étant fortement destiné à relier connaissance et gestion, R. Paskoff propose des mesures de « *sauvegarde et entretien des avant-dunes* ». À cette occasion, il redit le rôle des avant-dunes et les précautions à respecter : « *L'avant-dune correspond à une construction mouvante dans sa forme et dans sa position... Son équilibre est dynamique, tout comme l'est celui de la plage à laquelle elle est associée... La propension est de restaurer les avant-dunes là ou on voudrait qu'elles soient et non là ou elles se forment spontanément... En résumé, il est absolument nécessaire de permettre aux avant-dunes, dynamiques par nature, d'évoluer librement aussi bien dans leur forme que dans leur localisation et de garantir leur solidarité avec les plages qui les bordent* ».

Dans le chapitre *Essai de typologie des ensembles dunaires de l'Europe occidentale*, la particularité des cordons dunaires de méditerranée est abordée : « *Les dunes de lido de type méditerranéen apparaissent bien chétives si on les compare aux dunes de la façade atlantique de l'Europe. Elles correspondent le plus souvent à de petites avant-dunes, de quelques mètres de haut... localisées sur des cordons littoraux qui isolent des lagunes. Elles souffrent de conditions naturelles... et humaines... très défavorables à leur développement et à leur conservation... Il est impératif de sauvegarder et de restaurer ce qu'il en reste* ».

D. La critique du terme de dune bordière et le choix d'une nouvelle terminologie

Dans la dernière édition de son ouvrage fondamental sur les littoraux (1998), Roland Paskoff précise le vocabulaire. Il remplace « *dunes bordières* » par « *dunes de première ligne* », car « *on confond trop souvent sous cette appellation unique des formes qui sont en fait différentes* ». Il distingue notamment les « falaises dunaires » qui entaillent un bourrelet sableux d'origine ancienne, et sans relations fonctionnelles actives avec la plage : « *Les avant-dunes ne doivent pas être confondues avec les falaises dunaires. Celles-ci bordent aussi des plages, mais il s'agit d'escarpements sableux taillés par l'érosion marine, sur une côte en recul, aux dépens de dunes anciennes... Le vent n'a aucun rôle dans la genèse de telles formes...* ». Ce souci de bien distinguer les vraies dunes bordières des dunes qui sont en bordure lui tenait à cœur, c'est pourquoi il a considérablement réduit l'extension de ces « *dunes de première ligne* », ou *« avant-dunes* »... Ainsi, les dunes qui bordent les plages d'Aquitaine ne seront plus, en majeure partie, considérées par lui comme des avant-dunes : « *En partant du rivage, on rencontre d'abord un bourrelet sableux de 10 à 15 mètres de haut... il s'agit d'une construction artificielle due à l'homme. Sur ce littoral caractérisé par un recul généralisé... il n'existait pas de véritable avant-dune à l'état naturel...* ».

Ce thème de qualification morphodynamique des dunes bordières était l'un de nos sujets de réflexion, de discussion, et parfois de désaccord, mais de ce type de désaccord qui stimule la recherche et aide à progresser. En Aquitaine, l'action de l'Homme a été forte et l'érosion est dominante. Cependant, si dans certains secteurs de côte le recul est chronique et la mer « *cannibalise* » (comme disait R. Paskoff) un stock de sédiments plus anciens, d'autres secteurs connaissent des phases de répit suffisant pour que se développent de vraies avant-dunes, atteignant sur certaines parties de la côte des volumes et une durabilité conséquents. Dans le cadre de l'Observatoire de la côte aquitaine, en se fondant sur les apports de R. Paskoff, l'ONF a défini une typologie de ces avant-dunes utilisées comme indicateurs des dynamiques en cours et prévisibles (voir ci-après le cas des avant-dunes de la côte aquitaine).

E. L'aboutissement : caractérisation et gestion des avant-dunes

Dans un article de la revue *Sécheresse* (2005), Roland Paskoff reprend les apports antérieurs sur la définition, la dynamique et les recommandations de gestion des avant-dunes. Au sujet des cordons dunaires *artificiels* de la côte aquitaine, il introduit le terme de « *manipulé* » qui nuance une réalité complexe dans laquelle interfèrent en permanence les processus naturels et l'action de l'homme.

Les différents types d'évolution d'une avant-dune sont de nouveau détaillés, en lien avec un paramètre fondamental – le budget sédimentaire de la plage – et un paramètre moins important – le comportement du niveau marin –. Un rôle croissant est accordé aux fluctuations du niveau marin par rapport aux articles antérieurs.

- « *Si le budget sédimentaire de la plage est positif et si le niveau marin est stable ou en cours d'abaissement, la plage prograde… les conditions sont réunies pour que se développe une série d'avant-dunes parallèles…*
- *Si le budget sédimentaire de la plage est très négatif et si à cette situation s'ajoute le facteur aggravant d'un niveau de la mer en cours d'élévation, le trait de côte recule rapidement… et il est impossible pour une véritable avant-dune de se former…*
- *Si le budget sédimentaire de la plage est équilibré et si le niveau de la mer ne varie pas, le trait de côte est stable dans sa position, tout comme l'est l'avant-dune qui est alors bien développée.*
- *Si le budget sédimentaire de la plage est légèrement négatif et si le niveau de la mer à tendance à s'élever, situation aujourd'hui fréquente sur les côtes, le trait de côte recule par à-coups à l'occasion des grandes tempêtes et l'avant-dune l'accompagne dans son repli… sans que sa forme, ni son volume n'en soient sensiblement modifiés… Ce comportement*

régressif de l'avant-dune devrait être renforcé dans les décennies à venir en liaison avec l'accélération de la hausse du niveau marin attendue au cours du XXIe siècle. »

Un développement est consacré à l'importance de la végétation dans la genèse des avant-dunes : « *La végétation mérite une mention spéciale car, sans elle, une avant-dune n'existerait pas. C'est elle qui retient, immédiatement en arrière de la plage, le sable transporté par le vent...* ». Le rôle majeur de l'Oyat est mis en exergue : « *Les côtes occidentales de l'Europe occidentale sont caractérisées par la présence d'une espèce,* Ammophila arenaria *ou Oyat, qui est une excellente fixatrice du sable et qui explique l'existence d'avant-dunes bien développées sur les rivages de ce continent...* ». Suit un examen rapide des avant-dunes sous d'autres climats que celui de l'Europe occidentale, qui confirme le rôle clé de la végétation. « *Dans les régions tropicales à saison pluvieuse,* Ipomoea pes-caprae, *crée des avant-dunes très surbaissées. La sécheresse ralentit la végétation psammophile... l'avant-dune se résout alors en un groupement de nebkas, plus ou moins hautes, isolées les unes des autres, comme on peut en voir sur la côte atlantique du Maroc. Sur les littoraux désertiques, l'absence totale de plantes, fait que l'avant-dune n'existe pas...* ».

Cet article constitue une synthèse des enseignements de Roland Paskoff sur la question des avant-dunes. Il se termine par « *un message aux gestionnaires* », conforme à sa préoccupation constante de relier la connaissance scientifique et les pratiques de gestion : « *Une avant-dune en bon état n'empêche pas l'érosion de la plage si celle-ci a un budget sédimentaire négatif, mais sa dégradation l'accélère... Il faut que les gestionnaires se persuadent qu'une avant-dune dynamique par essence, doit pouvoir évoluer librement, aussi bien dans sa forme que dans sa localisation, afin qu'elle puisse continuer à jouer le rôle de volant sédimentaire pour la plage à laquelle elle est associée et de biotope pour une flore originale...* ».

Références bibliographiques

PASKOFF R., 1985. *Les littoraux, impacts des aménagements sur leur évolution*, 1ère édition, Paris, Masson, 184 p.

PASKOFF R., 1989. Les dunes du littoral. *La Recherche*, 212, 888-896.

PASKOFF R., 1997. Typologie géomorphologique des milieux dunaires européens. *In :* J. Favennec et P. Barrère (coord.) – *Biodiversité et protection dunaire* – ONF, Lavoisier Tec et Doc, p. 198-219.

PASKOFF R., 1998. *Les littoraux, impacts des aménagements sur leur évolution,* 3ème édition, Paris, Armand Colin, 260 p.

PASKOFF R., 2005. Caractérisation et gestion d'un type de dune littorale : les avant-dunes, *Sécheresse,* 16, 4, 247-253.

4.2.2. Études de cas : le concept d'avant-dune appliqué à différents milieux côtiers

4.2.2.1. Les avant-dunes de la côte aquitaine, indicateurs de tendance évolutive

Jean FAVENNEC*

**Responsable de la Mission Nationale Littoral de l'ONF*

Introduction

Dans le cadre de l'Observatoire de la côte aquitaine, en collaboration avec le BRGM, l'ONF gestionnaire de la majeure partie des dunes littorales de cette région, s'est appuyé sur la valeur indicatrice des zones de contact entre plages et dunes pour établir divers scénarios évolutifs de la dynamique de cette vaste côte sableuse. En dehors des secteurs estuariens, trois grands types de situation se présentent : des tronçons de côte en recul fort et chronique présentant en permanence un contact en falaise ; des tronçons de côte stables dans le moyen terme ; des tronçons de côte avec alternance entre phases d'érosion marine et phases de répit. Les deux derniers types sont caractérisés par la présence d'avant-dunes. Selon un gradient croissant de la durée de la phase de répit et du volume de transit sableux, on peut distinguer divers types d'avant-dunes.

A. Les avant-dunes précaires, comblant partiellement d'anciennes entailles d'érosion marine

Le corps de cette unité est identifiable par rapport au cordon littoral. Il résulte d'apport de sable depuis la plage par le vent et ne doit pas être confondu avec les cônes d'éboulement de falaises en cours de régularisation. Ce type d'avant-dune est lié à des phases de répit d'érosion marine d'assez courte durée. Elles n'atteignent ni un grand développement en surface et longueur, ni un stade de grande maturité (fig. 47 et 48).

Fig. 47 – Naujac, Gironde, mai 2001: Avant-dune précaire en appentis.
Fig. 47 *– Naujac, Gironde, may 2001: precarious leaning foredune.*
Photo : G. Février

Fig. 48 – Lacanau (l'Alexandre), Gironde : Avant-dune précaire qui comble partiellement une ancienne entaille marine.
Fig. 48 *– Lacanau (l'Alexandre), Gironde: a precarious foredune, which partially fills in a marine gap*
Photo : J. Favennec, février 2001

B. Les avant-dunes établies, comblant durablement une ancienne entaille d'érosion marine (fig. 49 et 50)

L'ancienne entaille d'érosion marine est comblée par une avant-dune bien établie.
The previous marine gap has been filled in with a well-established foredune.

Fig. 49 – Mimizan, Landes
***Fig. 49** – Mimizan, Landes*
Photo : J. Favennec

Une ancienne entaille d'érosion marine partiellement rechargée. La partie haute présente des nebkas à Oyat, amorces de la dune blanche.
A marine gap was partially filled in. In the upper part nebkas are covered with marram and prefigure the white dune.

Fig. 50 – Entre Carcans et Hourtin, Gironde.
***Fig. 50** – Between Carcans and Hourtin, Gironde.*
Photo : J. Favennec, mai 1978

Pour se développer, ce type nécessite une assez longue phase de stabilité du budget sédimentaire, sans érosion marine. C'est un bourrelet nettement individualisé, continu et assez volumineux. Il débute par une banquette à *Agropyron*, puis se « dunifie » par blocage de sable en transit par la couverture végétale (fig. 51 et 52).

Fig. 51 – Le Porge (Cantine nord), Gironde
Fig. 51 *– Le Porge (North Cantine), Gironde*
Photo : J. Favennec, décembre 2000

Engraissement du haut de plage, active colonisation par l'Agropyron. C'est le stade natif, il y a encore confusion possible entre haut de plage et avant-dune.
Aeolian accumulation and Agropyron spreading on the upper beach. At this incipient stage it is still possible to confuse the upper beach and foredune.

Fig. 52 – Le Porge (Cantine nord), Gironde
Fig. 52 *– Le Porge (North Cantine), Gironde*
Photo : J. Favennec, juin 2006

Stade plus évolué du même type d'avant-dune ; une puissante banquette continue à s'épaissir et commence à être colonisée par l'Oyat.
More advanced stage of the same type of foredune: a massive bench gets thicker and is going to be covered with marram.

C. Les avant-dunes établies constituant un bombement frontal : avant-dunes superposées et juxtaposées

Sur les sites qui connaissent de longues périodes à bilan sédimentaire équilibré ou positif, l'avant-dune est continue et volumineuse. Souvent, elle est étroitement liée au corps principal du cordon dunaire, sous forme de bombement frontal, accumulation récente de sable superposée au glacis externe des cordons issus de calibrages anciens. Parfois, elle est bien individualisée, juxtaposée en avancée par rapport au pied du cordon principal (fig. 53 et 54).

Fig. 53 – Lège Cap-Ferret (Gironde), au nord du Truc Vert.
***Fig. 53** – Lège Cap-Ferret (Gironde), north of Truc Vert.*
Un apport sableux récent, depuis la plage, masque partiellement le versant externe de la dune anciennement calibrée. Ici, l'avant-dune n'est pas nettement individualisée, mais plutôt superposée.
A recent sand accumulation from the beach partially hides the marine dune front. The foredune is not well distinct.
Photo : J. Favennec, 1998

Fig. 54 – Seignosse-le-Penon (Landes)
***Fig. 54** – Seignosse-le-Penon (Landes)*
Avant-dune bien individualisée qui recouvre le pied du versant externe d'un cordon anciennement calibré.
A distinct foredune covers the external front of a previously calibrated sand dune.
Photo : Jean Favennec, 1997

4.2.2.2. Les avant-dunes de la côte d'Opale (Nord-Pas-de-Calais)

Yvonne BATTIAU-QUENEY*
**Professeur de Géographie, HALMA-IPEL, UMR 8164, Université de Lille 1-USTL et EUCC-France*

A. Généralités

Le suivi des dunes littorales de cette région, depuis près de 15 ans, confirme le rôle essentiel de l'avant-dune dans la dynamique du trait de côte et l'équilibre sédimentaire des plages associées. La côte d'Opale est jalonnée de nombreuses stations balnéaires, mais elle garde encore de beaux tronçons de dunes et de plages où il est possible d'observer les processus naturels. Tout ce qui a été dit par Roland Paskoff dans ses nombreux articles traitant des dunes et des plages trouve des applications sur la côte d'Opale. Il n'y a donc pas lieu de répéter ce qui a été présenté ci-dessus par Jean Favennec. On insistera plutôt sur les particularités des dunes du Nord-Pas de Calais, tant dans leur morphologie que leur évolution.

La côte d'Opale possède tous les atouts nécessaires à la formation de belles avant-dunes : des vents de secteur ouest soufflant vers la terre, des plages de sable fin offrant à marée basse de très larges surfaces de déflation, une végétation psammophile prête à coloniser rapidement le sable sec. Ces trois conditions n'ont pas toujours été réunies. Il y eut des périodes, spécialement pendant le Petit Âge Glaciaire, où la mobilité du sable était telle que les espèces pionnières ne pouvaient s'implanter durablement près de la plage : le sable était transporté loin à l'intérieur des terres en grandes dunes mobiles, souvent de formes paraboliques. Il est difficile de faire la part des facteurs naturels et des facteurs anthropiques dans le changement qui s'est opéré au XXe siècle. Toujours est-il que l'on assiste à un développement remarquable de l'avant-dune. À Wissant, elle est bien établie dès le début du siècle, comme on peut le voir sur des photos d'époque, au moment de la construction du Grand Hôtel. Son édification semble un peu plus tardive à Hardelot où les grandes dunes paraboliques sont encore en liaison directe avec la plage sur une photo aérienne de 1929. À Merlimont, l'avant-dune haute de plus de 20 m et relativement continue, telle qu'on la voit aujourd'hui, n'est apparue que dans les années 1950.

Il n'est pas toujours facile de localiser précisément le trait de côte (limite entre terre et mer) sur ces plages macrotidales. En raison de l'ampleur des marées (de 5 à plus de 9 m selon les sites), les bermes (talus formé par les vagues déferlantes) sont absentes des plages de sable. Les vagues déferlantes n'ont pas le temps d'en façonner, car la zone de swash (jet de rive suivi du retrait de la vague) se déplace sur plusieurs centaines de mètres deux fois par jour. Il y a donc, en règle générale, un passage très progressif de la plage façonnée par la mer (l'estran) à celle façonnée par le vent (fig. 55).

Fig. 55 – Bray-Dunes, plage et dune du Perroquet

Fig. 55 *– Bray-Dunes, the beach and Perroquet Dune*

Il n'y a pas de limite nette entre l'estran et le haut de plage colonisé par des plantes pionnières (*Cakile maritima* et quelques plans d'*Elymus farctus*). Dans ce type de configuration, le trait de côte est difficile à localiser avec précision. En arrière plan, un blockhaus français de la 1ère Guerre Mondiale est dans une position inchangée depuis près d'un siècle, prouvant la stabilité remarquable de cette côte.

The intertidal area passes imperceptibly to the upper beach, which is sparsely covered with pioneer plants. Here the shoreline is not easily localized. In the background a French bunker dating from the First World War was in the same place 90 years ago, proving the shoreline stability in this area.
Photo : Y. Battiau-Queney, 16 juin 2003

B. Typologie morphologique des dunes « bordières » de la côte d'Opale

En 1989 déjà, Roland Paskoff insistait sur « l*a solidarité étroite qui unit la dune bordière et la plage* » et en 1997, il écrivait que « *le paramètre fondamental en jeu est le budget sédimentaire de la plage* ». C'est le critère le plus pertinent pour établir une typologie des dunes bordières (*sensu lato*), car il détermine à la fois leur morphologie et leur évolution. La côte d'Opale offre ainsi trois types de situation : 1) les plages dont l'engraissement (élévation du niveau du sable par « accrétion ») s'accompagne d'une tendance à la progradation (avancée vers la mer) de l'avant-dune ; 2) les plages en équilibre ou quasi équilibre sédimentaire associées à des avant-dunes à forte résilience ; 3) les plages en érosion associées à des falaises sableuses.

1. Les avant-dunes progradantes

L'un des plus beaux exemples se trouve à l'est de Calais sur le site du « Fort-Vert » (commune de Marck) qu'avait visité Roland Paskoff en juin 2004 (fig. 56). Dans ce secteur, le trait de côte s'est déplacé vers la mer de plus de 2 km depuis l'époque gallo-romaine. De 1947 à 2000, l'avancée s'est faite au rythme de 3 à 4 m par an (Tekin, 2004). Dans une telle dynamique, il est intéressant de voir comment se fait la progradation dunaire.

Fig. 56 – Le site du Fort Vert
***Fig. 56** – Fort-Vert Beach*
Dunes embryonnaires en archipel visitées par Roland Paskoff (sur la photo) en juin 2004. Ces dunes se forment dans la zone balayée par la marée. En prélevant les grains fins, le vent laisse en surface, tout autour des dunes, un tapis de coquilles. Localement, le pied des dunes peut être façonné en micro-falaise, mais le gros de la dune résiste aux vagues grâce à l'armature serrée des rhizomes d'Agropyron.
Embryo dunes were visited by Roland Paskoff in June 2004. They form in the intertidal zone and resist to sea erosion thanks to the thick rhizome system of Agropyron.

Au Fort Vert, les premières constructions dunaires naissent dans la zone périodiquement recouverte par la marée, sous la forme de petits monticules grossièrement circulaires, hauts de quelques décimètres à deux mètres (Tekin, 2004). Ces dunes embryonnaires émergent à marée haute à la façon d'un archipel (fig. 57). Elles sont armées d'un lacis de rhizomes d'Agropyron résistants aux vagues. Au Fort Vert, l'estran très large (plus d'un kilomètre) et peu pentu (moins de 0,5 %) freine considérablement les vagues incidentes dont l'énergie se dissipe rapidement. Les rhizomes naissent plus haut et se propagent linéairement vers la mer. Ici c'est donc une plante pérenne, *Elymus farctus* (l'Agropyron ou chiendent des sables), qui apparaît en position pionnière dans la zone de swash. Par coalescence, ces monticules finissent par construire une banquette, prémices d'un futur bourrelet dunaire qui va se former en avant du précédent et que colonise l'oyat (*Ammophila arenaria*).

Malgré l'originalité de la genèse de ces dunes, la terminologie proposée par Roland Paskoff peut très bien s'appliquer ici : le nouveau bourrelet à oyat est une « *avant-dune naissante* ». L'« *avant-dune établie* », située en arrière, est haute de quelques mètres et porte une couverture dense d'oyat. Plus en arrière, on trouve une série de cordons parallèles de hauteur croissante, mais toujours inférieure à la dizaine de mètres. Le vent s'engouffre dans les siffle-vent entaillant le premier cordon, puis dans les couloirs longitudinaux qui se colmatent peu à peu en s'éloignant de la plage. Le remplacement de l'oyat par l'argousier (*Hippophae rhamnoides*) traduit la stabilisation naturelle de ces formes, quand on s'éloigne de la plage.

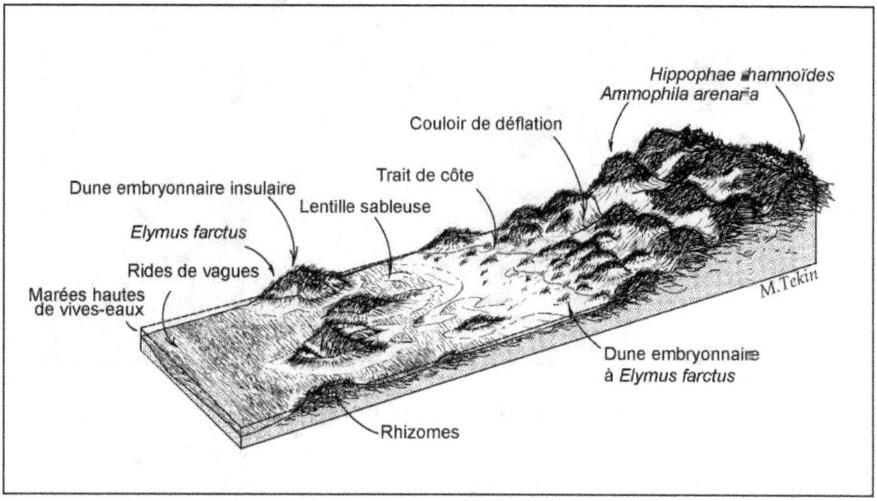

Fig. 57 – Dunes embryonnaires et avant-dunes sur le site du Fort Vert (Source : M. Tekin, 2004)
***Fig. 57** – Location and development of embryo dunes and foredune at Fort Vert Beach (source : M. Tekin, 2004)*

Dans ce type de dynamique, l'avant-dune évolue très rapidement par accolement de cordons successifs accompagnant l'accrétion de la plage. Un phénomène semblable s'observe sur la plage nord du Touquet, mais la progression de la côte vers la mer, là aussi concomitante de l'expansion des rhizomes d'Agropyron (fig. 58), et le bel agencement des cordons successifs, sont quelque peu contrariés par la destruction ou le remodelage des édifices dunaires naissants lors de chaque épisode de la course motocycliste de l' « *Enduro* », devenue « Enduropale » depuis 2006. Néanmoins, l'abondance sédimentaire est telle que ces interventions ne réussissent pas à renverser la tendance naturelle à la progradation.

Fig. 58 – Le Touquet, sud du banc du Pilori

***Fig. 58** – Le Touquet Beach south of Pilori sand bar*

Dans ce secteur, le vent accumule des quantités considérables de sable. Les dunes embryonnaires forment des monticules convexes colonisés par l'Agropyron (*Elymus farctus*). Les rhizomes se propagent linéairement vers la mer, à partir de l'avant-dune naissante.

Here, great quantities of sand are blown and trapped. Embryo dunes are covered with Agropyron (Elymus farctus). Linear rhizomes spread seaward from the incipient foredune.

Photo : Y. Battiau-Queney, 30 mars 2006 (marée d'équinoxe, coefficient 115)

2. Plages et avant-dunes à forte résilience

Dans une situation de relative abondance sédimentaire, telle qu'on la trouve fréquemment sur la côte d'Opale (*cf.* ci-dessus), les dunes jouent pleinement leur rôle de volant de réserve dans l'équilibre des plages, comme l'a souligné à maintes reprises Roland Paskoff (1989, 1997, 1998, 2005). Tout commence par les dunes embryonnaires colonisées par les plantes pionnières. C'est une espèce annuelle, *Cakile maritima,* qui caractérise les plages soumises à une dynamique marine trop vigoureuse pour que survivent les rhizomes de l'Agropyron. Les touffes de *Cakile maritima* naissent au-dessus de la laisse des hautes mers (fig. 59) et piègent le sable comme des nebkas. Beaucoup de ces petites dunes seront détruites par la première tempête, mais certaines résisteront assez longtemps pour être colonisées par l'Agropyron et former une banquette en haut de plage (fig. 60). L'une des particularités des plages nordistes est que le sable soufflé depuis l'estran à marée basse est parfois si abondant qu'il s'accumule en bourrelet au pied de l'avant-dune, sans être immédiatement colonisé par la végétation (fig. 61). Alors que les dunes embryonnaires classiques sont, selon la formule de Roland Paskoff, des formes « *entravées* » par la végétation, ces prismes d'accrétion éolienne sont nus, car le dépôt du sable est dû au seul ralentissement mécanique du vent au pied de l'obstacle créé par la dune. Ils peuvent se former très rapidement en un seul épisode venteux. Ces bourrelets coexistent parfois avec des formes d'abrasion éolienne juste au-dessus, sur le versant dunaire. Cela traduit les variations très rapides de la vitesse du vent, variations qui ont été effectivement mesurées sur le terrain et que peut expliquer la mécanique des fluides.

Fig. 59 – Dunes embryonnaires de Merlimont
Fig. 59 *– Embryo dunes of Merlimont Beach*
Photo : Y. Battiau-Queney, 30 juillet 2001

Dunes embryonnaires à *Cakile maritima.* L'accumulation du sable se fait de deux façons : elle accompagne la croissance de la végétation en hauteur et forme une langue sous le vent de l'obstacle ainsi créé.
Embryo dunes with Cakile Maritima. *Sand accumulation goes with the plant growing and gives a tongue on the lee-side of it.*

Fig. 60 – Dunes d'Ecault, au nord d'Hardelot
Fig. 60 *– Ecault Dune, North of Hardelot*
Photo : Y. Battiau-Queney, 2 mai 2006

Banquette à Agropyron formée par coalescence de dunes embryonnaires. L'avant-dune établie porte une couverture dense d'oyat, sauf dans les siffle-vent et cuvettes de déflation.
An Agropyron bank formed from coalescent embryo dunes. The established foredune bears a dense Ammophila cover except in troughs and blowouts.

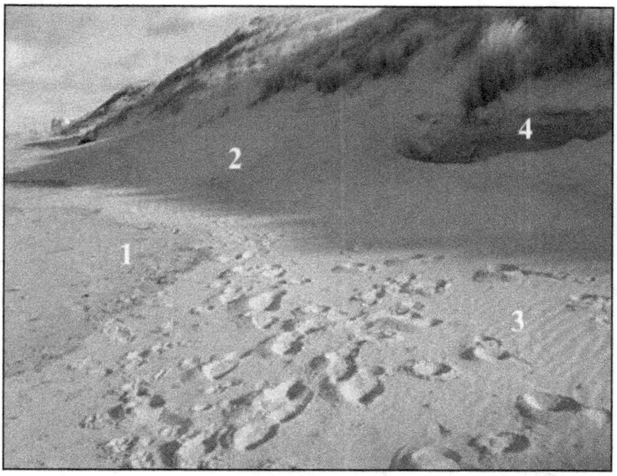

Fig. 61 – Bourrelet d'accrétion éolienne, Merlimont
***Fig. 61** – Aeolian accumulation, Merlimont beach*
Photo : Y. Battiau-Queney, 2 mars 2006, coefficient 116

Les traces de swash (1) et les rides éoliennes (3) montrent que la mer n'a pas atteint le pied de l'avant-dune. Il présente un profil concave marqué, à sa base, par une forte accumulation éolienne (2) qui a presque recouvert une ancienne falaise marine (4) due à une tempête.
Swash tracks (1) and aeolian ripples (3) prove that the sea did not reach the dune foot. The foredune concave profile is due to a thick aeolian deposit (2), which partly buried a sea-cliff (4), which formed in a previous storm event.

D'une façon générale, le profil du versant dunaire qui regarde la plage enregistre les effets d'une triple dynamique, marine, éolienne et végétale. Comme ces dynamiques varient d'un cycle de marée à l'autre et d'une année à l'autre, le profil change constamment, passant de celui d'une falaise sableuse après qu'une grosse tempête (ou une succession de tempêtes) se soit produite par grande marée, à celui d'un versant à banquette ou à bourrelets d'accrétion accolés (fig. 62 et 63). Seul un suivi pluriannuel permet d'appréhender la rapidité des ajustements morphologiques de l'avant-dune qui sont dus aux échanges sédimentaires incessants entre la plage et la dune bordière (Battiau-Queney, 2004).

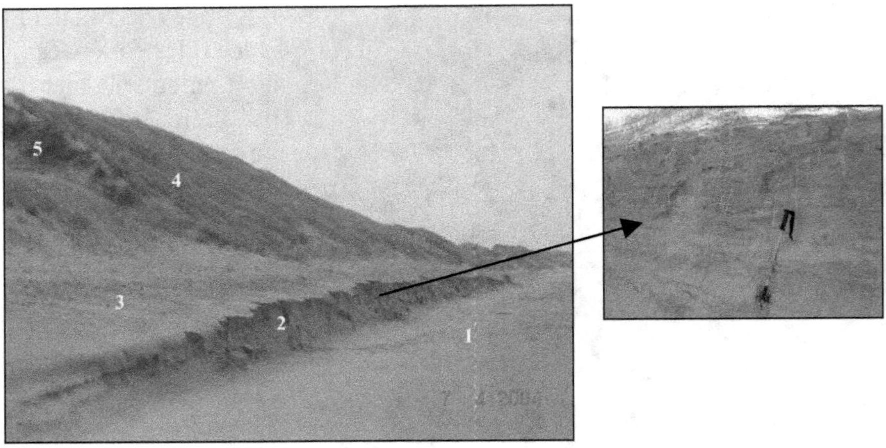

Fig. 62 – Merlimont : juxtaposition de formes d'érosion et d'accumulation sur le même site enregistrant les échanges sédimentaires plage-dune

***Fig. 62** – Merlimont: juxtaposed erosion and accumulation forms testify to continous sediment exchanges between the beach and dune*

Les vagues déferlant sur l'estran (1) et la baisse brutale de la pression hydrostatique à marée descendante ont créé une falaise (2) dans un gros bourrelet d'accumulation éolienne (3 et photo ci-dessous) formé au pied de l'avant-dune (4) creusée d'une ancienne cuvette de déflation en partie végétalisée (5).

Breaking waves (1) have carved a cliff (2) in a former eolian deposit (3 and secondary picture), which formed at the foredune foot (4). A small blowout (5) is partially covered with Ammophila.

Photos : Y. Battiau-Queney, 7 avril 2004, coefficient 106

Fig. 63 – Merlimont. Changements morphologiques à court terme
Fig. 63 – *Merlimont Beach, rapid morphological changes*
Même site que la figure 62, un an après. On retrouve l'avant-dune (1) et le prisme d'accrétion éolienne à sa base (3). La mini-falaise (4) est en partie masquée par une nouvelle accumulation éolienne (5). La photo a été prise le 11 mars 2005 par grande marée (coefficient 109) et mer forte, mais l'eau très chargée en algues microscopiques (2) (*Phaeocystis*) freinait considérablement le jet de rive des vagues déferlantes.
The picture was taken from the same place than fig.62, one year later (11th March 2005, high spring tide). We recognize the foredune (1) and aeolian deposit (3). The small cliff (4) is partially buried beneath a newly formed aeolian accumulation (5). The sea was rough on that day but water was densely loaded with Phaeocystis *algae (2), so that the power of waves was spectacularly slowed down after breaking.*
Photo : Y.Battiau-Queney, 11 mars 2005

Le suivi réalisé sur plusieurs sites de la côte d'Opale (dunes d'Ecault, Le Touquet sud, Stella-Plage, Merlimont) a montré que la stabilité ou le faible recul du trait de côte depuis 60 ans, s'était accompagnée d'un exhaussement de l'avant-dune. Le résultat des relevés topographiques répétés le long des mêmes transects est confirmé par la « bunker archéologie », une méthode mise au point par Lanoy-Ratel (2004) qui utilise l'architecture et la disposition initiale de ces édifices militaires pour reconstituer la géométrie de la dune bordière pendant la dernière guerre mondiale (fig. 64).

Fig. 64 – Dunes d'Ecault : exemple de « bunker archéologie »
***Fig. 64** – Ecault Dune, example of "bunker archaeology"*
La hauteur de la dune en 1943 est déterminée à partir de l'abri en tôle (A) et des restes d'une route d'accès (près du point B). Le sommet de la dune actuelle (C) est plus haut de 7 m environ. Les différents édifices présents sur ce site permettent par ailleurs d'évaluer le recul du trait de côte à moins de 20 m en 60 ans (Tresca, 2006)
It is possible to determine the 1943 dune height from the sheet-metal shelter (A) and remains of the access road (B). The present dune summit (C) is 7 m higher. Thanks to the various fortifications of the site the estimated shoreline retreat did not exceed 20 m for the last 60 years (Tresca, 2006).
Photo : A. Tresca, avril 2006

Cet exhaussement assez général le long des plages de la côte d'Opale, a pu être favorisé localement par la pose de fascines et de ganivelles sur le versant au vent de la dune, mais il doit son ampleur à des apports massifs de sable depuis la plage et à une dense couverture d'oyat qui piège efficacement le sable sur l'avant-dune dès lors qu'elle n'est pas piétinée.

Toutes ces observations confirment la solidarité étroite existant entre plage et avant-dune, l'un des leitmotivs de Roland Paskoff, mais elles soulignent aussi l'originalité de ces plages nordistes qui bénéficient d'une exceptionnelle disponibilité en sable. Elles ne connaissent pas encore de pénurie sédimentaire, un constat qui surprit Roland Paskoff et suscita entre nous de fructueuses discussions. Les responsables de cette abondance se trouvent au large des côtes françaises, sur les « petits-fonds » tapissés d'énormes bancs de sable. Grâce à eux, ce que le vent prélève sur la plage est compensé par des apports marins. L'avant-dune joue le rôle de réserve sédimentaire réutilisable lors des tempêtes. Dans ces systèmes côtiers, l'équilibre est assuré sur le « long » terme (ici plusieurs décennies), mais cela passe par des phases d'érosion et d'accumulation qui peuvent se succéder rapidement. Sur le court terme, l'état des lieux peut être trompeur, si l'observation morphologique n'est pas couplée avec celle de la végétation : une falaise entaillant une dune n'est pas toujours la preuve d'un littoral en recul durable. Elle peut n'être que l'effet temporaire d'une tempête ou d'une succession de tempêtes, que le vent se chargera d'effacer plus ou moins rapidement (fig. 65).

Fig. 65 – Merlimont : évolution morphologique de l'avant-dune de 1995 à 2003
Fig. 65 – *Merlimont, geomorphological evolution of the foredune from 1995 to 2003*

En mai 1995 (en haut), elle présente un modelé de falaise : le versant, très raide, est affecté de glissements et d'« avalanches » sableuses, déracinant les oyats. Les vagues ont sapé le pied de la dune. En octobre 2003 (en bas), dans le même secteur, le versant plus doux est densément couvert d'oyat. Le contact avec la plage se fait par une large concavité due à l'accumulation éolienne. C'est un profil d'avant-dune en équilibre avec sa plage.
In May 1995 (at the top), the foredune sea-face is a sand cliff with steep slope, slides and avalanches. Breaking waves have cut into the dune foot. In October 2003 (at the bottom), the gentle dune slope is covered with Ammophila. *The lower concave profile is due to aeolian accumulation on the upper beach.*
Photos : Y. Battiau-Queney

3. Les plages en érosion associées à des falaises sableuses

Contrairement au cas précédent (fig. 65), il existe, sur certaines plages de la côte d'Opale, des falaises sableuses qui correspondent indéniablement à une tendance longue à l'érosion (fig. 66).

Baie de Canche, rive nord (29 octobre 2002)

Wissant - dune d'Aval (30 mars 2007)

Baie de Canche– Pointe du Touquet (5 mai 2004)

Fig. 66 – Trois exemples de falaises sableuses
Fig. 66 – *Three examples of sand cliffs*
Photos : Y. Battiau-Queney

Outre la morphologie du profil (pente supérieure à 45°, glissements, contact brutal avec la plage), on remarque que la végétation déracinée par l'érosion de la falaise n'est pas typique de l'avant-dune. Ce sont des arbres ou des arbustes qui se développent normalement en position abritée du vent et des embruns. Ici, le critère végétal est déterminant pour établir le diagnostic d'une tendance longue à l'érosion.
In addition to the profile type (slope exceeding 45°, slides, sharp contact with the beach), vegetation, which was uprooted, is not typical of a foredune environment. These trees and shrub use to grow in sheltered places, on the leeside of the foredune. Here, the biological criterion is the best one to diagnose a long-term erosion trend.

Dans ces exemples, on ne peut plus parler d'avant-dune, car il n'y a pas d'échanges sédimentaires notables entre la plage et la falaise. Si une accumulation éolienne se manifeste temporairement au pied de la falaise, elle est rapidement éliminée par la mer. Sur ces sites, la plage de sable sec est inexistante à marée haute et, à marée basse, elle est trop étroite pour constituer une surface de déflation utile. À Wissant, le démaigrissement de la plage est souligné par l'affleurement de tourbe ancienne. L'évolution de ces falaises sableuses est irréversible. Les essais de protection par des enrochements (comme à la pointe du Touquet) sont voués à l'échec car, comme l'a souvent rappelé Roland Paskoff, ils ne s'attaquent pas à la cause : l'érosion est due à une pénurie locale de sédiment. Seul un réensablement de la plage peut enrayer l'érosion, mais il faut tenir compte des conditions locales. Chaque plage est un cas particulier et les solutions valables sur un site ne le seront pas forcément ailleurs.

Conclusion

Les plages et dunes de la côte d'Opale constituent un terrain de choix pour étudier le fonctionnement de ces systèmes côtiers. Les idées fondamentales de Roland Paskoff ont pu y être testées. Dès le début de mes recherches, j'ai bénéficié de discussions orales ou épistolaires avec Roland Paskoff. Les propriétés de l'avant-dune, son étroite solidarité avec la plage, l'importance de la disponibilité en sédiments pour l'équilibre de la plage sont au cœur des écrits de Roland Paskoff. J'ai retrouvé tout cela sur le terrain et cela me paraît essentiel pour comprendre et donc gérer les plages. Au fil des recherches, les caractéristiques hydrosédimentaires de la côte d'Opale, la position de celle-ci en bordure de petits-fonds marins encore largement pourvus en sable, m'ont conduite à souligner l'originalité de ces plages qui semblent échapper pour la plupart d'entre elles à la « crise » érosive constatée ailleurs. Pour moi, c'est l'ampleur des transferts éoliens de la plage vers la dune et le renouvellement du sable de la plage depuis les petits-fonds qui expliquent cela. D'un autre côté, on retrouve une idée clef de Roland Paskoff : le rôle essentiel de l'avant-dune dans l'équilibre sédimentaire de la plage, ce qui devrait faire réfléchir les gestionnaires souvent enclins à

« nettoyer » les embryons de dunes qui serviront à l'édifier, quand il ne s'agit pas de détruire l'avant-dune elle-même.

Références bibliographiques

BATTIAU-QUENEY, Y., 2004. Haut de plage et front dunaire : enregistrement morphologique de la dynamique éolienne et marine dans un système macrotidal. *BAGF-Géographies*, 3, 383-404.

PASKOFF R., 1989. Les dunes du littoral. *La Recherche,* 20, 888-895.

PASKOFF R., 1997. Typologie géomorphologique des milieux dunaires européens. *In* : J. Favennec et P. Barrère (eds) – *Biodiversité et protection dunaire,* ONF, Lavoisier, p. 198-219.

PASKOFF R., 1998. *Les littoraux, impacts des aménagements sur leur evolution.* Paris, A. Colin, 3ème édition, 260 p.

PASKOFF R., 2005. Caractérisation et gestion d'un type de dune littorale : les avant-dunes. *Sécheresse*, 16, 247-253.

LANOY-RATEL P., 2004. La bunker archéologie : principes et études de cas sur le littoral du Nord-Pas-de-Calais. *BAGF-Géographies*, 3, 405-417.

TEKIN M., 2004. Un type original de dunes embryonnaires sur la plage macrotidale du Fort Vert (Pas-de-Calais, France). *BAGF-Géographies*, 3, 418-426.

TRESCA A., 2006. *Évolution géomorphologique d'une côte sableuse anthropisée : l'exemple de la plage d'Hardelot.* Mémoire de Master Environnement, M2, Université de Lille 1-USTL, 149 p.

4.2.2.3. Les dunes côtières du nord-ouest du Portugal

Helena GRANJA*
**Professeur de Géographie, Université de Minho, Braga, Portugal*

Introduction

Dans la zone côtière du nord-ouest du Portugal, on peut distinguer deux grands secteurs d'un point de vue géomorphologique (fig. 67) : l'un entre le fleuve Minho (frontière avec l'Espagne) et la ville d'Espinho (au sud de Porto), l'autre entre cette ville et le cap Mondego, de part et d'autre de la lagune d'Aveiro. Dans le premier secteur, les dunes, la plupart paraboliques, se sont formées pendant le Petit Âge Glaciaire sur des dépôts lagunaires d'âge holocène et des nécropoles de la période médiévale. Dans le second secteur, les dunes ont une distribution beaucoup plus vaste, sous forme de plusieurs systèmes dunaires de différents âges – cordon dunaire parallèle à la côte, dunes paraboliques, dunes transverses E-W, des dunes avec podzol – de la mer vers l'intérieur.

Sur la bordure côtière de ces deux secteurs, on retrouve dans le système plage-dune des stades évolutifs comparables à ceux qu'ont décrits en France R. Paskoff et J. Favennec. La seule grande différence est qu'au Portugal, on ne rencontre pas de véritable cordon dunaire « artificialisé », de forme trapézoïdale, comme celui d'Aquitaine. Mais cela ne veut pas dire que les dunes du Portugal n'ont pas subi d'interventions anthropiques. En effet, pendant l'État Nouveau (début du XXe siècle), plusieurs dunes bordières ont été calibrées et surélevées par des palissades de planches (*dunas de ripado*), aujourd'hui visibles sur certaines plages en érosion (fig. 68).

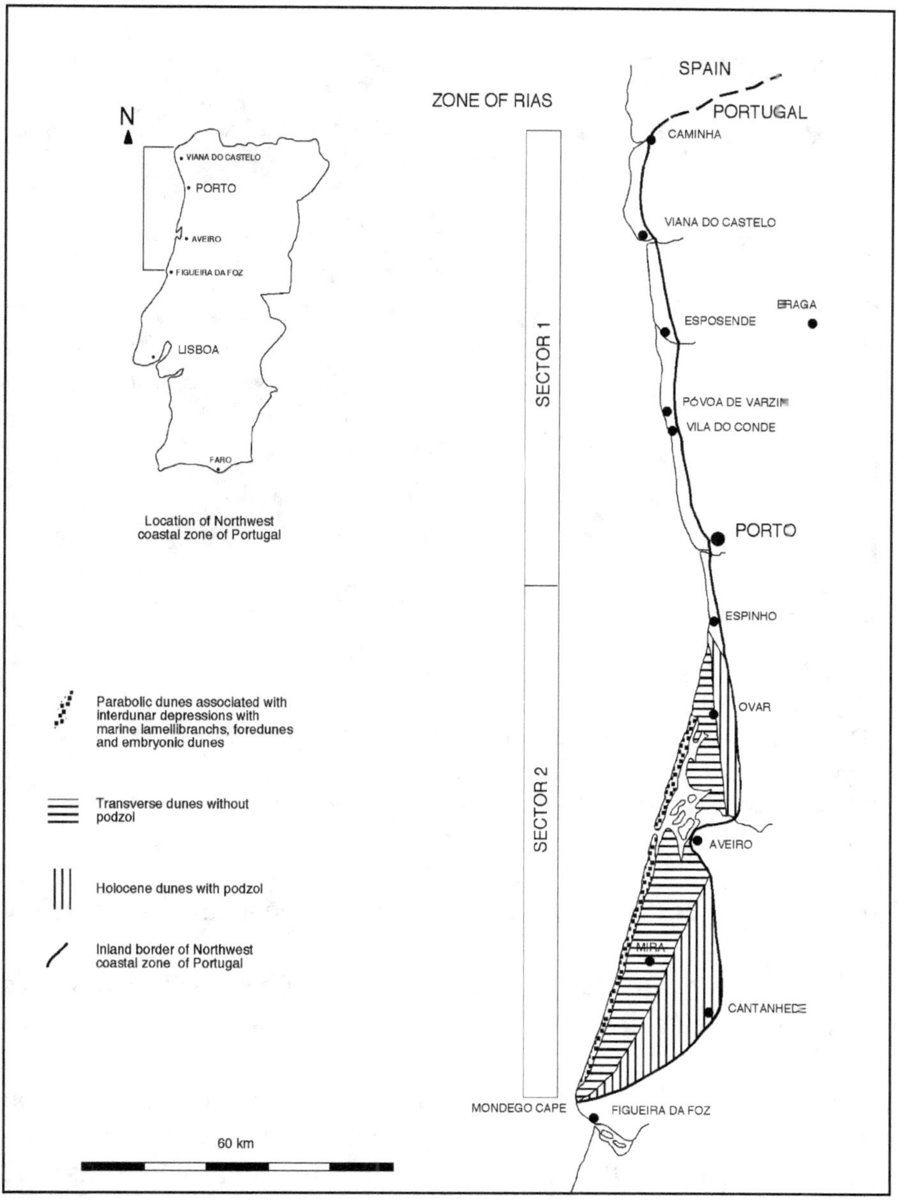

Fig. 67 – Schéma des principales unités géomorphologiques du Pléistocène et de l'Holocène sur le littoral du Nord-Ouest du Portugal (Granja, 1999, modifié).

***Fig. 67** – Schematic overview of the main geomorphological features of the Pleistocene and Holocene in the coastal zone of northwest Portugal (Granja 1999, modified).*

Fig. 68 – Plage de Mira (au sud d'Aveiro)
Fig. 68 *– Mira Beach*
Dunes aménagées avec des palissades de planches (*dunas de ripado)*, remises à jour par l'érosion.
Old fences have been exhumed thanks to recent erosion.
Photo : H. Granja

Trois grands types de systèmes plage/dunes peuvent être distingués.

A. Plages sans avant-dune, avec des falaises vives taillées dans les dunes post-médiévales

Ce sont des plages à budget sédimentaire négatif, en migration vers l'intérieur, avec des reculs accentués de la dune ancienne qui borde la plage (fig. 69). Ce type de plage est surtout présent dans le secteur septentrional. Un cas particulier de ce type de plage présente une banquette embryonnaire en sommet de falaise vive ; il résulte d'une reprise de l'érosion aux dépens d'une accumulation sableuse formée par le vent lors d'une phase antérieure d'accrétion (fig. 70).

Fig. 69 – Plage de Mira, au sud d'Aveiro : falaise vive taillée dans des dunes post-médiévales
Fig. 69 – *Mira Beach: active sea-cliff cut into post-medieval dunes*

Fig. 70 – Plage de Mira, au sud d'Aveiro : banquette éolienne taillée en falaise vive
Fig. 70 – *Mira Beach: eolian accumulation bank cut by a sea-cliff*
Des dunes embryonnaires se sont formées au-dessus de la falaise.
Embryo dunes have formed above the cliff.
Photos : H. Granja

Sur ces plages à budget sédimentaire très déficitaire, les débordements marins (*overwash)* sont fréquents (fig. 71). Les dépôts correspondants (*washovers*) sont ensuite façonnés par le vent.

Fig. 71 – Plage de Furadouro, au nord d'Aveiro : dépôts de débordement marin (washovers)
***Fig. 71** – Furadouro Beach: washover deposits*
Photo : H. Granja

B. Plages avec avant-dunes précédant des falaises mortes

Ce sont des plages temporairement stables à court terme, avec des apports de sables qui forment des banquettes à *Elymus farctus,* plus ou moins larges, à l'avant d'un cordon dunaire fragmenté, avec des brèches éoliennes et des buttes résiduelles (*hummocky dunes*), avec une végétation à base d'oyat (*Ammophila arenaria)* en cours de dégradation (fig. 72).

Fig. 72 – Plage de Torreira : banquette à *Elymus farctus* en avant d'une falaise morte
Fig. *72 – Torreira Beach:* Elymus farctus *foredune in front of an ancient cliff*
Photo : H. Granja

Dans quelques situations particulières, des *nebkas* surmontent la base de certaines falaises mortes, parfois avec des banquettes comblant des brèches éoliennes. Ces plages sont plus fréquentes dans le secteur méridional. On peut aussi en rencontrer dans le nord, mais surtout en position d'amont-dérive par rapport à des ouvrages comme les épis et les brise-lames.

Ce type de plage connaît des phases de répit d'érosion marine, d'assez courte durée, parfois avec des débordements de type *overwash*. Pendant les périodes d'accrétion, les *washovers* (dépôts résultant de l'*overwash*) peuvent servir de fondement au développement d'une petite banquette embryonnaire (fig. 73).

Fig. 73 – Plage de Tocha, au sud d'Aveiro : banquette embryonnaire positionnée sur un dépôt de débordement marin (*overwash*)
***Fig. 73** – Tocha Beach: incipient foredune located on washover deposits*
Photo : H. Granja

C. Plages avec avant-dunes précédant des dunes post-médiévales éolisées et reprofilées par le vent

Ce sont des plages stables à moyen terme, à budget sédimentaire positif pendant des périodes suffisamment longues pour que les falaises du cordon dunaire se soient reprofilées, et pour que des banquettes éoliennes, avec des nebkas juxtaposées, se soient développées (fig. 74). Souvent, la transition entre l'ensemble banquette/nebkas et la dune ancienne est marquée par la présence d'une dépression parallèle aux deux. Ce type de plage se rencontre uniquement dans le secteur méridional. Les *overwashs* y sont fréquents, surtout dans les pannes des dunes paraboliques.

Fig. 74 – Plage de Mira, au sud d'Aveiro : nebkas à la base d'une falaise morte
Fig. 74 – *Mira Beach: nebkas (shadow dunes) in front of an ancient cliff*
Photo : H. Granja

Références bibliographiques

ARAUJO R., HONRADO J., GRANJA H. M., PINHO S., CALDAS F.B., 2002. Vegetation complexes of coastal sand dunes as an evaluation instrument of geomorphologic changes in coastline. *In:* EUROCOAST Association (ed) – LITTORAL 2002, *6th International Symposium Proceedings, The Changing Coast,* Porto, Vol 3, p. 337-339.

CARVALHO G. S., GRANJA H. M., GOMES P., LOUREIRO E., HENRIQUES R., RIBEIRO I., COSTA A. L., RIBEIRO P., 2002. New data and new ideas concerning recent geomorphological changes in the NW coastal zone of Portugal. *In*: EUROCOAST association (ed) – LITTORAL 2002, *6th International Symposium Proceedings, The Changing Coast,* Porto, Vol. 2, p. 339-410.

CARVALHO G. S. & GRANJA H.M., 2002. Paleogeoformas como suporte da paisagem costeira actual. *In: Conservação dos Sistemas Dunares,* Parque Biológico de Gaia, p. 7-51.

GRANJA H. M., GOMES P., CORREIA A. M., LOUREIRO E., CARVALHO G.S., 2000. A estabilidade e instabilidade da faixa costeira (sistema praia-duna) revelada pelas mudancas geomorfológicas e sua ligacão às associações vegetais (a experiência da zona costeira do NO de Portugal). *In*: EUROCOAST-Portugal, F.V. Gomes, J.A. Do Carmo, F. Taveira Pinto (eds.) – *Perspectivas de gestão integrada de ambientes costeiros,* Associação EUROCOAST-Portugal, p. 1-24.

PINHO J. R., SANTOS C., SARAIVA I., LEITE A., 1998. *Evolução do uso do solo nos sistemas dunares da costa de Aveiro.* Seminário Dunas da zona costeira de Portugal. Associação Eurocoast, Portugal, Leiria, p. 131-152.

4.3. Les dunes littorales du Chili central et septentrional

Belisario ANDRADE* et Hermann MANRIQUEZ**
**Profesor, Instituto de Geografía, P. Universidad Católica de Chile*
***Instituto Geográfico Militar de Chile*

Résumé
Par sa thèse de doctorat d'État, publiée en 1970, puis par ses visites ultérieures répétées au Chili, Roland Paskoff a beaucoup contribué à une meilleure connaissance des dunes littorales chiliennes. Il a identifié les facteurs favorables au développement des dunes dans ce milieu semi-aride, du Quaternaire à nos jours. Il a reconnu trois générations de dunes (actuelles, holocènes et pléistocènes), sur la base de critères morphologiques, archéologiques et pédologiques.
Ce texte analyse les grands types de dunes, tels qu'il les avait décrits (dunes bordières, dunes transversales, dunes paraboliques, dunes longitudinales, dunes anciennes et dunes remaniées). Après la fin de sa thèse, des visites répétées au Chili ont permis à Roland Paskoff d'étudier avec ses collègues chiliens plusieurs cas de dunes, tant au plan morphologique que chronologique. Il s'est particulièrement intéressé aux dunes déconnectées de leur source d'alimentation par suite de la remontée post-glaciaire du niveau marin. Enfin l'article évoque sa préoccupation pour une gestion pertinente de l'espace littoral chilien, soulignant constamment que la recherche scientifique et une connaissance approfondie des processus naturels étaient un préalable indispensable.

Mots-clés : géomorphologie dunaire, dunes littorales, milieu semi-aride, paléogéomorphologie quaternaire, niveau marin, gestion des dunes, Chili

Abstract
During the preparation of his doctorate thesis, published in 1970, then through repeated trips in Chile, Roland Paskoff played a large part for a better knowledge of the Chilean coastal dunes. He recognized the main factors which were favouring dune development in this semi-aride country. He found three generations of dunes (Present, Holocene and Pleistocene) on the basis of morphological, archaeological and

pedological criteria. The paper analyses the main types of dunes, which he had distinguished (border, transversal, parabolic, longitudinal, ancient and newly-shaped dunes). After his thesis publication, he could visit Chile several times and study with his Chilean colleagues other dune landforms, from both a morphological and chronological point of view. He was particularly interested by dunes, which were disconnected from their sand supply source, after the post-glacial sea-level rise. Lastly, the paper mentions the constant preoccupation of Roland Paskoff for a relevant management of the Chilean coastal area. He used to emphasize that fundamental research and a good knowledge of natural processes were a prior condition to do that.

Key words: dune geomorphology, coastal dunes, semi-aride environment, Quaternary palaeogeomorphology, sea-level change, dune management, Chile

4.3.1. L'identification des facteurs favorables à l'existence des dunes

Roland Paskoff (1970) a recensé les conditions qui expliquent l'abondance des champs dunaires sur les côtes chiliennes semi-arides. Il s'agit des conditions climatiques, du tracé de la côte, de l'alimentation en sable et des conditions topographiques.

Le long de la côte centrale et du nord du Chili, les vents dominants en force, direction et fréquence, viennent du sud-ouest. Ils ont tendance à atteindre une vitesse supérieure au seuil des vents efficaces (6 m/s) et se manifestent de manière particulièrement active pendant les mois secs de l'été. Dans ce milieu semi-aride, les variations interannuelles des précipitations allongent fréquemment les périodes sèches pendant lesquelles le vent est actif.

Aussi important que le vent pour la naissance des grands champs dunaires littoraux est l'approvisionnement en sable qui, sur les côtes centrales chiliennes, provient du caractère sableux des roches cristallines du batholite de la Cordillère côtière et des abondants matériaux volcaniques, transportés par les fleuves naissant dans les bassins andins. Les sédiments apportés à la mer par les rivières sont entraînés vers le nord par la dérive littorale dominante.

Comme le signale R. Paskoff, l'orientation générale NNO-SSE de la côte permet aux vents dominants de pousser les sables des plages jusqu'à l'intérieur des terres (fig. 75).

Par ailleurs, l'étagement des plateformes de 5-7 m jusqu'à 110 m, de largeur variable, offre l'espace topographique plat favorable pour l'installation des champs de dunes (Paskoff, 1999).

Ces phénomènes qui agissent en se combinant sont responsables de la richesse et de l'amplitude du phénomène dunaire sur le littoral nord et central chilien.

Fig. 75 – Champ de dunes de la baie de Conchalí (CONAF–CONAMA, 2001)
***Fig. 75** – Dune-field in Conchali Bay (CONAF–CONAMA, 2001)*

4.3.2. Les dunes littorales chiliennes, un phénomène récurrent depuis le Quaternaire

L'une des grandes contributions de Roland Paskoff à la connaissance des dunes littorales au Chili est d'avoir mis en relief l'existence de différentes générations de dunes qui se sont formées successivement depuis le Quaternaire jusqu'aux temps actuels. Ainsi, il a montré que les phénomènes éoliens au Chili central et septentrional apparaissent comme une tendance récurrente dans l'évolution géomorphologique de la côte chilienne. C'est ainsi que dans la description des différentes formes dunaires repérées sur son terrain de thèse, il reconnaît trois générations distinctes de dunes sur la base de critères morphologiques, archéologiques et pédologiques particuliers. Ce sont les dunes actuelles, holocènes et pléistocènes. Chacune de ces générations présente un degré de conservation des formes qui s'atténue avec le temps.

Les dunes vives actuelles sont celles qui présentent la plus grande variété morphologique avec plusieurs sous-types, décrits ci-dessous.

A. La dune bordière

Elle constitue une unité morphologique bien définie, parallèle au bord de mer, associée à une plage par des échanges sédimentaires. Sur les côtes du Chili, elle apparaît sous deux aspects. Le premier et le plus fréquent est celui d'un ensemble de petites dunes en monticules (fig. 76) entre lesquelles s'établissent des couloirs indiquant la direction des vents dominants. Un deuxième type s'est formé par l'introduction volontaire d'espèces psammophiles dans le but de contrôler l'avancée des dunes. C'est une dune bordière totalement artificielle qui présente l'aspect d'un mur continu et massif, avec une hauteur pouvant dépasser la douzaine de mètres (fig. 77).

Les caractéristiques d'une dune bordière dépendent beaucoup des plantes psammophiles qui la colonisent. Sur les côtes du Chili central, *Ambrosia chamissonis* joue un rôle déterminant (Kolhler et Weisser, 1966 ; Kohler, 1970). C'est un néophyte qui provient de la côte occidentale d'Amérique et qui s'est propagé au Chili à partir de la fin du XIXe siècle. Il semble responsable de l'aspect en monticules qu'a la dune bordière sur la côte du Chili. Les plantes pionnières natives qui grandissent immédiatement en haut de plage ne sont pas, en effet, très efficaces pour retenir les sables en transit. Une observation de F. Albert (1900), citée par C. Castro (1984-85), le confirme. L'aspect de mur continu est provoqué par l'introduction volontaire d'*Ammophila arenaria*, d'origine européenne, qui agit avec une grande efficacité pour retenir les sables transportés par le vent, tout en supportant des taux de sédimentation élevés.

Fig. 76 – Dune bordière monticulaire de Ritoque à *Ambrosia chamissonis* (Cliché : B. Andrade, 1992)

***Fig. 76** – Ritoque hummocky coastal dune with* Ambrosia chamissonis *(Photo: B. Andrade, 1992)*

Fig. 77 – Dune bordière de Chanco à *Ammophila arenaria*, avec aspect de mur massif (Cliché : B. Andrade, 2007)

***Fig. 77** – Chanco coastal dune with* Ammophila arenaria *showing a massive wall-like sea-front (Photo: B. Andrade, 2007)*

B. Les dunes transversales

Lorsque la dune bordière ne peut pas piéger tous les sables transportés par le vent depuis la plage, que le volume déplacé soit trop grand et/ou que sa végétation soit incapable de le retenir entièrement, se constituent en arrière d'elle des dunes transversales libres qui avancent à l'intérieur des terres. Généralement, entre la dune bordière et les premières dunes transversales libres, il existe un espace bas et plat d'une largeur variable. Cet espace est humide parce que son niveau est proche de la nappe phréatique. Il constitue un secteur de transit pour les sables éoliens.

La forme élémentaire de la dune transversale libre est la barkhane. Elle se déplace avec une vitesse qui peut atteindre plusieurs dizaines de mètres par an (Araya Vergara, 1986). L'existence de vents efficaces unidirectionnels, l'absence de végétation, comme la présence d'un niveau rugueux et plat, sont des facteurs qui favorisent la formation des barkhanes. Un exemple typique de ce genre de dunes se trouve dans le secteur de Putú – Quivolgo (fig. 78).

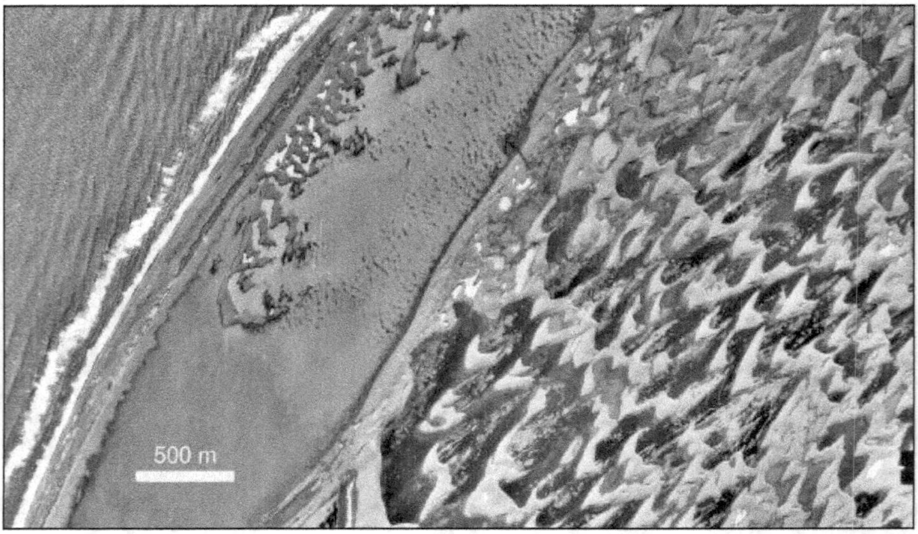

Fig. 78 – Champ de barkhanes à l'Est de la zone humide de Putú – Quivolgo (Cliché : SAF, 1979)

***Fig. 78** – Barchan field east of the wet area of Putú – Quivolgo (Photo: SAF, 1979)*

Lorsque de grands volumes de sable arrivent depuis la plage, les barkhanes perdent leur individualité. Elles ont tendance à se réunir, en conservant dans un premier temps leurs formes barkhanoïdes. Ensuite, leur hauteur relative augmente progressivement jusqu'à dépasser la douzaine de mètres. Elles acquièrent finalement l'aspect de dunes en vagues, avec des crêtes parallèles, sinueuses, séparées par des dépressions transversales à la direction des vents dominants, comme cela s'observe aux alentours de Quivolgo-Dollimo. De grands champs sableux compacts se constituent ainsi (fig. 79). Ils ressemblent aux grands ergs des déserts continentaux, dont les dunes mobiles peuvent s'éloigner de plusieurs kilomètres du bord de mer. Ils menacent d'envahir et d'enterrer dans leur progression champs cultivés, chemins et habitats, comme c'est arrivé au village de Chanco à la fin du XIXe siècle. Ils terminent généralement leur avancée par un front transgressif de glissement. Ils sont parfois retenus par la présence de cours d'eau, comme ceux de Quintero et de Mantagua dans le champ sableux de Ritoque. Dans d'autres cas, ils arrivent à recouvrir des falaises marines mortes, comme sur le littoral d'Arauco, ou de hauts versants de terrasses fluviales comme dans Longotoma.

Fig. 79 – Dunes transversales dans le secteur sud des dunes perchées de Concón.
Fig. 79 *– Transverse dunes in the south part of the Concón climbing dune field*
Photo: H. Manriquez, 2003

C. Les dunes paraboliques

Les dunes paraboliques primaires sont peu fréquentes au Chili. Elles se forment généralement dans les parties distales des grands champs de dunes, lorsqu'apparaît une couverture végétale discontinue faisant obstacle au libre mouvement du sable. Plus fréquentes sont des dunes paraboliques secondaires qui naissent de cuvettes de déflation là où la couverte végétale présente des points de fragilité et où l'érosion éolienne peut agir. La mobilité des sables est ainsi réactivée localement (fig. 80).

Fig. 80 – Dune parabolique, Quivolgo, près de Constitución
***Fig. 80** – Parabolic dune. Quivolgo, near Constitución*
Photo : B. Andrade, 1982

D. Les dunes longitudinales

Il est fréquent au Chili de trouver des dunes d'âge holocène, naturellement figées par une végétation spontanée dense, herbacée et avec des arbustes. Elles se localisent en général plus loin des dunes actives actuelles des grands champs dunaires. Elles se présentent sous forme de cordons parallèles, végétalisés, allongés dans le sens des vents dominants sur des distances de plusieurs centaines de mètres et séparés par des couloirs de quelques mètres de profondeur. Selon R. Paskoff et H. Manriquez (2004), ce type dunaire dérive de dunes paraboliques dont le front mobile a disparu au fur et à mesure de leur avancée, ne restant alors que les bras (fig. 81).

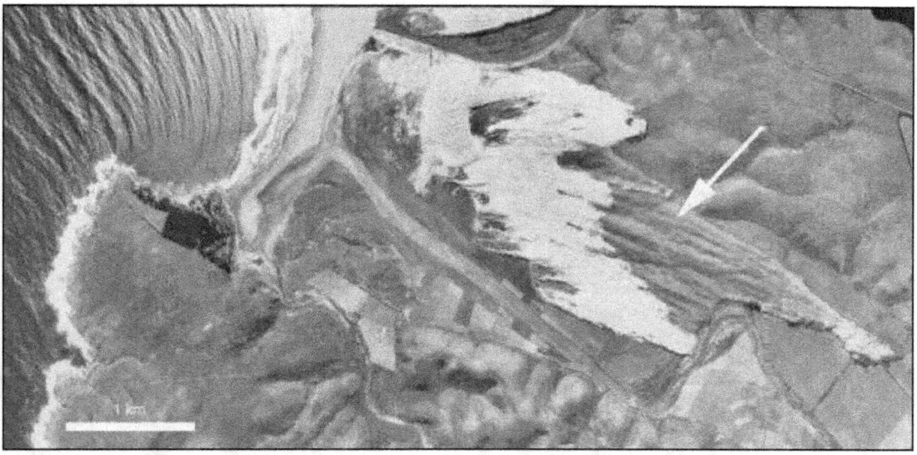

Fig. 81 – Dunes holocènes longitudinales de la baie La Ligua
***Fig. 81** – Holocene longitudinal dunes in La Ligua Bay*
Photo: SAF, 1980

E. Les dunes anciennes

En dehors des dunes holocènes déjà signalées, il existe, associées aux champs de dunes vives d'aujourd'hui, des dunes anciennes d'âge pléistocène qui présentent de grandes épaisseurs et s'étendent largement à l'intérieur des terres, comme dans Chanco, Ritoque ou Longotoma.

H. Fuenzalida (1956) a signalé que les dunes actuelles se superposent partiellement à de vieilles dunes couvrant des surfaces bien plus étendues, ce qui indique clairement que le phénomène dunaire est naturel et s'est manifesté sur une échelle de temps géologique.

Les dunes anciennes ont perdu leur morphologie originale et présentent une topographie de collines, légèrement ondulée et entaillée par des ravins, qui s'identifie facilement sur les photographies aériennes. Elles ont subi aussi une évolution pédologique. Le degré d'altération de leur sable rougeâtre est frappant. Leur homométrie et stratification, parfois typiquement entrecroisée, ne laissent aucun doute sur l'origine du dépôt. La présence de différents paléosols argileux, quelque peu compactés, enterrés au sein de ces vieilles dunes (fig. 82), est une preuve de l'existence, au Pléistocène, de plusieurs phases de morphogénèse éolienne active, dont les dépôts de sable se sont accumulés les uns sur les autres. Ces phases furent séparées par des périodes de fixation des dunes grâce au développement d'une couverture végétale et d'une pédogénèse.

Fig. 82 – Paléosol intradunaire rouge près de Guaquén (32° 22' S)
***Fig. 82** – Intradune red palaeosoil near Guaquén (32° 22 S)*
Photo : B. Andrade, 1985

F. Les dunes remaniées

On désigne par dunes remaniées celles qui ne reçoivent plus de sable frais, mais qui présentent cependant des formes vives. Cette situation s'explique par le fait que la source d'approvisionnement en sédiment s'est tarie, tandis que le vent continuait de façonner ces dunes dépourvues de végétation. Au Chili, cette catégorie de dunes se trouve seulement sur les côtes arides du désert d'Atacama. La grande dune d'Iquique, connue comme la « Cerro El Dragon » et les grandes dunes qui s'étirent à l'intérieur des terres jusqu'à 60 kilomètres, dans la région de Copiapo, en sont des exemples. Dans les deux cas, les énormes volumes en sable qui constituent ces dunes sont un héritage d'époques passées, durant lesquelles le niveau de la mer était plus bas, offrant d'abondants sédiments à la déflation. De nos jours, la source de sable s'est épuisée et a disparu, mais dans ce milieu aride, le vent reste actif. Néanmoins, son rôle se limite à remodeler la topographie dunaire préexistante.

Roland Paskoff a élaboré une hypothèse sur les causes de l'existence de plusieurs générations de dunes le long de la côte du Chili central. Pour lui, celles-ci sont dues à des phénomènes récurrents qui sont à la fois les variations du niveau de la mer (Paskoff, 1999) et les changements climatiques successifs du Quaternaire (Paskoff, 1977 ; Veit, 1994 ; Villa-Martinez et Villagrán, 1997). En partant du fait que les grands champs actuels de dunes actives sont concomitants d'une période interglaciaire – niveau marin haut et climat de type méditerranéen – il est logique de supposer que les vieux champs se sont formés dans les périodes similaires dont l'alternance a caractérisé le Pléistocène. La fixation des dunes est probablement intervenue durant les époques glaciaires. Pendant ces périodes, la ligne de côte, et par conséquent la source d'approvisionnement en sable, était très éloignée de son actuelle position, par suite d'une baisse du niveau de la mer excédant 100 m. Par ailleurs, et surtout en raison d'un déplacement du front polaire vers le nord, il régnait sous les latitudes du Chili central un climat frais et pluvieux, sans saison sèche et par conséquent défavorable à l'intervention d'actions éoliennes, mais au contraire propice à l'installation d'une végétation arborescente et à la formation de sols (Villagrán, 1994 ; Veit, 1993 ; Veit et Garleff, 1995). Ce sont ces conditions environnementales qui peuvent expliquer l'arrêt du phénomène dunaire et la fixation des dunes pendant les époques glaciaires sur la côte du Chili central. L'épisode de stabilisation des dunes holocènes, rapporté ci-dessus, se rattache probablement à un pic climatique plus humide et frais, il y a 4 000 ans, avec développement spontané de la végétation (Villa-Martínez et Villagrán, 1997).

4.3.3. Le prolongement des travaux de recherche

Après avoir fini sa thèse, en 1971, Roland Paskoff a continué à visiter le Chili et a approfondi des thèmes particuliers en écrivant non seulement des articles complémentaires de ses premières recherches, mais aussi des synthèses plus amples sur la géomorphologie chilienne. Son intérêt pour les dunes littorales du Chili s'est traduit par la réalisation d'études de cas dans divers champs de dunes (fig. 83), auxquels il a fait référence pour leur morphologie, leur sédimentation sableuse et leur genèse.

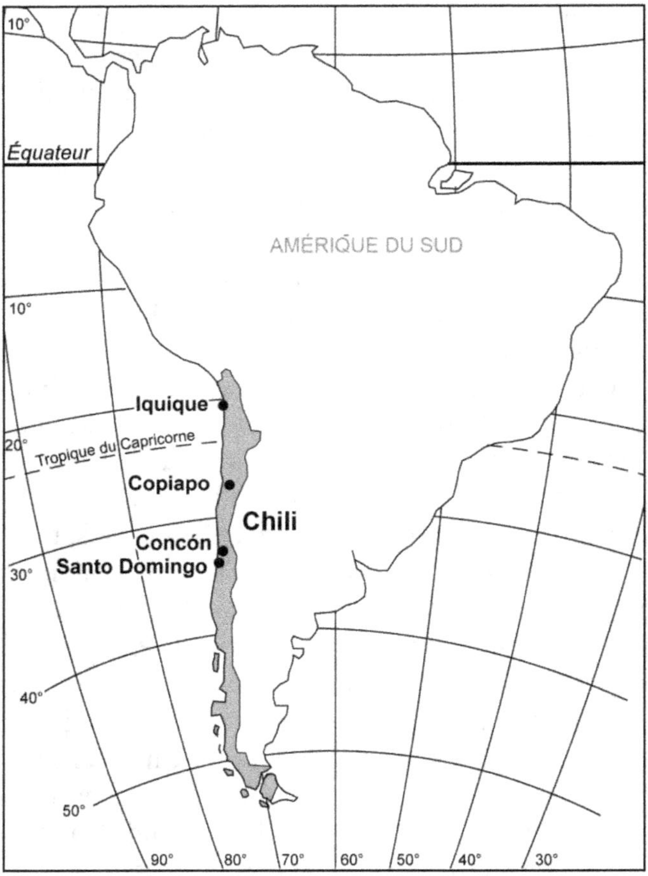

Fig. 83 – Sites des recherches post-doctorales de R. Paskoff au Chili
Fig. 83 – *Location of post-doctorate research areas of R.Paskoff in Chile*

La grande dune « El Dragon » à Iquique, a particulièrement intéressé R. Paskoff, compte tenu de la rareté des dunes sur le littoral du désert du Grand Nord chilien. Parce qu'elle est déconnectée des sources actives d'alimentation en sable, cette dune qui atteint une hauteur de 250 m au dessus du niveau de la mer, peut être considérée comme une forme relique (Paskoff *et al.*, 1998). Sa mise en place est liée à l'existence d'un niveau marin plus bas que l'actuel, datant probablement de la dernière glaciation, lorsqu'une plateforme littorale de 5 km de large se trouvait exposée à une déflation éolienne suffisante pour nourrir cette dune. L'analyse sédimentaire de ses sables conforte cette hypothèse : du fait du degré d'altération des sables, les auteurs proposent de rattacher la mise en place de la dune au deuxième stade isotopique (20 000 BP).

Au-delà de son intérêt pour les aspects morphosédimentologiques de cette dune, Roland Paskoff était préoccupé par l'urbanisation rapide menaçant d'éliminer cette construction éolienne relique.

Un deuxième cas d'étude développé par R. Paskoff concerne le champ de dune de Santo Domingo sur la côte centrale du Chili. (Paskoff *et al.,* 2000). Ce champ de dunes proche du port de San Antonio, au sud de l'embouchure du fleuve Maipo, présente une série de cordons dunaires parallèles qui s'explique par différentes étapes dans la progradation du trait de côte. Son origine est due à l'interaction de facteurs glacio-eustatiques (transgression post-glaciaire), tectoniques (soulèvement de la côte) et sédimentaires, ces derniers ayant eu lieu comme des bouffées spasmodiques d'alimentation en sédiments provenant d'épisodes volcaniques situés dans la partie andine du bassin hydrographique voisin du fleuve Rappel au sud du Maipo.

R. Paskoff *et al.* (2000) ont détecté une séquence de cinq cordons parallèles (fig. 84) qui reposent sur une basse terrasse littorale de 400 m de largeur maximum. La datation au carbonne 14 de coquilles entourant le troisième cordon de dunes à partir de la plage lui donne un âge de 600 à 790 ± 50 BP. La limite interne est définie par une falaise morte, haute de 50 m, taillée dans un grès néogène.

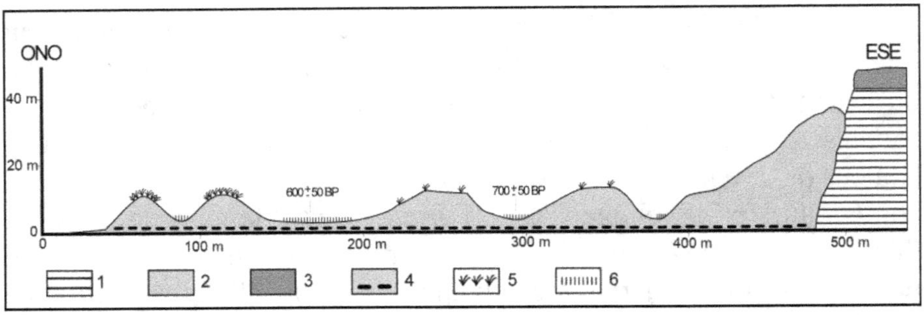

Fig. 84 – Schéma du profil des cordons successifs de Santo Domingo (Paskoff et Manríquez, 2004)

Fig. 84 – *Schematic profile of successive sand ridges of Santo Domingo (Paskoff & Manriquez, 2004)*

1 : Grès de la formation Navidad (Néogène) ; 2 : Sables des cordons dunaires ; 3 : Sables éoliens pléistocènes ; 4 : Dépôts de plage avec galets ; 5 : Végétation psammophile ; 6 : Végétation des dépressions humides

1. Navidad Sandstone (Neogene); 2. Sand of the dune ridges ; 3. Pleistocene aeolian sand; 4. Beach ridge with pebbles; 5. Psammophile vegetation; 6. Wet slack vegetation

Dans cette dernière étude, on est interpellé par le fait que les cordons externes présentent une meilleure conservation des formes que les cordons internes, déformés par des cuvettes de déflation et des dunes paraboliques (Araya, 1989), contrairement à ce que l'on observe habituellement sur les côtes dans le monde. Ce fait curieux s'explique par deux hypothèses. La première fait référence aux effets de résonance causés par la falaise sur les courants d'air ; la deuxième tient compte des activités agricoles qui ont été développées depuis les époques coloniales.

L'intérêt de Roland Paskoff pour l'étude des dunes déconnectées de leur source d'alimentation s'est accru avec le cas des dunes de Concón (Paskoff et Manríquez, 2002). Ces dunes perchées s'appuient sur une terrasse marine du dernier interglaciaire et se sont mises en place à l'Holocène inférieur (entre 10 000 et 7000 ans BP). Elles coïncident avec un niveau marin plus bas que l'actuel, similaire au cas de la dune El Dragon d'Iquique (fig. 85). La déconnexion de la source d'alimentation en sables est arrivée probablement durant le relèvement post-glaciaire du niveau marin (5000-6000 ans BP).

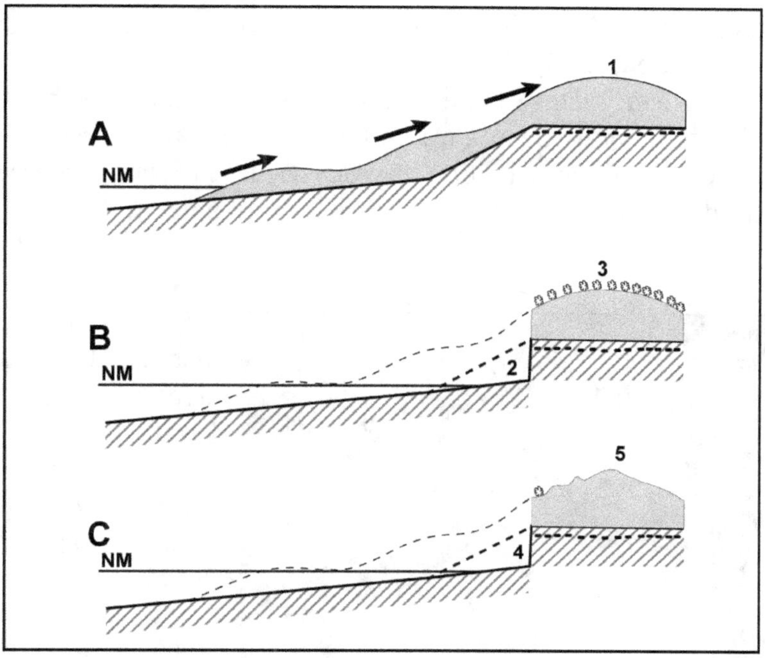

Fig. 85 – Étapes dans la formation des dunes perchées de Concón (Paskoff et Manríquez, 2004)

***Fig. 85** – Successive development stages of the Concón climbing dunes (Paskoff & Manriquez, 2004)*

A : 10 000 - 7000 BP	*A: 10 000 – 7000 BP*
B : 6000 – 4000 BP	*B: 6000 – 4000 BP*
C : Présent	*C: Present*
NM : Niveau de la mer	*NM: Sea-level*
1 : Dunes vives	*1: Active dunes*
2 : Falaise marine vive	*2: Active sea-cliff*
3 : Dunes perchées et stabilisées	*3: Stabilized climbing dunes*
4 : Falaise morte	*4: Ancient sea-cliff*
5 : Dunes perchées reliques et localement réactivées	*5: Relict climbing dunes, locally reactivated*

Actuellement, ces dunes présentent deux aspects différents. Le premier correspond à une dune holocène stabilisée par des herbes et matorrals, sans morphologie éolienne claire, avec des sables faiblement altérés et un sol squelettique. Le deuxième aspect est celui d'une dune active qui résulte de la réactivation des sables stabilisés en dunes longitudinales dans son extrême nord et en dunes transversales au sud (Castro et Andrade, 1990). Cette réactivation semble avoir une origine anthropique (fig. 86).

À nouveau, dans cette étude sur le fonctionnement des mécanismes naturels des dunes chiliennes, apparaît la préoccupation engendrée par l'augmentation rapide de la pression anthropique, résultat d'une urbanisation d'intensité croissante sur des milieux fragiles.

Fig. 86 – Dune perchée de Concón avec réactivation au nord

Fig. 86 *– Concón climbing dune with reactivation of the north part*

Photo: SAF, 1987

L'autre étude de cas de dunes réalisée par R. Paskoff au Chili fait référence à l'erg de Copiapo (Paskoff *et al.,* 2003; Paskoff et Manríquez, 2004), au sud du désert d'Atacama (27° 22' S). Ce champ dunaire s'étend du trait de côte à 60 km vers l'intérieur, pénétrant vers les terres à travers des couloirs topographiques transversaux à la ligne de rivage et atteignant des altitudes supérieures à 1600 m au-dessus du niveau de la mer.

Les dunes de la région de Copiapo présentent des formes variées qui s'expliquent par des interactions entre la masse de sable accumulé et modelé par les vents et les obstacles créés par une topographie de monts, de bassins et de vallées. Il existe des champs dunaires compacts qualifiés par Araya, en 2001, de « mer de dunes » ; ils tendent à se former sur la face au vent des montagnes (fig. 87). Il s'agit d'ergs de type aklé, dans lesquels dominent les dunes actives et coalescentes transversales avec les deux formes classiques, les dunes bakhanoïdes dont les cornes pointent sous le vent et les dunes paraboliques dont les bras entravés par des plantes basses de la végétation de steppe le font au vent. Quand les dunes sont très comprimées, l'ensemble acquiert sur les photographies aériennes l'aspect d'écailles de poisson. Quelquefois, les ergs présentent un canevas réticulé où se superposent des trains de dunes transversales avec des cordons longitudinaux et des dunes renversées ou nichés qui peuvent ajouter encore plus de complexité au système.

Fig. 87 – Morphologie complexe dans l'erg de Copiapó
***Fig. 87** – Complex landforms in the Copiapó erg*
Photo : B. Andrade, 1999

L'autre type de dune qui se trouve dans cette zone correspond à des cordons longitudinaux parallèles à la direction du vent dominant. Certains de ces cordons sont de type sif, d'autres sont composés par des dunes transversales barkhanoïdes lorsqu'elles sont nues et par des dunes paraboliques lorsqu'il existe une végétation.

Les sables de la partie intérieure de ce champ de dunes présentent une rubéfaction modérée, ce qui indique un certain degré d'altération du matériel, permettant de supposer que le sédiment n'est pas actuel (Andrade, 1999). Les analyses réalisées par Paskoff *et al* (2003) indiquent que le matériel sableux de ce champ de dunes est d'origine fluviale puisqu'il est étroitement lié, d'un point de vue chimique et pétrographique, aux sédiments actuels du fleuve Copiapo. De cette manière, ces dunes offrent un intéressant cas de formations éoliennes qui, malgré leur provenance littorale, appartiennent par leurs caractéristiques tant sédimentologiques que morphologiques à la catégorie des dunes continentales des milieux désertiques.

4.3.4. La préoccupation de R. Paskoff pour la gestion de l'espace littoral au Chili

Compte-tenu de la brièveté de ses visites au Chili après la fin sa thèse, R. Paskoff n'a pas eu l'opportunité d'approfondir ses recherches sur la gestion des dunes littorales chiliennes, comme il l'a en revanche fait en France dans le cadre des activités du Conservatoire du littoral et de l'EUCC-France (branche française de l'Union européenne pour la conservation des côtes). Cependant, lors de congrès et ateliers réalisés au Chili ainsi que dans des publications, il a souligné la nécessité de prendre en compte ces espaces littoraux dans l'aménagement de l'espace (Paskoff, 1998).

Malgré ce qui est dit dans le paragraphe précédent, ses observations répétées des côtes chiliennes durant 40 ans, lui ont permis d'obtenir une vision approfondie de l'évolution des interventions anthropiques. Il a eu l'occasion de manifester sa préoccupation pour l'évolution constatée au Chili ces dernières décennies, en rappelant qu'il était encore temps d'y aménager convenablement les côtes les moins touchées par l'homme (Paskoff et Manríquez, 1999; Paskoff, 2000).

Roland Paskoff était un scientifique marqué par une forte sensibilité à l'environnement. Son action constante en faveur d'un traitement adéquat des côtes par l'Homme se reflète dans ses écrits, dans lesquels il souligne clairement la nécessité de développer la recherche scientifique comme un appui fondamental pour une gestion pertinente des espaces côtiers : « *une bonne connaissance du domaine litoral s'impose avant toute intervention. L'attitude qui consiste à ne pas prévoir, à attendre et à réagir au coup par coup est hautement condamnable. Une information préalable complète est nécessaire* » (Paskoff, 1981).

Références bibliographiques

ANDRADE B., 1999. *Peritaje preliminar sobre el valor científico de los campos de dunas (erg) al Norte de la desembocadura del Copiapó. III Región.* Seremi de Planificación Región de Atacama. Informe Inédito, 5p.

ARAYA VERGARA J.F., 1986. Significance of barchans in beach-dune system interactions in central Chile. *Thalassas*, 4, 23-27.

ARAYA VERGARA J.F., 1989. Foredune systems of Australia and Chile: preliminary inquiry. *Abstracts Inter Congress Pacific Science Association*, Valparaiso-Viña del Mar, 96.

CASTRO C., 1984-85. Reseña del estado actual del conocimiento de las dunas litorales en Chile. *Revista Geográfica de Chile Terra Australis*, 28, 13-32.

CASTRO C. & ANDRADE B., 1990. *Peritaje geográfico del campo de dunas de Punta Concón.* Informe inédito, Instituto de Geografía, Pontificia Universidad Católica de Chile, 29 p.

FUENZALIDA H., 1956. Campos de dunas en la costa de Chile central. *Actes du XVIIIe Congrès International de Géographie*, Rio de Janeiro, p. 234-240.

KOHLER A., 1970. Geobotanische untersuchungen an küstendünen Chiles zwischen 27 und 42 grad südl. Breite. *Bot. Jb.*, 90, 55-200.

KOHLER A. A. & WEISSER P., 1966. Contribución al problema de los neófitos: *Ambrosia chamissonis* (Less.) Green en Chile. *Boletín de la Universidad de Chile*, 69-70, 62-68.

PASKOFF R., 1970. *Recherches géomorphologiques dans le Chili semi-aride*. Biscaye, Bordeaux, 420 p.

PASKOFF R., 1977. Quaternary of Chile: the state of research. *Quaternary Research,* 8, 2-31.

PASKOFF R., 1981. *L'érosion des côtes.* Presses Universitaires de France, Paris, 128 p.

PASKOFF R., 1998. *Les littoraux, impacts des aménagements sur leur évolution*, Armand Colin, Paris, 260 p.

PASKOFF R., 1999. Contribuciones recientes al conocimiento del Cuaternario marino del centro y norte de Chile. *Revista de Geografía Norte Grande*, 26, 43-50.

PASKOFF R., 2000. Los medios costeros, espacios de naturaleza y de sociedad. Abstracts (CD), *VI Congreso Internacional de Ciencias de la Tierra*, Instituto Geográfico Militar, Santiago.

PASKOFF R., CUITIÑO L., PETIOT R., 1998. Carácter relicto de la Gran Duna de Iquique, Región de Tarapacá, Chile. *Revista Geológica de Chile*, 25, 2, 255-263.

PASKOFF R. & MANRÍQUEZ H., 1999. Ecosystem and legal framework for coastal management in central Chile. *Ocean & Coastal Management*, 42, 105-117.

PASKOFF R. & MANRIQUEZ H., 2004. *Las dunas de las costas de Chile.* Instituto Geográfico Militar, Santiago, 112 p.

PASKOFF R., MANRÍQUEZ H., CUITIÑO L., 2003. Origen de las arenas dunares de la región de Copiapó, Desierto de Atacama, Chile. *Revista Geológica de Chile*, 30, 2, 355-361.

PASKOFF R., MANRIQUEZ H., CUITIÑO L., PETIOT R., 2000. Características, origen y cronología de los cordones dunares de la playa de Santo Domingo, Región de Valparaíso, Chile. *Revista Geológica de Chile*, 27, 3-13.

VEIT H., 1993. Upper Quaternary landscape and climate evolution in the Norte Chico (northern Chile). *Mountain Reasearch and Development*, 13, 139-144.

VEIT H., 1994. *Jungqartäre Landschafts- und Klimaentwicklung am Südrand der Atacama (Norte Chico, Chile). Habilitationschrift,* Instituto de Geografía, Universidad de Bayreuth, 261 p.

VEIT H. & GARLEFF K., 1995. Evolución del paisaje cuaternario y los suelos en Chile central-sur. *In*: Armesto J. J., Villagrán C., Arroyo M. K. (Eds) – *Ecología de los bosques nativos de Chile,* Editorial Universitaria, Santiago, p. 29-50.

VILLAGRÁN C., 1994. Quaternary history of the Mediterranean vegetation of Chile. *In*: M.K. Arroyo, P. H. Zelder, M. D. Fox (Eds) – *Ecology and biogeography of Mediterranean ecosystems in Chile, California and Australia*, Springer Verlag, New York, p. 3-20.

VILLA-MARTINEZ R. & VILLAGRAN C., 1997. Historia de la vegetación de bosques pantanosos de la Costa de Chile central durante el Holoceno medio y tardío. *Revista Chilena de Historia Natural*, 70, 391-401.

CHAPITRE 5 – GESTION DE L'EROSION COTIERE ET AMENAGEMENT DES LITTORAUX

Résumé

Ce chapitre présente les apports de Roland Paskoff dans les domaines de la gestion de l'érosion côtière et de l'aménagement des littoraux. Il montre d'abord son intérêt précoce pour la question de l'érosion des plages, à laquelle il s'est consacré en Tunisie dès les années 1970, et son combat déterminé pour le passage de la défense lourde à des mesures respectueuses de l'environnement. Roland Paskoff a défendu avec ferveur la nécessité d'adopter de nouveaux principes d'aménagement afin de tenir compte de l'évolution du trait de côte. Il a su faire évoluer les pratiques de gestion du littoral par son investissement personnel auprès de l'ensemble des acteurs du littoral.

Mots-clés : gestion de l'érosion côtière, aménagement littoral, cartographie prospective

Abstract

This chapter presents the benefits of Roland Paskoff's works in the fields of coastal erosion management and planning. At first, it shows his early concern for beach erosion that he studied in Tunisia from the 1970's, and his determined struggle for hard defence works to be replaced by environment-preserving techniques. Roland Paskoff has defended the urgent need to adopt new principles of coastal planning taking into account the evolution of the position of the shoreline. He brought about some change in coastal management practices thanks to his personal implication with all coastal stakeholders.

Key words: coastal erosion management, coastal planning, forecast of shoreline evolution

5.1. L'érosion des plages en Tunisie

Mongi BOURGOU*

**Professeur de Géographie, Faculté des Sciences Humaines et Sociales, Université de Tunis*

Résumé

En Tunisie, R. Paskoff a étudié les plages de Djerba et de Zarzis avant d'étendre ses travaux à la totalité des côtes. Ses recherches présentent le milieu, proposent une interprétation de la tendance régressive des plages et des scénarios de protection des plages. Des élèves de R. Paskoff, aujourd'hui professeurs à l'Université de Tunis, poursuivent ces travaux.

Mots-clés : Plage, démaigrissement, causes de l'érosion, Tunisie

Abstract

In Tunisia, Roland Paskoff conducted research at first on Djerba and Zarzis coasts before he extended his research to all coasts. His works expose the physical and human context, explain beach receding and propose beach protection measures. R. Paskoff students who are now university teachers carry on this work.

Key words: beach, sand loss, erosion causes, Tunisia

Introduction

À partir du constat que les plages sableuses étaient, un peu partout dans le monde, menacées par l'érosion, R. Paskoff a entrepris d'analyser leur comportement en Tunisie où le tourisme balnéaire s'est considérablement développé. Ses recherches ont démarré en 1976 alors que la Commission sur l'environnement côtier de l'Union géographique internationale mettait à l'ordre du jour de ses travaux les problèmes posés par le renversement global de tendance sédimentaire qui s'observait sur les côtes sableuses.

En Tunisie, les travaux de R. Paskoff ont fait suite à l'étude réalisée par Italconsult (1973) à la demande de l'Office national pour le tourisme tunisien. Ils se sont principalement appuyés sur des observations de terrain et sur la comparaison de documents divers, et ont porté sur les côtes de Djerba (J.M. Miossec et R. Paskoff, 1979a) et de Zarzis (J.M. Miossec et R. Paskoff, 1979b) avant de s'étendre au reste des plages tunisiennes (R. Paskoff, 1985 a et b, 2002 et 2004).

Le caractère inquiétant de la situation a conduit R. Paskoff à réfléchir à des solutions de protection des plages (R. Paskoff, 1979 a et b) et de retour à une situation d'équilibre sédimentaire (R. Paskoff, 2002 et 2004).

5.1.1. Le comportement des littoraux sableux de Tunisie au cours des décennies 1970 et 1980

Pour apprécier le comportement des littoraux sableux de Tunisie, R. Paskoff a eu recours à plusieurs approches :

- L'étude et la comparaison des cartes nautiques, topographiques et géologiques établies à différentes échelles ;
- L'interprétation de photographies aériennes et la comparaison de séries issues de différentes missions ;
- Des observations de terrain visant à établir un diagnostic précis sur le comportement de certaines plages. Elles se sont appuyées, en particulier, sur l'examen de l'état de constructions ou de vestiges (murs antiques, blockhaus, par ex.) qui ont servi de points de repère.

Les travaux menés par R. Paskoff avec une équipe constituée d'étudiants de maîtrise et de 3e cycle du département de géographie de l'Université de Tunis ont mis en évidence le fait qu'un peu partout en Tunisie, les plages perdaient du sable et se dégradaient (fig. 88). Les manifestations les plus courantes de cette situation étant des constructions endommagées par les vagues de tempête, des routes de front de mer rongées, des stations balnéaires perdant leur plage et du coup, leur raison d'exister.

Cette étude régionale menée au cours des années 1970 et 1980 a montré que la règle générale est l'érosion, les plages connaissant un léger engraissement ou une stabilité étant rares (Paskoff, 1985a et b).

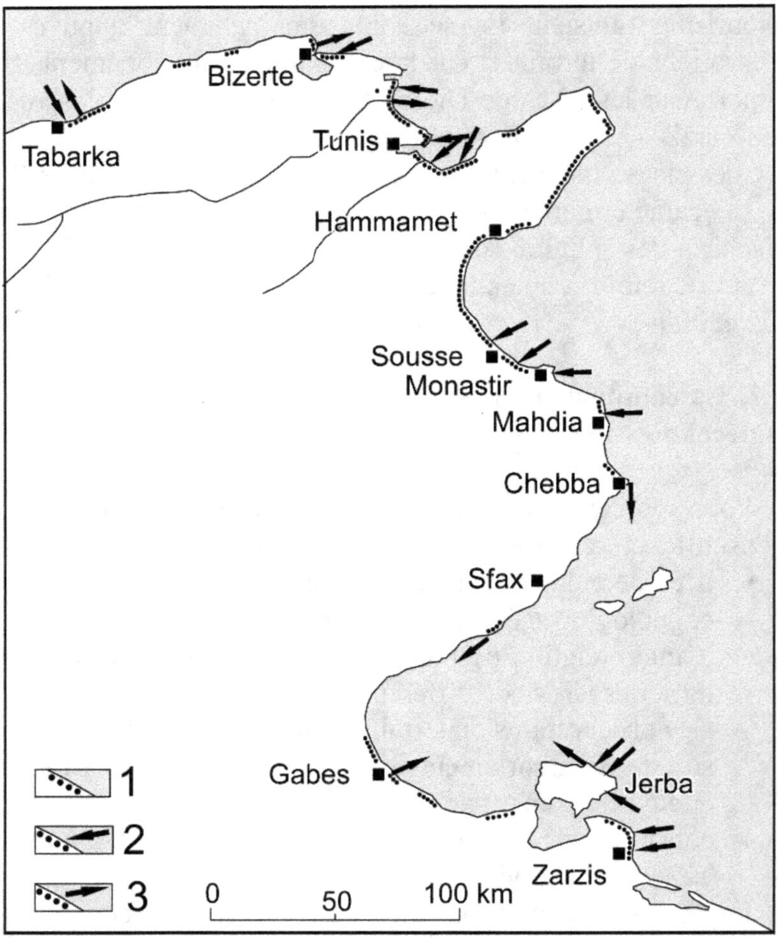

Fig. 88 – Évolution sédimentaire des plages en Tunisie (Paskoff, 1985b, p. 161)

***Fig. 88** – Sedimentary evolution of beaches in Tunisia (Paskoff, 1985b, p.161)*

1. Plage stable ; 2. Plage en cours d'érosion ; 3. Plage en cours d'engraissement

1. Stable beach; 2. Receding beach*; 3. Beach in accretion*

A. La plage de Tabarka

À l'origine, cette plage protégée de la houle de nord-ouest par le cap de l'île de Tabarka était relativement bien alimentée par les apports de la dune littorale venant de l'Ouest et par des sédiments transportés par l'oued El Kébir qui débouche en mer. Les aménagements portuaires récents ont modifié les processus hydrodynamiques littoraux et le comportement de la plage. Le tronçon situé devant la ville a progradé (+ de 100 m entre 1963 et 1975) et celui situé à l'Est de l'oued El Kébir a commencé à montrer des signes de démaigrissement (Paskoff, 1985b).

B. Les plages de Bizerte

Ces plages sont fortement perturbées par les travaux portuaires. Le complexe portuaire de Bizerte-Menzel Bourguiba est situé dans un milieu abrité, en fond de baie, et il est composé de trois entités : un avant-port protégé par deux jetées respectivement longues de 1200 m à l'Ouest et de 940 m à l'Est, un port de canal et un port de fond de lac. L'aménagement de ces ports s'est soldé par une modification notable de la dynamique littorale (fig. 89). De fait, le transit des matériaux a été fortement perturbé et l'évolution du rivage s'est considérablement modifiée. Des atterrissements se sont formés contre la jetée ouest : la plage de Sidi Salem et le rivage des environs de la casbah n'ont cessé de prograder. En revanche, au sud, l'érosion domine, la plage de la ville de Bizerte ayant presque complètement disparu et celle de Rmel montrant des signes de recul, avec une dune bordière taillée en falaise et la présence sur le haut de plage d'un blockhaus construit en 1937 (Paskoff, 1985b).

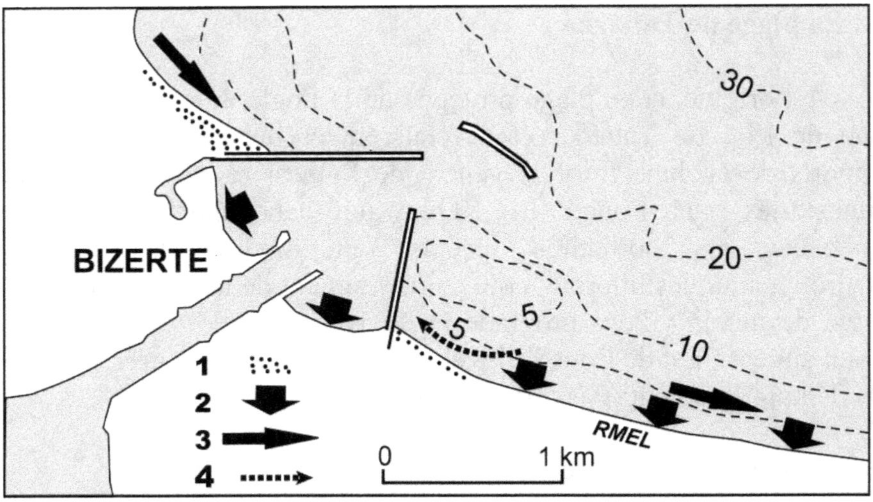

Fig. 89 – Effets de travaux portuaires sur la côte aux environs de Bizerte (Paskoff, 1985b, p. 152)

Fig. 89 *– Impacts of harbour works on the coast in the region of Bizerte (Paskoff, 1985b, p. 152)*

1. Plage en cours d'engraissement ; 2. Plage en cours d'érosion ; 3. Dérive littorale principale ; 4. Courant côtier secondaire.

1. Beach in accretion; 2. Receding beach; 3. Main direction of longshore drift; 4. Secondary coastal current.

C. Les plages du golfe de Tunis

Au nord de Tunis, la plage de la plaine deltaïque a continué à prograder bien que le cours de la Mejerda et ses affluents soient barrés. À proximité de la nouvelle embouchure, 35 ha de terres nouvelles ont été gagnés sur la mer entre 1977 et 1980 (Paskoff, 1981). Partout ailleurs dans le golfe de Tunis, les cas de stabilité de plage se réduisent à de petits tronçons (La Marsa, Hammam plage) qui alternent avec d'importants secteurs concernés par l'érosion, entre Carthage et la Goulette, et de Ez Zahra à Hammam Lif et à Soliman (fig. 90).

Fig. 90 – Les plages du golfe de Tunis sont fortement affectées par l'érosion : ici, le cas de la plage de Carthage
Fig. 90 *– The beaches of the Gulf of Tunis are seriously eroded: here, the case of Carthage beach*
Photo : M. Bourgou

D. Les plages du golfe d'Hammamet

De Kélibia à Monastir, le littoral sableux présente une situation de stabilité relative jusqu'à la station d'El Kantaoui (fig. 91). Des avancées rocheuses qui jouent le rôle de points d'ancrage ont permis le maintien des plages.

Fig. 91 – Vue au nord du port de Sousse
Le littoral de Bou Jaafer connaît depuis des décennies un fort développement du tourisme, avec l'aménagement d'un front de mer, qui se conjugue avec l'expansion urbaine de la ville de Sousse.
Fig. 91 – *At the North of Sousse harbour*
The coast at Bou Jaafer is characterized by both tourism expansion and urban growth of the town of Sousse.
Photo : M. Bourgou

E. Les plages du Sahel méridional

Au nord, jusqu'à Ras Dimass, comme au sud (en direction de Salakta) de Mahdia, le littoral sableux connaît un lent recul.

F. La plage de Chaffar

Située au sud de Sfax et à l'embouchure de l'oued Chaffar, cette plage est en accrétion, d'où la formation d'une flèche à pointe libre.

G. La plage de Gabès

Fortement modifiée par les travaux d'aménagement récents (port de pêche, hôtels, détournement de l'oued Gabès au sud de la ville), cette plage connaît un recul au nord du port et une progradation de plusieurs dizaines de mètres dans sa partie sud, où des atterrissements donnent naissance à des bancs sableux de 25 à 30 cm de haut et de 20 à 30 m de long disposés perpendiculairement au trait de côte.

H. Les plages de Djerba et Zarzis

Ces plages ont fait l'objet des premières publications de R. Paskoff sur l'érosion des plages en Tunisie. Il a montré, avec J.-M. Miossec (Miossec et Paskoff 1979a et b), que les plages de Djerba, en particulier, sont soumises à une sévère érosion. Ce phénomène est ancien puisqu'il a commencé il y a deux ou trois siècles, mais l'aggravation de la situation est contemporaine de la mise en valeur touristique de ces plages qui ne bénéficient pas d'apports continentaux.

5.1.2. Les causes de l'érosion des plages en Tunisie

R. Paskoff a rapidement distingué les causes naturelles et générales de l'érosion, d'une part, de ses causes anthropiques et régionales, d'autre part (Paskoff, 1985 a et b).

A. Les causes naturelles de l'érosion des plages

R. Paskoff a toujours considéré que la cause première de l'érosion des plages était d'ordre naturel parce que partout dans le monde, et même sur des côtes peu ou pas habitées, les plages étaient marquées par l'érosion (Paskoff, 1981, 1985 et 2001).

En Tunisie comme ailleurs dans le monde, la conjoncture actuelle est peu propice à la conservation des plages (fig. 92). De fait, les littoraux manquent de matériaux meubles, notamment depuis que s'est installée, il y a quelques milliers d'années, une situation de pénurie en sédiments. Par ailleurs, il a été mis en évidence que sur le littoral de la

Tunisie, le « *niveau de la mer est plus haut aujourd'hui de plusieurs dizaines de centimètres que dans l'Antiquité* » (Paskoff et *al.*, 1981).

Fig. 92 – La plage d'Hammam Lif (banlieue de Tunis) au lendemain de la tempête de janvier 1981.
Ces palmiers qui baignent dans l'eau de mer témoignent du rôle des tempêtes dans le recul du trait de côte.
Fig. 92 *– Hamman Lif beach (Tunis suburbs) after the storm of January 1981.*
These palm trees in sea water illustrate the major role of storms in shoreline retreat.
Photo : R. Paskoff

B. Les causes anthropiques de l'érosion des plages

Elles sont nombreuses et ont accéléré l'évolution régressive des plages.

D'abord, de multiples barrages sur les cours d'eau ont privé le littoral de grandes quantités de sédiments. L'oued Mellègue, affluent de la Medjerda, a retenu à lui seul et en 21 ans 48 M de m^3 de sédiments (Paskoff, 1985b).

Ensuite, des installations portuaires ont partout perturbé le transit des matériaux et modifié la morphologie côtière (*cf supra*).

Enfin, l'édification de bâtiments à faible distance du rivage, le prélèvement de matériaux de plage pour satisfaire les besoins de construction et la dégradation des herbiers sous-marins à Posidonies sous l'effet du chalutage anarchique et de la pollution chimique des eaux littorales comptent aussi parmi les facteurs qui ont contribué au recul du rivage sableux en Tunisie.

5.1.3. Les remèdes à l'érosion des plages en Tunisie

R. Paskoff n'a cessé de poser la question de ce qu'il était possible de faire pour essayer d'enrayer l'érosion des plages en Tunisie (Paskoff, 1980, 1982, 1985, 2004 ; Paskoff et *al.*, 1981). Il a passé en revue les travaux de défense proposés par les ingénieurs et a attiré l'attention sur leur coût généralement très élevé (Hamrouni, 2002), sur leur efficacité limitée et sur les problèmes graves qu'ils posent lorsqu'ils sont mis en place sans une connaissance suffisante de la dynamique des milieux littoraux.

Il a préféré et défendu la solution qui consiste à alimenter artificiellement les plages parce qu'elle corrige le déficit sédimentaire qui est à l'origine de l'érosion et il a recommandé, en raison de son coût élevé, de ne l'utiliser que si les investissements à sauvegarder le justifient.

R. Paskoff était aussi défendeur de mesures préventives qui devraient être prises là où les plages n'ont pas encore été aménagées comme à Tabarka, Chatt Merièm, Ghadhabna, par exemple. Dans ce cas, la protection de l'espace côtier de la dune bordière à l'avant-plage requiert l'interdiction de toute construction et de tout rejet polluant.

5.1.4. Les successeurs de R. Paskoff ont poursuivi ses travaux

Plusieurs chercheurs se sont intéressés à l'étude des plages tunisiennes à des dates différentes (Nouri, 1979 ; Mathlouthi, 1985 ; Bouhafa, 1986 ; Giessner K. et *al.*, 1999 ; Hamrouni A., 2002, El Arrim A. et *al.*, 2003). Certains d'entre eux (Oueslati, 1980, 1993, 2004 ; Bourgou, 1993, 1997, 2005 ; Bouaziz, 1981 ; Brahim, 2001 ; Ben Ali, 2002 ; Ben Frej, 1981 ; Khali, 2002 ; Sahtout, 2002 ; Watouti, 2004) ont prolongé ses travaux en se basant sur l'étude de cartes, des plans de délimitation du D.P.M, et surtout, sur une enquête socioéconomique réalisée auprès des occupants des plages et des responsables de la gestion de l'espace côtier. On rapportera ici les principaux résultats obtenus par ces chercheurs.

Les travaux menés au cours des années 1990 et 2000 ont établi que sur au moins le quart de leur longueur, les plages de la Tunisie reculent. Le phénomène de dégradation s'est accéléré et généralisé par rapport aux décennies 1970 et 1980. Globalement, cinq types de situations peuvent être distingués :

- De rares secteurs qui progradent : les cas les plus démonstratifs concernent des embouchures de cours d'eau importants et actifs, où des indices de terrain prouvent la progradation du rivage. C'est le cas de la nouvelle embouchure de l'oued Miliane, où la plage qui ne faisait que 30 m de largeur au milieu des années 1980 (Bouhafa, 1986) atteint désormais une largeur de 90 m (Khali, 2002).
- Des plages stables ou en léger engraissement de taille réduite, situées au fond de petites baies. Leur présence s'explique, soit par leur position à l'écart des aménagements, soit par leur situation abritée. Il s'agit de plages étroites relayées vers le continent par des dunes plus ou moins développées, comme c'est le cas de celles de Tazoghrane dans la péninsule du Cap Bon et d'el Ghadhabna au sud de Chebba (Oueslati, 1993 ; Brahim, 2001).
- Des plages qui s'amincissent ou qui reculent, nombreuses le long des côtes. Elles ont perdu de leur volume (plages de La Marsa, de Chebba, de Zarzis) et connaissent une tendance au recul, liée notamment à une pression tant urbaine que touristique de plus en plus forte. C'est le cas des plages situées au sud d'Hammamet (Sahtout, 2002), à Skanès (Ben Frej, 2002) et à Djerba, entre l'hôtel el Boustène et l'hôtel Dar Djerba (Bourgou, 1993).
- Des plages affectées par une érosion marine sévère et généralisée, dont certaines risquent de disparaître, comme c'est le cas sur le littoral sud-est de la péninsule du Cap Bon. Ailleurs, des secteurs qui avaient perdu une partie de leur plage ont fait l'objet d'un rechargement artificiel, comme au droit du palais présidentiel à Hammamet.
- Des plages qui ont totalement disparu depuis le diagnostic établi par R. Paskoff. Aujourd'hui, des constructions de front de mer et des ouvrages de défense lourde ont pris la place des sables marins,

comme devant l'hôtel el Jazira à Djerba (fig. 93) ou l'hôtel Hannibal à Marsa el Kantaoui (Oueslati, 2004 ; Bourgou, 2005).

Fig. 93 – À Djerba, ici sur la plage de l'hôtel el Jazira, les moyens de défense lourds ont fait leur apparition depuis le début des années 1990.
Fig. 93 – *In Djerba, here on El Jazira Hotel beach, hard engineering structures appeared at the beginning of the 1990's.*

Le sable a été remplacé par des enrochements depuis 1986.

Ripraps have replaced sand since 1986.

Fig. 94 – Disparition totale des plages à ez Zahra (banlieue sud de Tunis).
Fig. 94 – *Beach loss at ez Zahra (southern surroundings of Tunis).*

Au total, le meilleur indicateur d'une érosion sévère des plages en Tunisie est l'apparition de plus en plus massive de moyens de lutte contre l'avancée de la mer. Les brise-lames, les épis et les enrochements sont en effet devenus de plus en plus fréquents avec l'amplification de la crise érosive (fig. 94).

Conclusion

Les écrits de R. Paskoff sur l'érosion des plages en Tunisie ont mis l'accent sur un problème grave à une période où il était encore mal perçu par les responsables et par le grand public.

Parce que l'on s'est rendu compte que les plages constituaient un capital touristique d'une valeur inestimable que l'on est en train de perdre, l'œuvre de R. Paskoff est devenue une « Bible » pour de nombreuses associations et pour les services techniques de diverses institutions.

Après son départ de Tunisie en 1986, R. Paskoff est souvent revenu en Tunisie pour prêter, en tant que consultant, main forte à des institutions non universitaires (Service géologique, ORSTOM, Institut national du patrimoine, Association pour la sauvegarde de l'île de Djerba, Association pour la sauvegarde de la médina de Mahdia). L'assistance qu'il a apportée à l'Agence de protection et d'aménagement du littoral (APAL) mérite une mention particulière (Torki et *al.*, 2006).

Références bibliographiques

BEN FREJ T., 2002. *Les baies de la côte de Monastir, géomorphologie et impact des aménagements sur leur évolution.* DEA, Fac. Sc. Hum. et Sociales, Tunis, 112 p.

BOUAZIZ R., 2001. *La côte de Chaffar : géomorphologie et environnement.* DEA, Fac. Sc. Hum. et Sociales, Tunis, 138 p.

BOURGOU M., 1993. Impact des mutations socio-économiques récentes sur le milieu naturel à Djerba. *Rev. Tun. Géogr.*, 23-24, 69- 86.

BOURGOU M., 1997. Milieu naturel et aménagement : le cas du littoral nord- oriental de Zarzis. *Rev. Tun. Géogr.*, 27, 37- 53.

BOURGOU M., 2005. *Les plages, impact des aménagements touristiques et portuaires sur leur évolution (exemples tunisiens).* Cahiers CERES, Série Géogr. 24, 255 p.

BRAHIM F., 2001. *Le Sahel central et méridional : géomorphologie et dynamique récente du milieu naturel.* Thèse de Géogr. Phy., Fac. Sci. Hum. et Sociales, Tunis, 432 p.

EL ARRIMI A., MAATOUK M., WAHBI M., EL MOUMNI B., KHACHAM H., GUEDDARI M., 2003. *Impact de la dynamique et des aménagements sur l'évolution côtière méditerranéenne.* Recueil des communications sur la gestion du risque eau en pays semi-aride, p. 131- 136.

GIESSNER K., HERKOMMER M., IOHSE J., ZIELHOFER C , 1999. *Le projet touristique intégré d'El Montazah- Tabarka (Tunisie du Nord- Ouest). Réflexions sur sa tolérance écologique.* Actes du 5e colloque maroco-allemand sur le tourisme au Maghreb, Tanger 1998, p. 149- 161.

HAMROUNI A., 2002. *Programme National Pour La Protection du Littoral Contre l'Érosion Marine.* In : *Journée d'information sur les techniques de protection du littoral contre l'érosion marine*, p. 37- 42.

ITALCONSULT, 1973. *Projet d'infrastructure touristique et contrôle de l'érosion marine.* ONTT, 187 p. + atlas.

KHALI A., 2002. *Les plages du golfe de Tunis de la Goulette à Hammam- Lif : dynamique morphologique récente et apports des archives à la connaissance de leur évolution.* DEA., Fac. Sc. Hum. et Sociales, Tunis, 124 p.

MIOSSEC J.-M & PASKOFF R., 1999a. Évolution des plages et aménagements touristiques à Jerba (Tunisie) : le cas du littoral nord-est de l'île. *Méditerranée.* 2, 99-106.

MIOSSEC J.-M. & PASKOFF R., 1999b. L'érosion des plages dans le Sud tunisien. Exemples à Jerba (côte sud-est) et à Zarzis. *Rev. Tun. Géogr.*, 2, 137- 155.

OUESLATI A., 1993. *Les côtes de la Tunisie. Géomorphologie et environnement et aptitudes à l'aménagement.* Pub. Fac. Sci. Hum. et Sociales de Tunis, série 2, vol. 34, 385 p.

OUESLATI A., 2004. *Littoral et aménagement en Tunisie : des enseignements de l'expérience du vingtième siècle et de l'approche géoarchéologique à l'enquête prospective.* Orbis, Tunis, 534 p.

PASKOFF R., 1980. Remarques sur les causes et les remèdes à l'érosion des plages à Jerba. *Actes colloque sur l'Environnement et l'érosion des plages à Jerba*. ONTT, documents 26, 6 p.

PASKOFF R., 1981. Évolution récente de la flèche de Foum el oued, delta de la Medjerda (Tunisie nord- orientale). *Méditerranée*, 4, 39-42.

PASKOFF R., TROUSSET P, DALONGEVILLE R., 1981. Variations relatives du niveau de la mer en Tunisie depuis l'Antiquité. Histoire et Archéologie. *Dossiers*, 50, 52-59.

PASKOFF R., 1982. L'érosion des plages en Tunisie. *Rev. Tun. Géogr.*, 8, 82-96.

PASKOFF R., 1985a. *Les plages de la Tunisie*. Éditec, Caen, 198 p.

PASKOFF R., 1985b. *Géographie de l'environnement. Problèmes d'utilisation de ressources et d'adaptation aux contraintes des milieux naturels*. Univ. De Tunis, ISEFC, 227 p.

PASKOFF R., 2002. *L'élévation du niveau de la mer : perspectives pour l'érosion des plages de la Tunisie*. In journées d'information sur les techniques de protection du littoral contre l'érosion marine. A.P.A.L., p. 31-36.

PASKOFF R., 2004. L'île de Djerba (Tunisie) et le développement durable : une vision de géographe. *La Géographie*, 1513, p. 27-34.

SAHTOUT N., 2002. *Les plages de la côte de Nabeul- Hammamet : géomorphologie et apport des archives locales à la connaissance de leur évolution récente.* DEA., Fac. Sc. Hum. et sociales, Tunis, 124 p.

SLIM H., TOUSSET P., PASKOFF R., OUESLATI A., 2004. *Le littoral de la Tunisie, étude géoarchéologique et historique*. C.N.R.S Éditions, Paris, 508 p.

WATTOUTI S., 2004. *Impact des mutations socio-économiques récentes sur le comportement du littoral, le cas de la côte nord- orientale de Zarzis*. DEA., Fac. Sc. Hum. et Sociales, Tunis, 113 p.

TORKI M.A, BEN HAJ M., MOULIS D., 2006. *Protection, fixation et évolution de la dune bordière. Le cas de la plage de Mahdia (Tunisie). In : Les littoraux entre nature et société*. Colloque en hommage à R. Paskoff, Tunis, 11- 13 sep. 2006, 16 p.

5.2. Le combat de Roland Paskoff contre la défense lourde des côtes

Helena GRANJA*
Professeur de Géographie, Université do Minho
Braga, Portugal

Résumé
Cette contribution présente d'abord la position très critique de Roland Paskoff vis-à-vis de la défense lourde des côtes et, au-delà, le combat qu'il a mené pour que l'avis et l'expertise des naturalistes, géomorphologues et géologues, soient pris en compte dans la gestion de l'érosion côtière. Elle expose ensuite l'intérêt des défenses souples que Roland Paskoff défendait ardemment pour le contrôle de l'érosion des côtes sableuses, en faisant la part de celles qui sont bien maîtrisées et généralisables et de celles qui ne sont encore employées qu'à titre expérimental.

Mots-clés : érosion des plages, système plage-dune, défense lourde, défense souple, aménagement littoral, loi Littoral, zonage côtier

Abstract
This contribution exposes the critical position of Roland Paskoff regarding the use of hard engineering structures for controlling coastal erosion and beyond, his struggle to obtain that the opinion and expertise of coastal geomorphologists and geologists are taken into account in coastal erosion management. Then, the interest of the soft measures recommended by Roland Paskoff for the control of beach erosion is exposed. The practical value of soft techniques is discussed so as to distinguish those that have proved to be efficient and those that are still at an experimental stage.

Key words: beach erosion, beach-dune system, hard engineering structures, soft practices, coastal planning, Littoral Law, coastal zoning

Introduction

L'aménagement des littoraux a suscité d'importants débats auxquels Roland Paskoff a activement participé, recommandant des choix de sagesse difficiles à faire admettre dans un contexte de forts enjeux et de politiques basées sur des objectifs de court terme. Le système plage-dune est par nature un environnement dynamique dont l'équilibre est précaire. Il est fondamental de comprendre les processus qui commandent son fonctionnement pour pouvoir le gérer rationnellement, c'est le principal défi pour les acteurs de la zone côtière.

Le comportement sédimentaire de plages soumises aux mêmes agents dynamiques est variable, chaque secteur ayant ses propres caractéristiques physiques (lithologie, morphologie, structure, exposition, etc.). Par conséquent, toute intervention qui vise à contrôler l'érosion doit être pensée au cas par cas, car ce qui peut être une solution dans un secteur peut être une erreur dans un autre. C'est pourquoi l'érosion côtière est devenue un véritable casse-tête pour les élus et pour les gestionnaires des pays à façade maritime. Ce processus naturel s'est converti en risque par suite d'usages qui n'ont pas correctement pris en compte la dynamique du littoral.

Pour défendre les enjeux, gestionnaires et élus ont cherché des solutions et privilégié le recours à des ouvrages lourds (méthodes « passives » fondées sur des ouvrages statiques) dont la plupart sont construits dans l'urgence, à la suite de grosses tempêtes. Faits de matériaux résistants (rochers, béton…), ces derniers sont en général volumineux, car soumis à une forte énergie. Abandonné dans certains pays, ce mode de gestion continue à être pratiqué dans d'autres. La défense souple, qui s'est beaucoup développée au cours des dernières décennies, constitue une alternative aux ouvrages lourds, surtout dans les secteurs à faible énergie. On parle de méthodes « actives » pour désigner les solutions techniques qui relèvent de ce type de stratégie, car elles consistent à s'appuyer sur les processus naturels pour améliorer la situation sédimentaire des côtes.

Ce texte présentera l'engagement de Roland Paskoff contre le recours systématique à la défense lourde en s'attachant à exposer ses arguments et les solutions alternatives qu'il a défendues. Dans un second temps, il dressera un état des lieux des solutions légères qui existent aujourd'hui, en identifiant celles qui peuvent être mises en œuvre parce qu'elles ont fait leurs preuves.

5.2.1. Le combat des naturalistes contre les solutions d'ingénierie lourde

A. La critique des solutions lourdes

À partir des années 1980, Roland Paskoff s'est engagé dans une critique sévère des ouvrages de défense lourde, considérant qu'il était de la responsabilité des naturalistes de faire évoluer les méthodes de traitement de l'érosion côtière afin que les solutions d'ingénierie qui dénaturent les côtes soient abandonnées au profit de méthodes prenant en compte la dynamique du littoral (Paskoff, 1981). Il était particulièrement critique envers le corps des ingénieurs : « *Il est de tradition de confier à des ingénieurs la protection des littoraux contre l'attaque de la mer. Cette agression est vue par eux comme un défi de la nature qu'il faut relever en fortifiant les rivages. (...) Les ingénieurs dimensionnent et positionnent des ouvrages qui réussissent souvent à mettre à l'abri des aménagements menacés par les vagues, mais en général ils se préoccupent peu des effets induits qui risquent de perturber irrémédiablement les équilibres dynamiques précaires des milieux côtiers et donc de dégrader l'environnement de façon irréversible. Une formation fondamentalement mathématique, sans véritable ouverture sur les réalités complexes de la nature, explique un tel comportement. Lorsque des naturalistes, le plus souvent des universitaires, évoquent les effets néfastes des ouvrages de défense contre la mer, qui à la vérité protègent plus les constructions que les rivages, les ingénieurs sont enclins à les considérer comme des gêneurs qui entravent une action institutionnalisée par le temps.* » (Paskoff, 1993). Il dénonçait ce qu'il appelait le « *syndrome de Knud le Grand* », souverain dont la légende dit qu'il périt noyé faute d'avoir su arrêter la marée, autrement dit la vanité qui conduit l'homme à penser qu'il peut maîtriser les forces de la nature.

R. Paskoff a reproché à ces divers types d'ouvrages (épis, murs de protection, brise-lames, enrochements) de déstabiliser les plages, de dénaturer les paysages et d'être très coûteux, d'une part, parce qu'il faut les entretenir régulièrement, et d'autre part, parce que l'installation des premiers en appelle souvent d'autres. Pour lui, ces ouvrages étaient « *inesthétiques, chers et même néfastes* », car « *ils ne s'attaquent pas à la racine du mal qui est le déficit sédimentaire côtier. En stabilisant le rivage sur une position fixe, ils entravent un recul qui est un phénomène naturel, accroissant le déséquilibre du système. Cela fait appel à de nouveaux ouvrages de défense qui, en donnant une fallacieuse impression de sécurité, encouragent l'extension des aménagements à proximité du rivage. Ça veut dire l'entrée dans un engrenage sans fin, qui entraîne des dépenses élevées et la dégradation irréversible de l'environnement.* » (Paskoff, 1990). Il leur a maintes fois reproché de faire disparaître des plages qui se maintiendraient si on les laissait reculer librement, parce qu'« *une plage peut reculer sans pour autant disparaître* ». Il donnait comme exemple la côte d'Aquitaine dont le recul, qui date de plusieurs siècles[18], n'a pas porté atteinte à l'existence des plages.

En 1991, dans un article faisant état de l'avancée des recherches géomorphologiques qu'il signe avec D. Kelletat, R. Paskoff retranscrit les efforts importants consentis par les géomorphologues et par les géologues pour éviter le recours systématique aux solutions d'ingénierie lourde. Les deux auteurs retranscrivent le « *great seawall debate* », selon l'expression de O.H. Pilkey, qui oppose milieux scientifiques et ingénieurs, les premiers tachant de convaincre des effets aggravants des murs de protection sur les sites en érosion. Il publiait l'année suivante un compte-rendu du rapport du National Research Council américain intitulé *Managing coastal erosion* qui fut réalisé à la suite du passage du cyclone Hugo afin de réduire le risque que l'érosion faisait peser sur les aménagements. Dans ce texte, il défend l'idée que « *la défense contre la mer est un concept dépassé* » et qu'il y a, aux États-Unis, « *une évolution dans le bon sens et dont il serait aisé de s'inspirer davantage en France* » (Paskoff, 1992).

B. La nouvelle réponse des naturalistes, le « recul stratégique »

Dès le milieu des années 1980, Roland Paskoff a proposé la « *nouvelle réponse des naturalistes : le recul stratégique* » (Paskoff, 1984) comme étant une solution permettant de « *s'adapter à*

[18] Cf. la contribution de M.-Cl. Prat dans le chapitre 4 de ce livre.

l'évolution naturelle plutôt que de la contrarier ». Selon lui, le repli *planifié* devait s'imposer, surtout dans les situations dans lesquelles les aménagements étaient encore peu importants. Il en a donné des exemples à travers le monde, citant le déplacement du phare du cap Hatteras aux États-Unis ou l'évacuation du front de mer de Criel-sur-Mer en Normandie. Il donnait aussi comme exemple la « *nouvelle politique de défense côtière en Grande-Bretagne fondée sur un retrait contrôlé (managed retreat) des digues* » et les expériences de dépoldérisation engagées à Blackwater dans l'Essex, dans le Schleswig-Holstein en Allemagne et sur des terrains atlantiques du Conservatoire du littoral en France.

R. Paskoff préconisait même d'abandonner à la mer les bâtiments de faible valeur en mettant en place un système d'indemnisation (Paskoff, 1984 ; 1990), considérant qu'il pouvait être préférable de conserver une plage plutôt que des constructions. En 1993, il écrivait que « *des décisions récentes, comme celles ordonnant quelques démolitions exemplaires d'aménagements irréguliers, vont dans le bon sens* » et il attirait l'attention sur « *les effets contre-productifs de la dotation touristique qui encourage les communes côtières à construire, pénalisant ainsi les municipalités conservationnistes qui mériteraient pourtant d'être aidées* » (Paskoff, 1993).

De la même manière, selon lui, la sagesse commandait parfois de faire disparaître épis, murs de protection et brise-lames, autrement dit de déséquiper les côtes. Il souhaitait que le Conservatoire du littoral n'écarte pas l'éventuel démantèlement d'ouvrages de défense, après une étude de chaque cas, soulignant que dans les zones « *où ils disparaîtraient, la dénaturation de l'environnement aurait reculé* » (Paskoff, 1995). Il n'admettait la défense lourde que pour des cas exceptionnels dans lesquels des vies et des biens étaient fréquemment menacés. Il citait le cas de Norfolk où la construction d'un puissant mur de béton fut masquée par du sable planté d'oyats pour maintenir un paysage de qualité. Il présentait, comme des exemples à suivre, le cas des États du Maine et de la Caroline du Nord aux États-Unis qui ont adopté des législations qui interdisent la construction d'ouvrages de défense lourds sur leurs côtes, prenant ainsi acte du fait qu'il est plus important de conserver les plages que les aménagements qui les bordent.

À propos de la loi Littoral (86-2 du 3 janvier 1986), R. Paskoff préconisait un zonage mobile, périodiquement révisé et réajusté en fonction du comportement réel du trait de côte, considérant la bande inconstructible des 100 m comme relevant d'une vision fixiste de l'espace, inadaptée à la mobilité et au recul des côtes. En 1993, soit sept ans après sa promulgation, il écrivait que la loi n'avait pas « *jugulé la fringale d'espace des aménageurs qui ont continué à multiplier les projets de lotissements, de complexes de loisirs, de ports de plaisance, d'établissements de thalassothérapie, de terrains de golf.* ». Il soulignait aussi que « *maires et promoteurs ont su utiliser à leur profit les formulations insuffisamment précises de la loi comme « espaces proches du rivage », « sites remarquables » ou « hameaux nouveaux intégrés à l'environnement ».*

C. Exemples à suivre et leçons à tirer du passé

R. Paskoff citait les Pays-Bas comme un « *pays qui a défini et appliqué une politique cohérente en matière de défense du littoral* (car, en 1990), *le gouvernement néerlandais a fait connaître son choix qui a été approuvé par un vote du Parlement – la défense intégrale – ... le trait de côte* (devant) *désormais être maintenu sur la position qui était la sienne cette année-là.*». Deux raisons principales expliquaient l'intérêt que R. Paskoff portait à la politique hollandaise, la grande rigueur de la démarche qui conduisit à ce choix (réalisation d'études transdisciplinaires détaillées, comparaison du coût des différentes méthodes de défense) et la solution technique retenue, l'alimentation artificielle des plages en sédiments. Il concluait à ce sujet que « *La défense du rivage peut ainsi être intégrale et souple* » et que « *Ce qui a été dit des Pays-Bas (...) montre la voie à suivre* », car, en France, « *il convient d'échapper à l'absurdité que serait la généralisation du barricadage du littoral* » (Paskoff, 1993). Il était conscient qu'une telle démarche n'est pas applicable dans tous les pays, pour des raisons techniques et financières.

R. Paskoff n'hésitait pas à rechercher dans le passé des exemples démontrant que vouloir contrôler la nature est à la fois prétentieux et illusoire. Il a d'ailleurs consacré un chapitre entier, intitulé *Côtes disparues : le mythe de l'Atlantide,* aux catastrophes qui ont inspiré de multiples légendes dans l'ouvrage *Côtes en danger* (1993). Il rappelait que l'« *on ne compte plus les agglomérations de bord de mer qui ont perdu des quartiers entiers, engloutis sous les flots* », comme à Espinho au Portugal, site que R. Paskoff a visité.

5.2.2. Intérêt et état des lieux des méthodes souples prônées par Roland Paskoff

Parmi les méthodes souples, on peut distinguer celles qui utilisent des palissades en bois et des géotextiles et celles qui consistent à recharger les plages par l'apport artificiel de sable. L'on peut aussi citer d'autres techniques moins courantes, comme l'utilisation d'algues, de récifs artificiels, d'atténuateurs de houle, ou encore la régularisation du niveau de la nappe phréatique. Il s'agira ici de dresser une revue de ces solutions souples que Roland Paskoff préconisait tout en faisant preuve d'une très grande prudence à l'égard des techniques qui n'en sont qu'à un stade expérimental et qui n'ont donc pas fait leurs preuves.

A. Les palissades

L'usage de palissades brise-vent est une forme de défense souple très répandue. Contrairement aux autres méthodes, les palissades ne s'attaquent pas directement à l'érosion marine. Par ailleurs, elles ne traitent que la partie dunaire du système plage/dune.

Les palissades sont utilisées pour favoriser le dépôt dans les zones de déflation éolienne ouvertes dans les dunes, pour favoriser l'édification d'une dune, ou bien pour créer une sorte de digue visant à éviter la submersion des terres qui les bordent.

Elles sont généralement implantées du côté maritime d'une dune préexistante, les types étant différents selon les régions. Leur efficacité à favoriser l'accumulation du sable et à engendrer des changements morphologiques dépend de différentes variables, comme leur porosité, leur hauteur, leur orientation par rapport au vent, leur nombre et la distance qui les sépare, les caractéristiques des sables..., le dispositif devant être adapté aux conditions locales.

B. Les couvertures de branchages, semis et plantations

Les dunes, et tout particulièrement les avant-dunes, sont un élément indispensable à l'équilibre du système plage/dune. Au-delà des palissades brise-vent, toutes les techniques qui limitent l'érosion due au vent, et conservent le sédiment à proximité de sa source – la plage – jouent un rôle modérateur de l'érosion marine. C'est le cas des couvertures de branchages épandues sur les zones dénudées, qui annulent la vitesse du vent et favorisent la reprise naturelle des végétaux. Leur action peut être renforcée par des plantations, ou semis, d'espèces dunaires telles que l'Oyat (*Ammophila arenaria*).

C. L'alimentation artificielle des plages

R. Paskoff considérait les États-Unis, qui traitent l'érosion par l'alimentation artificielle des plages, comme un exemple à suivre. Il recommandait vivement d'avoir recours à cette solution dans les cas où il existe des sources de sédiments exploitables à une distance raisonnable des plages à traiter et lorsque la nature et la valeur des enjeux méritent que l'on investisse dans ce procédé coûteux parce qu'il doit être régulièrement répété.

L'alimentation artificielle peut se faire de plusieurs façons. Les sédiments peuvent être pompés sur la plate-forme continentale ou provenir d'autres sources (dragage des ports et des rivières, par exemple). Il importe que les sources sédimentaires soient extérieures aux cellules sédimentaires à traiter. Les produits de rechargement ne doivent jamais être plus fins que ceux de la plage à nourrir. Le rechargement des plages en sable présente de nombreux avantages :

- Il élargit et engraisse la plage, la protégeant ainsi contre l'action de la houle dont l'énergie se trouve davantage dissipée ;
- Il a moins d'impacts sur les secteurs voisins que les structures lourdes ;
- Contrairement aux défenses dures, il corrige la cause fondamentale de l'érosion des plages qui est la *pénurie* de sédiments.

Cependant, le rechargement n'est qu'une solution temporaire, car il doit être régulièrement opéré. Les coûts récurrents qu'il génère en font une méthode coûteuse. Les rechargements sont plus efficaces sur les plages de fond de baie (faible fuite latérale de sédiments) que sur des côtes exposées à de fortes houles et/ou soumises à une puissante dérive littorale, comme c'est le cas sur le littoral aquitain et sur la côte occidentale du Portugal. Il ne peut donc pas être utilisé systématiquement.

D. Les géotextiles

Ils ont été de plus en plus employés au cours des dernières années. Il y a plusieurs façons de les utiliser, en fonction des objectifs visés. La pratique la plus courante consiste à disposer des sacs de géotextile remplis de sédiments (sables, graviers ou galets) à la base de falaises en recul afin de réduire l'action érosive des vagues. Parfois, ces sacs sont utilisés de manière combinée avec des pieux en bois. La relative fragilité de ces équipements est un gros inconvénient. Par ailleurs, ils n'empêchent pas les falaises taillées dans des matériaux meubles de continuer à reculer. Cette solution est peu coûteuse, mais les sacs de géotextile doivent être régulièrement réparés, ce qui en limite l'intérêt sur le long terme.

Les géotextiles sont aussi utilisés pour recouvrir des formes naturelles et augmenter leur résistance à l'érosion. Dans ce cas, les réseaux de géotextile sont ancrés et tendus à la surface des formes à protéger (bancs sableux, dunes).

E. Algues et récifs

Il s'agit de méthodes qui « travaillent avec la nature ». Cependant, leur efficacité est limitée, surtout sur les côtes exposées et à forte énergie. Localement, les algues peuvent éviter l'excavation de structures immergées.

Les récifs artificiels, très utilisés actuellement, fonctionnent comme des atténuateurs d'énergie, obligeant la houle à se briser loin de la plage.

F. Pompes, drains et *fluidisers*

Ces méthodes hydrauliques agissent sur le flux d'eau qui s'écoule à la surface et dans le corps de la plage. La modification de ce flux peut augmenter ou diminuer la mise en suspension et le dépôt des sédiments, suivant les besoins, donc modifier l'aptitude érosive des vagues et du *swash*.

Les systèmes de drainage visent à abaisser le niveau de la nappe phréatique afin de favoriser le dépôt pendant le jet de rive (*uprush)* et de réduire l'érosion associée à la nappe de retrait (*backwash)*. La plupart des installations de drainage sont ensablées.

Les *fluidisers* sont des tuyaux percés de trous à travers lesquels l'eau circule à grande vitesse, ce qui fluidifie le sédiment et facilite sa mobilisation par les houles, les courants, la gravité ou le pompage. Ils sont importants pour le maintien de chenaux et pour les opérations de *by-pass*.

Les systèmes de drainage ont des défauts communs à d'autres méthodes de défense. Ils n'agissent pas sur le budget sédimentaire, qui est déficitaire dans les cas d'érosion. En provoquant l'accrétion dans une zone déterminée, ils peuvent favoriser l'érosion dans une autre. Enfin, tous leurs effets ne sont pas encore bien connus. Ils peuvent avoir un impact négatif sur la qualité des eaux, sur la végétation et sur la faune des dunes.

Conclusion

Après avoir examiné, d'une part, les méthodes lourdes et statiques, très agressives vis-à-vis de la nature et aux nombreux impacts indésirables, et d'autre part, les méthodes souples et actives, pas encore aussi efficaces qu'on le souhaiterait, il reste à mener une sérieuse réflexion sur ce que l'on veut pour la zone côtière et, en particulier, pour le système plage-dune.

Le choix le plus pertinent est certainement à rechercher du côté du *repli stratégique* dont parlait R. Paskoff. Sachant que le cours de la dynamique naturelle ne s'inversera pas, la gestion durable de la zone côtière passe par une nouvelle philosophie vis-à-vis de son utilisation et de son occupation.

Références bibliographiques

PASKOFF R., 1981. *L'érosion des côtes*. Que sais-je ? PUF, Paris, 127 p.

PASKOFF R., 1984. Érosion et protection des plages : une nouvelle approche. *Actes du colloque sur l'hydraulique et la maîtrise du littoral,* Société Hydrotechnique de France, Marseille, 3, 7.1-7.7.

PASKOFF R., 1990. Érosion des côtes et problèmes d'aménagement. *Mondes et Cultures,* 49, 346-358.

PASKOFF R. & KELLETAT, D., 1991. Review of coastal problems. *Z. Geomorph. N.F.,* Suppl.-Bd., 81, 149-162.

PASKOFF R., 1992. Principes d'aménagement des plages. Colloque international *« Environnement, pollution, développement »*, 17-18 mai 1990, Rabat, p. 239-243.

PASKOFF R., 1993. *Côtes en danger*. Masson, Paris, 247 p.

PASKOFF R., 1995. Le Conservatoire du littoral confronté au problème de l'érosion marine. *Cahiers du Conservatoire du Littoral,* 7, p. 65-74.

5.3. La cartographie prospective de l'évolution du trait de côte, l'un des piliers de la « nouvelle philosophie des rivages » préconisée par Roland Paskoff

Paul DURAND*

** Maître de Conférences en Géographie, UMR CNRS 8591, Laboratoire de Géographie Physique Pierre Birot*

Résumé

Pour Roland Paskoff, la cartographie prospective de l'évolution du trait de côte était un élément indispensable à l'aménagement des espaces littoraux. Après avoir défini les fondements et les objectifs de cette cartographie, ce texte montre de quelle manière les principes que R. Paskoff a énoncés dès la fin des années 1980 ont trouvé leur application, en particulier à travers la mise en œuvre en 2003 par le Conservatoire du littoral et des rivages lacustres d'un vaste programme de recherche dans lequel la prospective occupe une place centrale.

Mots-clés : cartographie prospective, analyse prévisionnelle, risque littoral, zonage côtier, Conservatoire du littoral et des rivages lacustres

Abstract

For Roland Paskoff, the prospective cartography of the shoreline evolution is an essential element for planning coastal management. After having defined the bases and objectives of this cartography according to Roland Paskoff, this text shows how the principles that he stated as of the end of 1980 found their application, in particular through a research project supported by the French "Conservatoire du Littoral et des Rivages Lacustres" in 2003.

Key words: prospective cartography, forecast analysis, littoral risk, coastal zoning, Conservatoire du Littoral

Introduction

Tout au long de sa carrière de chercheur, Roland Paskoff a œuvré pour la mise en oeuvre d'une « nouvelle philosophie des rivages », selon l'expression qu'il avait reprise à son maître André Guilcher. Selon lui, cela supposait un changement radical d'approche de la part des acteurs en charge de l'aménagement du littoral en France. Dans le contexte d'aggravation contemporaine des risques d'érosion et de submersion marine sur les rivages, il a souligné avec force la nécessité d'envisager ces phénomènes naturels, non pas *« en terme d'antagonisme avec l'Homme »* – recours systématique aux ouvrages de défense lourds – mais *« dans une perspective d'adaptation des équipements à une situation de fait qui ne relève pas du seul art de l'ingénieur »* (Paskoff, 1993). Il a inlassablement répété que l'objectif est *« de gérer l'espace pour ne pas être contraint un jour de protéger contre l'érosion et la submersion par la mer les aménagements qui y ont été implantés »* (Paskoff, 1993).

Dans cette perspective, Roland Paskoff considérait la cartographie prospective de l'évolution du rivage comme *« un instrument indispensable à l'aménagement des espaces littoraux »*, (Paskoff, 1994). Ce texte montre comment il a su faire émerger cette idée, à la fois à travers ses publications et les recherches qu'il a encouragées ou dirigées, et à travers son action comme membre du Conseil scientifique du Conservatoire du littoral. Le propos est articulé en deux temps : le premier point expose les fondements et objectifs de la cartographie prospective selon Roland Paskoff alors que la deuxième partie met en relief le rôle essentiel qu'il a joué dans le programme intitulé « Impact du changement climatique sur le patrimoine du Conservatoire du littoral » lancé par cet organisme en 2003, et dans lequel la cartographie prospective occupe une place centrale.

5.3.1. Fondements et objectifs de la cartographie prospective selon Roland Paskoff

« Avant d'aménager un littoral, il importe d'analyser les processus qui commandent son évolution et de connaître sa dynamique évolutive » (Paskoff, 1994). Roland Paskoff a fait de ce principe de bon sens un véritable leimotiv. Il s'agit de quantifier l'évolution passée d'un rivage, mais aussi, évidemment, d'essayer de prévoir son évolution future. Tout simplement pour éviter d'implanter trop près du rivage des aménagements qui devront un jour être défendus, souvent en catastrophe suite à une forte tempête, par « *des*

structures lourdes dont le coût élevé sera à la charge de la collectivité » (Paskoff, 1994). C'est pourquoi Roland Paskoff va s'efforcer de faire émerger l'idée que la cartographie prospective est « *une démarche préalable à toute entreprise d'aménagement d'un rivage* » (Paskoff, 1994). Ce thème va apparaître dans ses écrits à partir de la fin des années 1980 (Paskoff, 1989, 1990, 1993 et 1994). L'action menée aux Pays-Bas par le Rijkswaterstaat pour la planification de la politique future de défense contre la mer du littoral néerlandais (Louisse et Van Der Meulen, 1991 ; Terwindt et Battjes, 1990 ; Ministry of Transport and Public Works of Netherlands, 1990), les travaux de l'équipe de Pilkey aux USA (Pilkey et Davis, 1987) et de l'équipe de Levoy en France (Levoy, 1989, 1997) vont être ses sources d'inspiration. Ainsi, la cartographie prospective doit être l'outil servant de base à la réflexion pour tout acteur en charge de l'aménagement d'un rivage, et elle doit s'appuyer, pour sa réalisation, sur l'analyse des évolutions passées.

A. Une cartographie nécessairement fondée sur l'analyse des évolutions passées

La cartographie prospective repose nécessairement sur une analyse prévisionnelle de l'évolution future du rivage. En la matière, Roland Paskoff nous montre qu'il existe deux approches. L'une est résolument quantitative, instrumentale et modélisatrice. L'autre se fonde sur l'analyse des évolutions passées du rivage.

Les méthodes qui relèvent de la première approche cherchent à modéliser le comportement d'un rivage par le biais de formules, d'équations, qui prennent en compte les facteurs intervenant dans la dynamique littorale, comme le régime des houles et des courants, les mécanismes des flux sédimentaires, l'élévation du niveau marin… En permettant de mettre en évidence des phénomènes tels que les variations des profils de plage lors des tempêtes, de modéliser le déferlement, d'estimer le transit sédimentaire longitudinal, etc., elles aident à mieux comprendre l'action des processus littoraux et peuvent être utiles pour prévoir, de manière localisée, le comportement d'un rivage à court terme. Par exemple, grâce à de telles méthodes, on peut arriver à estimer les impacts à court terme de l'implantation de jetées portuaires ou d'ouvrages de défense lourde. Mais Roland Paskoff

(1993, 1994) considérait qu'elles ne sont guère adaptées à une prévision à l'échelle de plusieurs décennies et sur de vastes secteurs, en particulier parce que la complexité et la diversité des processus naturels ne saurait être résumée par des formules et des équations. Les résultats plus que mitigés donnés par les modèles prévisionnels tels que le modèle GENESIS lorsqu'ils sont appliqués pour prévoir à moyen terme l'évolution d'un rivage (Young *et al*, 1995 ; Thieler *et al*, 2000 ; Durand, 2001) tendent à confirmer ceci.

En conséquence, en matière de cartographie prospective, Roland Paskoff préconise le recours à l'approche de type historique. Cette dernière consiste à analyser le comportement passé d'un littoral (à l'échelle séculaire), afin d'en prédire par extrapolation l'évolution dans les décennies à venir. En premier lieu, elle suppose de conduire une étude précise de la cinématique récente du trait de côte, souvent à partir de l'analyse diachronique de photographies aériennes (Crowell *et al*, 1997 ; Douglas *et al*, 1998 ; Douglas et Crowell, 2000 ; Levoy, 1989, 1997 ; Thieler et Danforth, 1994 ; Durand, 1999, 2001), voire de cartes anciennes lorsque la précision de ces documents le permet, et même parfois, à partir de longues séries de profils de plage (Blanc, 1996). En second lieu, elle nécessite le recours à des méthodes d'extrapolation statistique, indispensables pour prévoir l'évolution à long terme du littoral, mais qui ne permettent pas toutefois de prendre en compte les variations brutales à court terme sous l'effet des tempêtes (Crowell *et al*, 1997 ; Douglas *et al*, 1998 ; Durand, 1999 et 2001).

Plusieurs recherches ont proposé une synthèse des principales méthodes d'approche historique (Durand, 1999 ; Fenster *et al*, 2001). Il en ressort que parmi les méthodes les plus fréquemment utilisées, la régression linéaire semble la moins aléatoire. Elle présente en effet l'avantage de permettre le calcul et l'extrapolation dans le futur d'une tendance qui prend en compte toutes les données d'évolution passée du trait de côte au cours d'une période déterminée (et non pas seulement les deux valeurs extrêmes) ; de plus, il est possible de tester la qualité de l'ajustement linéaire (par le calcul du coefficient de détermination R^2) et d'estimer une marge d'incertitude par le biais d'un intervalle de confiance (fig. 95). Toutefois, cette méthode se heurte à la limite fondamentale, inhérente à tout travail d'analyse

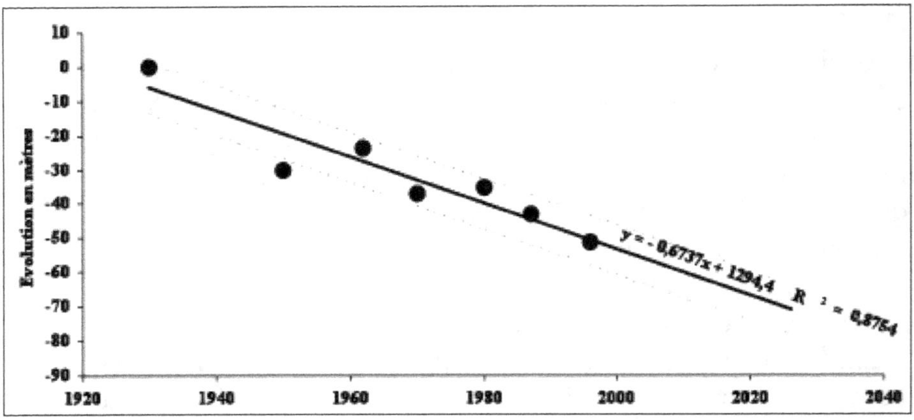

Fig. 95 – Exemple d'ajustement de valeurs d'évolution d'un littoral à une droite de régression avec intervalle de confiance à 90 % (Durand, 1999)
***Fig. 95** – Example of linear regression with 90% interval of confidence (Durand, 1999)*

prévisionnelle, évoquée plus haut : l'impossibilité de prévoir les variations à court terme de la ligne de rivage sous l'impact des événements exceptionnels tels que les tempêtes, ce qui revient à considérer les forçages comme constants et par là même, à négliger les effets d'emballement ou de cicatrisation. En outre, la méthode est critiquable dans la mesure où elle revient à considérer que l'évolution d'un rivage se résume à une tendance linéaire avec des résidus distribués de manière gaussienne, c'est-à-dire comportant peu de valeurs extrêmes. Or, dans la réalité, cela est rarement le cas puisque les rivages peuvent connaître des fluctuations brutales et totalement imprévisibles, en liaison avec de fortes tempêtes ou de fortes crues. Les chiffres obtenus par le biais de cette méthode fournissent donc simplement des indications sur la tendance évolutive à long terme de la ligne de rivage. Lorsque cette tendance a été relativement régulière, ils peuvent aboutir à des résultats assez crédibles. Un exemple en est donné par les résultats obtenus pour les cordons littoraux barrant les étangs de Vic et de Pierre-Blanche, sur le littoral du Languedoc (Durand et Heurtefeux, 2006, fig. 96). Dans ce cas, le calcul par régression linéaire, à partir des données d'évolution disponibles depuis 1937, de la position de la ligne de rivage pour l'année 2002, et

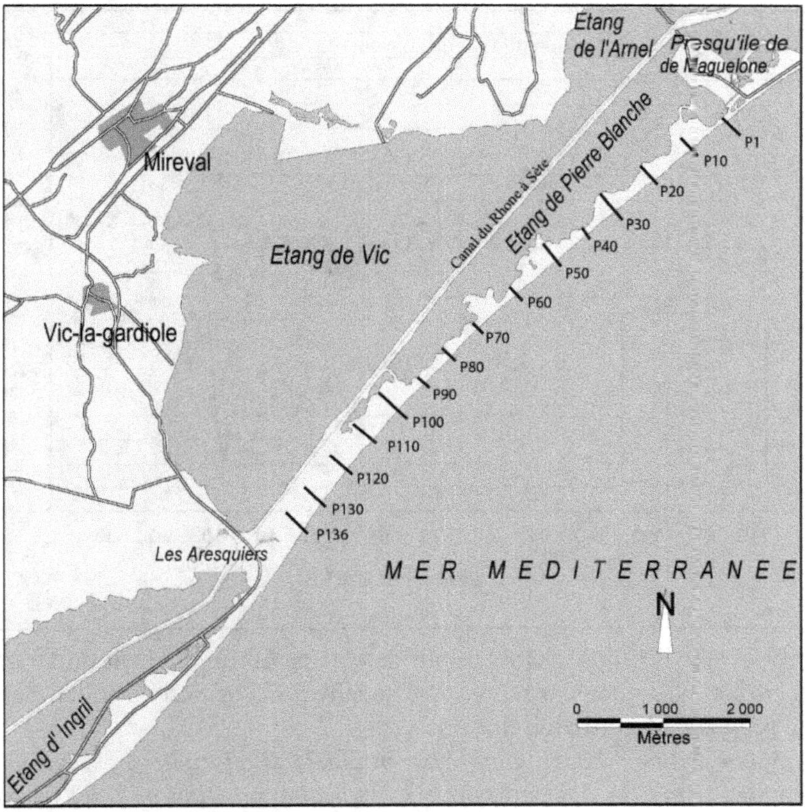

Fig. 96a – Localisation des profils de mesure
***Fig. 96a** – Location of measurements*

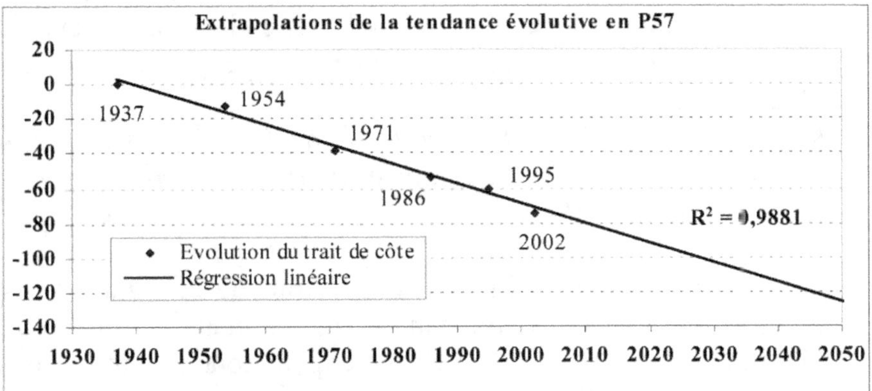

Fig. 96b – Exemple de prévision des évolutions par régression linéaire
***Fig. 96b** – Example of forecast using linear regression*

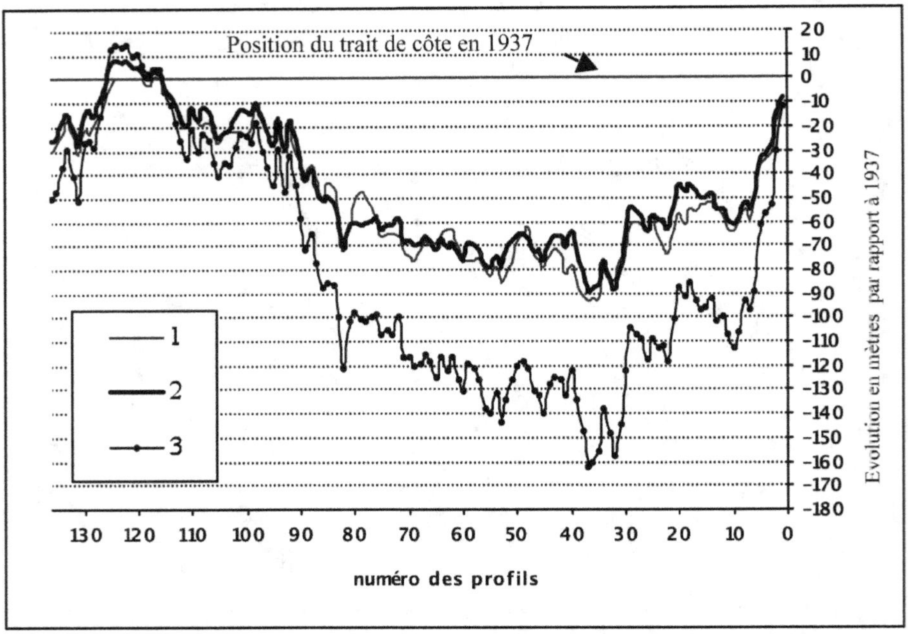

Fig. 96c – 1. Position réelle du trait de côte en 2002 ; 2. Position du trait de côte en 2002 calculée par régression linéaire ; 3. Position du trait de côte en 2002 prévue par régression linéaire.
Fig. 96c *– 1. Real shoreline position in 2002; 2. Shoreline position in 2002 calculated using linear regression; 3. Shoreline position in 2002 forecasted using linear regression.*

Fig. 96 – Évolution du trait de côte de 1937 à 2002 et prévisions pour 2050 par la méthode de la régression linéaire dans le secteur des étangs de Vic et de Pierre-Blanche (Languedoc, France) (Durand et Heurefeux, 2006)
Fig. 96 *– Shoreline evolution from 1937 to 2002 and forecasts for 2050 in the Vic and Pierre-Blanche area (Languedoc, France) (Durand et Heurtefeux, 2006)*

sa comparaison avec la position réelle du trait de côte mesurée en 2002, montre que l'ajustement linéaire traduit de manière satisfaisante la tendance passée d'évolution du rivage et peut donc être utilisé pour prévoir sa tendance évolutive future (fig. 96c).

En définitive, pour Roland Paskoff, l'approche historique constitue, malgré ses limites, la démarche la plus adaptée en matière d'analyse prévisionnelle à échéance de plusieurs décennies. Elle repose en effet sur un laps de temps (compris entre 50 et 200 ans selon les études) suffisamment long pour avoir permis l'occurrence de fortes tempêtes, qui sont les événements faisant évoluer durablement une ligne de rivage. D'autre part, ce laps de temps correspond à une époque pendant laquelle les processus naturels ont été considérablement perturbés par les impacts anthropiques. Comme ces perturbations sont amenées à s'accroître, il se prête donc bien à la prévision du comportement des rivages dans les décennies à venir.

Pour Roland Paskoff, la cartographie prospective repose donc nécessairement sur une quantification des évolutions passées du rivage. Dès le début des années 1990, il suggère de multiplier ce type de recherche sur les littoraux français, afin d'établir des cartes prospectives à grande échelle, qui pourraient servir de fondement à l'élaboration d'un zonage côtier.

B. Un préalable indispensable à l'élaboration d'un zonage côtier

L'idée de Roland Paskoff était de déterminer, pour tous les littoraux en recul encore non occupés par les activités humaines, un zonage côtier dont la « *finalité serait d'éviter le recours à des travaux de protection contre la mer* » (Paskoff, 1993). Pour ce type de côte, sa proposition est beaucoup plus élaborée que la bande inconstructible de 100 m telle qu'elle est définie dans la Loi Littoral. Elle est en effet adaptée au comportement prévisible de chaque rivage. Ainsi, il suggère de définir, à partir d'une cartographie prospective, « *trois bandes de terrain limitées respectivement par la position du rivage attendue dans 10 ans, dans 30 ans et dans 60 ans* » (fig. 97) (Paskoff, 1993). Les contraintes d'aménagement dans ces bandes de terrain doivent être strictes. Ainsi, dans la première bande, aucune construction ne serait possible, alors que seules des installations mobiles seraient autorisées dans la deuxième, et des équipements légers dans la troisième. Les équipements lourds à durée de vie longue (supérieure à 60 ans) ne pourraient être quant à eux implantés qu'au-delà de la troisième bande. Pour les rivages en fort recul comme la côte aquitaine, un tel zonage pourrait aboutir à une interdiction de construction sur une bande d'une largeur nettement supérieure à 100 m. Les risques liés à l'érosion seraient alors pris en compte de manière beaucoup plus réaliste, d'autant plus que seraient prévues des révisions périodiques du zonage afin de tenir compte des changements éventuels de comportement de la ligne de rivage.

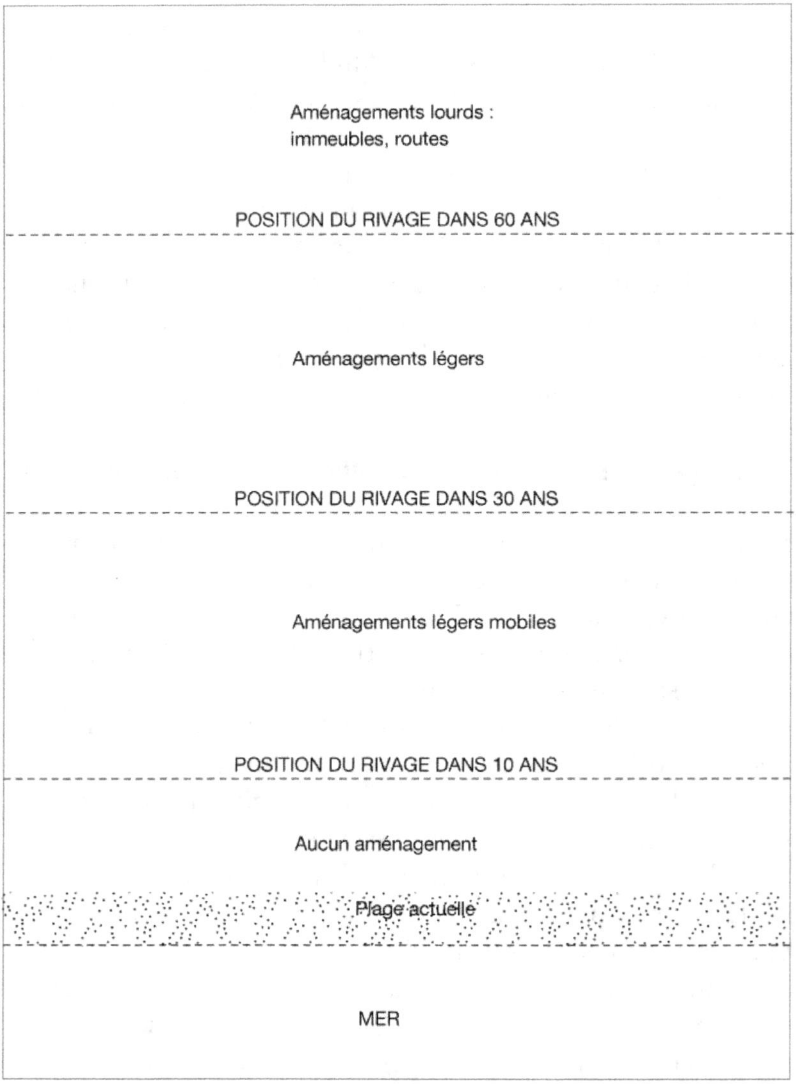

Fig. 97 – Zonage prévisionnel de l'occupation d'un rivage (Paskoff, 1993)
Fig. 97 *– Example of coastal planning according to the forecast of shoreline evolution (Paskoff, 1993)*

Dès la fin des années 1980, Roland Paskoff suggère d'intégrer par voie réglementaire un zonage de ce type dans les POS des communes littorales. Cinq ans plus tard, la loi Barnier (1995) sur le renforcement de la protection de l'environnement, qui instaure les PPR (Plans de Prévention des Risques), adopte ce principe en prévoyant l'élaboration d'un zonage côtier en fonction du degré d'exposition à l'aléa érosion et/ou submersion. Certes, une telle démarche a encore du mal à être mise en œuvre correctement faute d'études suffisamment nombreuses sur l'évolution passée du rivage puisqu'à l'heure actuelle, seulement quelques dizaines de PPR littoraux ont été validés ou prescrits. Mais le principe de zonage en fonction du risque littoral a été adopté, et c'est là un progrès notable. Ainsi, par ses multiples écrits et ses interventions en tant qu'expert auprès des divers services de l'État, Roland Paskoff a su faire passer cette idée essentielle pour la promotion d'un développement durable des rivages. De même, sa suggestion de multiplier les travaux de cartographie prospective d'évolution des rivages français s'est matérialisée très concrètement en 2003, lorsque le Conservatoire du littoral a lancé un vaste programme de recherche dans lequel la cartographie prospective occupe une place centrale.

5.3.2. L'application des principes de la cartographie prospective : l'exemple du Conservatoire du littoral

A. Le programme lancé par le Conservatoire : un projet novateur en France

Roland Paskoff était l'un des conseillers scientifiques du Conservatoire du littoral. À ce titre, il a joué un rôle central dans le programme de recherche lancé par cet organisme en 2003 et intitulé « Impact du changement climatique sur le patrimoine du Conservatoire du littoral. Scénarios d'érosion et de submersion à l'horizon 2100 » (Clus-Auby *et al*, 2004 et 2005). Il s'agissait d'une étude prospective dont l'objectif était d'évaluer l'impact du réchauffement climatique prévu au XIXe siècle sur les terrains dont le Conservatoire était déjà propriétaire ainsi que sur ceux qu'il était susceptible d'acquérir d'ici 2100.

Ce programme s'est déroulé en deux temps (Clus-Auby *et al*, 2005). La première phase (2002-2003) a consisté en une analyse prévisionnelle de l'évolution du rivage d'ici 2100 sur 10 sites pilotes du territoire métropolitain, représentatifs de la diversité du littoral français, et exposés, pour les uns, principalement au risque d'érosion, pour les autres, essentiellement au risque de submersion. Les études ont été confiées à des universitaires et chercheurs spécialistes en la matière à qui il a été demandé de raisonner en fonction des scénarios généraux de hausse du niveau marin considérés comme étant les plus probables par le GIEC dans son troisième rapport, soit des hypothèses d'une élévation de + 22 cm et + 44 cm respectivement pour 2050 et 2100. Pour chaque site, il fallait à la fois fournir un rapport justifiant et précisant les limites de la méthode d'analyse prévisionnelle retenue et une cartographie prospective faisant apparaître la position supposée du trait de côte en 2050 et en 2100, plus, éventuellement, les espaces qui pourraient être submergés en arrière à ces deux dates. Quant à la seconde phase (2003-2004), elle a consisté en une synthèse bibliographique de toutes les informations disponibles sur les risques d'érosion, de submersion, et sur l'élévation du niveau marin pour l'ensemble des territoires actuels et futurs du Conservatoire. En s'appuyant sur une méthodologie retenue à l'issue de la première phase, l'objectif était d'aboutir à une évaluation globale, matérialisée par des cartes, à l'échelle de la France métropolitaine et de ses diverses façades maritimes, des surfaces susceptibles d'être érodées ou submergées d'ici 2100 en raison de la hausse prévisible du niveau marin.

Ce programme s'est largement appuyé sur les principes énoncés par Roland Paskoff dès la fin des années 1980, à savoir la cartographie prospective comme outil indispensable à l'aménagement et à la gestion des espaces littoraux. L'objectif final était en effet de fournir au Conservatoire une base de réflexion pour orienter la gestion future de ses territoires – comment gérer des espaces s'ils sont amenés à être partiellement érodés ou submergés ? – et sa stratégie d'acquisition foncière pour les décennies à venir. Le caractère novateur de ce programme a tenu à la fois à l'ampleur des territoires considérés – l'ensemble du patrimoine actuel et futur du Conservatoire – et au « brainstorming » méthodologique qu'il a suscité, la mise en œuvre d'analyses prévisionnelles détaillées pour chacun des 10 sites pilotes ayant permis de tester différentes méthodes et de les comparer entre elles, afin de mieux en cerner les difficultés d'application et les incertitudes. Incontestablement, ce programme a permis de faire avancer la recherche dans ce domaine délicat, mais indispensable dans une optique de gestion durable des littoraux. Au final, il a abouti à la formulation, à différentes échelles spatiales, de scénarios d'exposition future aux risques d'érosion et de submersion.

B. Des scénarios d'exposition aux risques d'érosion et de submersion

Ces scénarios sont regroupés dans un atlas (De La Fons et Dejouhanet, 2004) comportant des cartes générales d'exposition aux risques d'érosion et de submersion des territoires actuels et futurs du conservatoire du Littoral. L'atlas est accompagné d'une synthèse explicative (Clus-Auby *et al*, 2004).

Les résultats obtenus pour l'ensemble des façades régionales, même s'ils sont affectés de marges d'erreur inévitables en raison du caractère aléatoire de toute démarche d'analyse prévisionnelle, laissent à penser que l'élévation du niveau marin prévue pour le XXIe siècle aura vraisemblablement un impact limité sur le patrimoine actuel et futur du Conservatoire du littoral (Clus-Auby *et al*, 2004). Ainsi, concernant le risque d'érosion, il apparaît que le recul des plages et des falaises pourrait faire disparaître seulement 1 % du patrimoine foncier actuel et 1 % des terrains futurs du Conservatoire. Concernant les risques de submersion des marais maritimes, 3 % des biens actuels et 2,6 % du patrimoine futur pourraient être affectés. Toutefois, si l'on ajoute à ces marais les polders, les surfaces potentiellement submersibles passent respectivement à 10 % et 21 %. À cet égard, les études plus détaillées menées pour chacun des 10 sites pilotes, et dont la cartographie a été reprise dans l'atlas général, montrent que certains d'entre eux apparaissent particulièrement menacés d'ici 2100 (Levoy, 2003 ; Anselme *et al.*, 2008).

Conclusion

Les idées de Roland Paskoff concernant l'analyse prévisionnelle et la cartographie prospective de l'évolution du rivage, indissociables du principe de gestion planifiée des espaces littoraux, sont plus que jamais d'actualité. D'une part, elles se sont matérialisées au niveau réglementaire avec l'introduction du principe de zonage en fonction de l'aléa érosion et/ou submersion dans les PPR des communes littorales. D'autre part, après avoir été le fondement du programme de recherche du Conservatoire en 2003, elles sous-tendent aujourd'hui de plus en plus de recherches consacrées aux risques littoraux et même d'actions de grande envergure menées par les services de l'État. À titre d'exemple, en Languedoc, le vaste projet de déplacement de la route littorale (coût : 50 millions d'euros H.T.) qui relie les villes de Sète et de Marseillan, et qui est régulièrement coupée lors de fortes tempêtes, s'appuie sur des analyses prévisionnelles de l'évolution du rivage (http://www.languedoc-roussillon.pref.gouv.fr). Ceci témoigne de l'intégration, par les acteurs locaux en charge de l'aménagement du littoral, de l'idée du repli stratégique face à l'avancée de la mer. Il en est de même pour le projet de réhabilitation de la côte ouest de la commune de Vias, quelques dizaines de kilomètres plus à l'Ouest. Ces projets, qui s'inscrivent en rupture par rapport à la tradition de « lutte contre l'avancée de la mer » qui prévaut encore largement en France, illustrent de manière très concrète l'impact qu'ont pu avoir les positions avant-gardistes de Roland Paskoff.

Références bibliographiques

ANSELME B., DURAND, P., GOELDNER-GIANELLA L. BERTRAND F., 2008. Impacts de l'élévation du niveau marin sur l'évolution future d'un marais maritime endigué. *Vertigo, la Revue des sciences de l'environnement*, 8(1), URL : http://vertigo.revues.org/1254

BLANC J.J., 1996. Plages en recul et dynamique des profils littoraux à Faraman (Camargue, Delta du Rhône) : méthodes d'études ; essai d'analyse prévisionnelle. *Quaternaire*, 7, 1, 53-62.

CLUS-AUBY C, PASKOFF R., VERGER F., 2004. *Impact du changement climatique sur l'intervention du Conservatoire du Littoral. Scénarios d'érosion et de submersion à l'horizon 2100.* Rapport de synthèse, Conservatoire du Littoral et Fondation Procter & Gamble, 44 p.

CLUS-AUBY C, PASKOFF R., VERGER F., 2005. *Impact du changement climatique sur l'intervention du Conservatoire du Littoral.*

Scénarios d'érosion et de submersion à l'horizon 2100. Note technique n°2, Conservatoire du Littoral et Fondation Procter & Gamble, 39 p.

CROWELL M., DOUGLAS B.C, LEATHERMAN S.P., 1997. On forecasting future U.S. shoreline positions: a test of algorithms. *Journal of Coastal Research*, 13 (4), 1245-1255.

DE LAFONS G. & DEJOUHANET L., 2004. *Impact du changement climatique sur l'intervention du Conservatoire du Littoral. Scénarios d'érosion et de submersion à l'horizon 2100.* Atlas, Conservatoire du Littoral et Fondation Procter & Gamble, 50 p.

DOUGLAS B.C., CROWEL M., LEATHERMAN S.P., 1998. Considerations for shoreline position prediction. *Journal of Coastal Research*, 14 (3), 1025-1023.

DOUGLAS, B.C. & CROWELL, M., 2000. Long-term shoreline position prediction and error propagation. *Journal of Coastal Research*, 16 (1): 145-162.

DURAND P., 1999. *L'évolution des plages de l'ouest du golfe du Lion au XXe siècle. Cinématique du trait de côte, dynamique sédimentaire et analyse prévisionnelle.* Thèse de Doctorat, Université Lumière Lyon II, 2 vol., 461 p.

DURAND P., 2001. Érosion et protection du littoral de Valras-Plage (Languedoc, France). Un exemple de déstabilisation anthropique d'un système sableux. *Géomorphologie : relief, processus, environnement*, 1, 55-68.

DURAND P. & HEURTEFEUX H., 2006. Impact de l'élévation du niveau marin sur l'évolution future d'un cordon littoral lagunaire : une méthode d'évaluation. Exemple des étangs de Vic et de Pierre Blanche (Languedoc, France). *Zeitschrift für Geomorphologie*, 50 (2), 221-244

LEVOY F., 1989. Morphocinématique et évolution prévisionnelle du rivage de Montmartin-sur-Mer (France). *Photo-Interprétation*, 1, 1-8.

LEVOY F., 1997. *Cartographie des risques d'érosion et de submersion des côtes du Calvados.* Rapport pour le CG du Calvados, 122 p.

LEVOY F., 2003. *Conséquences d'une élévation du niveau moyen de la mer sur le littoral des marais de Meuvaines et de Ver-sur-Mer.* Rapport final pour le Conservatoire du Littoral et la Fondation Procter & Gamble, 19 p.

LOUISSE C.J. & VAN DER MEULEN F., 1991. Future coastal defence in the Netherlands: strategies for protection and sustainable development. *Journal of Coastal Research*, 4, 1027-1041.

MINISTRY OF TRANSPORT AND PUBLIC WORKS OF NETHERLANDS, 1990. *A new coastal defence policy for the Netherlands* – Synthesis report, 103 p.

PASKOFF R., 1989. Évolution des espaces littoraux et problèmes d'aménagement. *Revue XYZ*, 38 : 7- 12.

PASKOFF R., 1990. Principes d'aménagement des plages. Colloque international *« Environnement, pollution, développement »*, 17-18 mai, Rabat : 239-243.

PASKOFF R., 1993. *Côtes en danger*. Ed. Masson, Paris, 247 p.

PASKOFF R., 1994. La cartographie prospective de l'évolution du trait de côte; un instrument indispensable pour l'aménagement des espaces littoraux. *Cahiers Nantais*, 41-42, 291-297.

TERWINDT J.H.J. & BATTJES J.A., 1990. Research on large scale coastal behaviour. *22nd International Conference on Coastal Engineering*, Special Report, Rijkswaterstaat, la Haye, 10, 1-10.

THIELER E.R. & DANFORTH W.W., 1994. Historical shoreline mapping (II) : application of the digital shoreline mapping and analysis systems (DSMS/DSAS) to shoreline change mapping in Puerto Rico. *Journal of Coastal Research*, 10, 3, 600-620.

YOUNG R.S., PILKEY O.H., BUSH D.M, THIELER E.R., 1995. A discussion of the generalized model for simulating shoreline change (GENESIS). *Journal of Coastal Research*, 11, 3, 875-886.

THIELER R.E., PILKEY O.H., YOUNG R.S., BUSH D.M., CHAI F., 2000. The use of mathematical models to predict beach behavior for U.S. coastal engineering: a critical review. *Journal of Coastal Research*, 16, 1, 48-70.

5. 4. Pratiques de recherche de Roland Paskoff : un géomorphologue au service d'une gestion raisonnée des littoraux

Catherine MEUR-FÉREC*, Valérie MOREL**
& Christine CLUS-AUBY***

**Professeur de Géographie, Université de Bretagne Occidentale, Géomer, UMR 6554 CNRS*
***Maître de Conférences en Géographie, Université d'Artois, EA 24 68 « Dynamique des milieux et des territoires »*
**** Secrétaire Générale d'EUCC-France, Coastal and Marine Union*

Résumé
En véritable géomorphologue, Roland Paskoff s'est toujours appuyé sur les études de terrain avec leurs mesures rigoureuses et répétées pour soumettre les hypothèses au crible de l'analyse critique. Le « terrain » était selon lui le juge irréfutable de la pertinence des constructions théoriques. Il a su utiliser ses talents de pédagogue et de vulgarisateur pour défendre des positions allant parfois à contre-courant de la pensée dominante du moment. S'attachant à créer des liens entre tous les acteurs de la scène littorale, il a eu une influence indéniable sur l'évolution de l'approche de la gestion de l'érosion littorale.

Mots-clés : érosion côtière, géomorphologie, aménagement

Abstract
As a true geomorphologist, Roland Paskoff based his work on landscape interpretation as well as rigorous and repeated field measurements so as to expose hypothesis to a critical eye. For him, fieldwork was the best way to assess the relevance of theoretical constructions. He knew how to use his talents as an educationalist to support positions that were sometimes opposite to the current thought. Setting out to develop relationships between all coastal stakeholders, he undoubtedly had influence on the evolution of coastal erosion management strategies.

Key words: coastal erosion, geomorphology, coastal planning

Introduction

Les travaux de Roland Paskoff sur l'aménagement des côtes reflètent une réelle implication du géomorphologue dans les problématiques de terrain, telles qu'elles se posent aux praticiens.

Au cours des années 1980, la Commission sur l'environnement côtier de l'Union géographique internationale estime que 70 % des plages à l'échelle mondiale sont en cours d'érosion (Bird, 1985). C'est dans ce contexte d'érosion avérée des plages que Roland Paskoff mène ses recherches. Il n'aura de cesse de montrer que l'érosion est le fait d'une conjoncture qui associe plusieurs phénomènes naturels défavorables au maintien des plages : pénurie en sédiments du domaine côtier, élévation du niveau de la mer et probable augmentation de la force et de la fréquence des tempêtes (Paskoff, 1981). De plus, dans ce contexte défavorable, les aménagements tant de l'espace continental (barrages fluviaux) que de l'espace côtier (extraction d'agrégats, équipements portuaires, équipements lourds de défense côtière, ...) aggravent la situation érosive des plages en interférant avec leurs bilans sédimentaires (Paskoff, 1998). Selon lui, il est primordial de tirer des leçons des erreurs du passé pour repenser l'aménagement du littoral. Pour ce faire, les praticiens (aménageurs, élus, services techniques, etc.) ne peuvent ignorer les principes de la dynamique des plages. Roland Paskoff a inlassablement œuvré comme « passeur de frontières » entre le monde scientifique et celui des acteurs en charge de l'aménagement des côtes.

Il a toujours cherché à répondre aux problèmes d'érosion et de la gestion des milieux côtiers par une approche pratique, rigoureuse, courageuse et pédagogique. En phase avec les problématiques des gestionnaires du littoral, ses travaux répondent à une demande sociale forte.

Cet article présente la façon par laquelle Roland Paskoff a su créer du lien entre scientifiques et praticiens de la côte et souligne la constance de son engagement dans ce domaine. Le premier point est consacré à sa démarche méthodique et rigoureuse : pour lui, la pratique du terrain était le fondement de la connaissance des côtes et un préalable indispensable à toute intervention. La seconde partie présente Roland Paskoff comme un chercheur avant-gardiste qui a su défendre des idées courageuses aujourd'hui unanimement reconnues.

Enfin, la troisième partie souligne l'engagement de ce chercheur très pédagogue dans la diffusion large et accessible des connaissances scientifiques vers les aménageurs et le grand public.

5.4.1. Le terrain, un préalable incontournable

L'objectif principal des travaux de Roland Paskoff est de proposer des modes d'aménagement des littoraux adaptés aux attentes sociales tout en respectant le milieu littoral. Ses travaux accordent une attention toute particulière au traitement de l'érosion et à la défense côtière. Pour lui, avant d'agir, il faut faire l'état des lieux et analyser les processus qui se déroulent : « *En matière d'aménagement des plages, il faut se souvenir du vieil adage : prévenir vaut mieux que guérir. Une bonne connaissance du milieu littoral et de sa tendance évolutive s'impose avant toute intervention. L'attitude qui consiste à ne pas prévoir, à bâtir et à réagir ensuite au coup par coup face aux manifestations de l'érosion est hautement condamnable. Les dépenses s'élèvent et l'environnement se détériore* » (Paskoff, 1990). Cette connaissance demande rigueur, méthode, patience et humilité… Jamais nous ne pourrons tout comprendre avant d'aménager. Les actions d'aménagement resteront en partie le résultat de l'intuition, de savoir-faire et d'un certain degré de bon sens. Pour Roland Paskoff, le terrain demeure la clé de voûte de toute analyse.

A. Le terrain, révélateur des hypothèses

Roland Paskoff a toujours porté une attention particulière à l'observation des formes et des processus sur le terrain. Le suivi de nombreux sites, notamment par l'encadrement de ses doctorants, lui a permis de construire des analyses étayées et de les nourrir d'exemples concrets plus ou moins transposables dans l'espace, et ainsi de mettre en place une réelle pratique du retour d'expérience.

Pour ce chercheur infatigable, la connaissance du terrain est incontournable et irremplaçable. Il a incité plusieurs générations de géomorphologues à arpenter les côtes et à acquérir un « bon sens de terrain », véritable clé pour lire le paysage, relever les indices, bâtir des hypothèses, suivre des pistes, observer et mesurer pour confirmer ou réfuter des intuitions. Il a aussi toujours su s'éclairer, avec humilité, de l'expérience des autres (collègues, étudiants, praticiens, usagers…) qui avaient la connaissance des sites.

Pour Roland Paskoff comme pour tout géographe, la pratique du terrain ne peut être la seule étape permettant l'énonciation des diagnostics. Des pistes de réflexion, des indices doivent également être recherchés dans l'étude des ouvrages et des rapports (thèses, dossiers techniques, « littérature grise »), des cartes et des photographies. Les lectures croisées entre observations de terrain, analyse et synthèse bibliographiques et décryptage des documents iconographiques permettent d'élaborer des scénarios d'évolution et de définir des types de situations. Ce travail méthodique et rigoureux permet de poser les hypothèses qui aideront à la prise de décision sur les aménagements à réaliser ou non.

B. Le terrain pour énoncer des recommandations générales

Une pratique assidue et répétée du terrain a permis à Roland Paskoff, en s'appuyant sur les acquis de sites témoins, de nourrir des connaissances qui dépassent largement les espaces d'observation et d'énoncer plusieurs principes :

- La mobilité du trait de côte et l'érosion sont des phénomènes naturels inhérents à la dynamique des côtes ; elles peuvent être accrues par des interventions humaines.
- Les actions doivent être pensées à l'échelle des unités fonctionnelles (cellules sédimentaires) et non à l'échelle des limites administratives. La côte fonctionne comme un système dont on doit prendre en compte tous les éléments, même éloignés.
- Toute intervention est à replacer dans un contexte temporel plus large. Il faut prendre en compte non seulement la profondeur historique du système côtier (notamment en matière d'interventions humaines), mais aussi se référer aux temps géologiques et relativiser les phénomènes actuels.
- Les dunes, et surtout les avant-dunes, jouent un rôle d'amortisseur de l'érosion marine, les échanges de sable entre plage et dune ne doivent pas être interrompus, au risque de perdre la plage.
- Il faut, si possible, chercher à s'adapter à la dynamique naturelle et s'en servir pour obtenir le meilleur état possible, plutôt que de

s'opposer à elle de façon massive, coûteuse et finalement peu durable.

- La défense lourde du trait de côte, en protégeant les équipements, a fortement contribué à la disparition des plages.
- La prospective et la prévoyance fondées sur des diagnostics précis doivent permettre la définition d'une stratégie cohérente pour la gestion de l'érosion. Il faut éviter les interventions au cas par cas, réalisées dans l'urgence, et encore trop souvent pratiquées (fig. 98).

Fig. 98 – Abaissement du niveau de la plage de Wissant (Pas-de-Calais) et défenses côtières lourdes mises à mal lors de la tempête de mars 2007

***Fig. 98** – Diminution of the beach level at Wissant (Pas-de-Calais) and hard defence structures degraded by the storm of March 2007*

Photo : V. Herbert

5.4.2. Des idées pionnières

Les écrits de Roland Paskoff proposant des solutions d'aménagement qui ont été publiés dès le début des années 80 restent de nos jours d'une très grande actualité. Plusieurs de ses recommandations, tout à fait novatrices il y a une vingtaine d'années, sont aujourd'hui reconnues, notamment par les services de l'État et les collectivités locales, comme les meilleures orientations pour un développement durable des côtes.

A. Un précurseur en matière de gestion de l'érosion

Au cours de la décennie 1980, Roland Paskoff fait figure de précurseur en proposant de nouvelles techniques de lutte contre l'érosion, en développant un questionnement original ou encore en démontrant que les risques d'érosion sont principalement une question de société.

Dès les années 1980, Roland Paskoff prône le recours aux méthodes dites « souples » de lutte conte l'érosion. Il défend l'idée qu'il est illusoire et non durable de vouloir protéger de façon statique (enrochement, perrés) des côtes qui par définition sont mobiles. Il préconise des techniques de réensablement dont le principe se fonde sur un rééquilibrage artificiel du bilan sédimentaire des plages et il invite à l'abandon des défenses traditionnelles « lourdes ». En effet, ces ouvrages de défense statiques sont non seulement coûteux et inesthétiques, mais aussi souvent néfastes au maintien des plages car ils ne s'attaquent pas à l'origine du mal qui est le déficit sédimentaire (fig. 99). De plus, en donnant une impression de sécurité, ils encouragent l'extension des aménagements dans des zones sensibles, et donc l'augmentation de la vulnérabilité. Aujourd'hui, lorsque la configuration du terrain le permet (gisement suffisamment proche notamment), les techniques de rechargement des plages sont officiellement préconisées par les services de l'État. Un guide national de gestion de l'érosion côtière coordonné par le CETMEF (Centre d'études techniques maritimes et fluviales, rattaché au Ministère chargé de l'équipement) est actuellement en préparation et reprend la plupart des préconisations que Roland Paskoff avait publiées dès les années 1980 et développées dans son ouvrage *Côtes en danger* (1993, pp. 86-95).

Pourtant, en France, ces techniques tardent à se généraliser alors qu'elles sont couramment utilisées à partir des années 1950 aux États-Unis et depuis plus d'une vingtaine d'années aux Pays-Bas ou en Belgique (Paskoff, 1989). L'un des exemples qui a connu le plus de succès en France est le réensablement de la plage de Châtelaillon, en Charente-Maritime (fig. 100).

Fig. 99 – Les Saintes-Maries-de-la-Mer : disparition de la plage au devant d'ouvrages de défense du trait de côte (atelier EUCC-France, septembre 2007)
***Fig. 99** – Saintes-Maries-de-la-Mer: beach loss in front of hard structures (EUCC-France field workshop, September 2007)*
Photo: C. Clus-Auby

Fig. 100 – La plage de Châtelaillon après les opérations de rechargement, en 2004
Fig. 100 – *The beach of Châtelaillon after nourishment works, 2004*
Photo : C. Meur-Férec, 2004

Au début des années 1980, la plage de Châtelaillon, bordée d'une digue promenade, avait quasiment disparu et la fréquentation touristique, après avoir connu des heures de gloire à la fin du XIXe et au début du XXe siècle, avait chuté à environ 4 000 visiteurs. Les travaux de rechargement, décidés par la municipalité en 1989, se sont déroulés en plusieurs étapes de 1989 à 2004. Au total, environ 500 000 m^{3} ont été apportés des fonds sous-marins proches et répartis sur 1 800 m de long. Le coût de ces opérations de rechargement s'est élevé à près de 5 M€, soit environ 2 700 € du mètre linéaire en moyenne. Au coût du rechargement, il faut ajouter un coût d'entretien annuel de l'ordre de 50 000 € pour ramener le sable par camion en amont de la dérive littorale (Paskoff, 2005). Cette méthode techniquement « douce » ne l'est donc pas financièrement. Les travaux ont été financés par la commune, le Conseil général et des fonds européens FEDER. L'opération a permis de redynamiser de manière exemplaire l'économie locale, faisant remonter le chiffre de fréquentation touristique à 44 000 visiteurs en 2000. Dans ce cas, l'importance des enjeux touristiques et immobiliers justifie l'investissement. Beaucoup d'élus restent cependant réticents face à ces méthodes coûteuses. Elles nécessitent en effet un entretien régulier car le sable, mobile, tend à repartir à une vitesse généralement inconnue.

Autre aspect très novateur dans la démarche de Roland Paskoff, il propose dès les années 1980 d'utiliser des méthodes de type « coût-avantage » pour aider au choix des orientations de défense côtière. Cette approche, classique en économie, est à l'époque peu utilisée en géographie et surtout rarement appliquée en matière de défense côtière, domaine qui dépend alors principalement de l'intervention de l'État. Pour Roland Paskoff, le recours systématique à la défense lourde témoigne qu'«*on entre ainsi dans un engrenage sans fin qui entraîne des dépenses élevées, dans certains cas supérieures à la valeur des biens que l'on veut protéger, sans parler de la dégradation irréversible de l'environnement*».

Il faudra pourtant attendre 1995 et la loi « Barnier »[19] pour voir intégrer cette approche dans les textes législatifs et pour que cette dimension économique soit évoquée en matière de gestion de l'érosion côtière.

S'inspirant de la planification spatiale pour le littoral proposée aux États-Unis par le CZMA (*Coastal Zone Management Act*) de 1972, Roland Paskoff propose la transposition de cette organisation de l'urbanisation dans les plans d'aménagement des communes littorales françaises (Paskoff, 1989). « *Il conviendrait d'interdire tout aménagement nouveau le long du rivage, sur un espace d'une largeur égale à au moins cinquante fois la vitesse moyenne annuelle de son recul* ... » (Paskoff, 1989). Il met en avant l'idée d'un nécessaire zonage de l'occupation des côtes en définissant une « *ligne rouge à ne pas dépasser* » (Paskoff, 1989, 1990b) dont la position serait estimée à partir du comportement évolutif de la ligne de rivage. « *Compte tenu par exemple d'une durée de vie de cinquante ans des équipements projetés, ceux-ci ne devraient être implantés qu'à une distance*

---

[19] Loi n° 95-101 du 2 février 1995 relative au renforcement de la protection de l'environnement.

minimale de la mer égale à cinquante fois la vitesse annuelle moyenne du recul de la plage » (Paskoff, 1990b). Là encore, il faudra attendre la loi « Barnier » avec la mise en place des PPR (Plan de Prévention des Risques) pour voir apparaître dans les textes réglementaires le maintien d'une zone tampon non constructible.

Enfin, en prônant dès les années 1980 le dialogue entre scientifiques et praticiens gestionnaires du littoral, Roland Paskoff met en avant l'un des principes de base de la Gestion intégrée des zones côtières.

B. Un géographe engagé dans le débat public

Dans ses discours et ses publications, Roland Paskoff ose proposer des solutions d'avant-garde parfois peu appréciées politiquement. Il utilise sa liberté d'universitaire et sa réputation d'expert pour mettre en avant des alternatives aux méthodes traditionnelles.

Dès 1989, il plaide pour le repli planifié, dont la possibilité sera évoquée dans la loi Barnier de 1995, et la destruction des ouvrages de défense inefficaces. Le principe du repli planifié est proche du système anglais de réalignement (*managed realignement*) (Ledoux *et al.*, 2005). Il consiste à exproprier les biens situés trop près du trait de côte et dont la protection serait plus coûteuse que la valeur. Si le principe semble clair, son application reste encore très impopulaire et dans les faits, un seul cas existe aujourd'hui sur les côtes françaises. Il faut attendre en effet mars 2006 et la destruction d'une dizaine de maisons sur les bords de la falaise de Criel-sur-Mer (Seine-Maritime) (fig. 101) pour que la manifestation d'une telle logique devienne visible sur la côte (Meur-Férec, 2006). Roland Paskoff qui a activement suivi ce dossier précurseur n'aura malheureusement pas eu l'occasion de voir les travaux achevés.

Fig. 101 – Une des 11 maisons détruites à Criel-sur-Mer en mars 2006
En haut : septembre 2005 ; en bas : mars 2006
Fig. 101 *– One of the 11 houses destroyed in March 2006 at Criel-sur-Mer*
On the top: September 2005; at the bottom: March 2006
Photo : Jean Mauger, mayor of Criel-sur-Mer

5.4.3. Un homme d'ouverture et d'action

Roland Paskoff répète inlassablement ses convictions. Il les diffuse auprès du plus grand nombre et hors les murs de l'université. Outre ses multiples travaux dans de prestigieuses revues scientifiques, il publie dans des revues de grande diffusion (*Pour la Science, La Recherche),* des ouvrages de vulgarisation de la science (*Les Petites pommes du Savoir...*) et dans des publications lues par les praticiens (XYZ, Cahiers du Conservatoire du Littoral...). Il sait s'affranchir des contraintes académiques pour faire une géographie appliquée et une science utile. Il met en avant la nécessité d'informer le grand public et développe une pédagogie qui va parfois à l'encontre des idées reçues.

Dans un souci de rester à jour des travaux scientifiques, mais aussi pour être écouté, il sait adapter son discours aux nouvelles idées. Il adopte et mène des investigations pointues sur des thèmes émergents au début des années 1980 comme l'accélération de la remontée contemporaine du niveau de la mer, le développement durable, les risques. Mais, sans céder aux effets de mode, il s'attache aussi à faire la part des choses entre « le mythe et la réalité » (Paskoff, 2001).

Par ces « ponts » qu'il a su construire entre science et gestion, Roland Paskoff diffuse des recommandations aux gestionnaires, ose parfois critiquer les routines administratives, mais toujours d'une manière constructive. Ainsi, il alerte sur des erreurs d'aménagement passées, souligne les éventuels manques de discernement et les contradictions entre dynamique naturelle et équipements statiques.

A. Un passeur de frontières

Roland Paskoff est habité par une curiosité infatigable pour les littoraux qu'il nourrit par de nombreux voyages. Pour alimenter et enrichir toujours sa réflexion, il s'inspire de ce qui existe ailleurs. Ainsi, il prône le transfert de connaissances et d'expériences. Des États-Unis, il rapporte notamment les pratiques d'alimentation artificielle des plages (Paskoff, 1989). À l'image des travaux d'André Guilcher, lui aussi grand voyageur, ceux de Roland Paskoff témoignent d'une grande culture et d'une curiosité toujours en éveil.

Il œuvre à la diffusion des résultats de ces recherches et de celles de ses collègues et développe des transferts de connaissances multiformes pour atteindre une large gamme de public. Il sait aller à la rencontre des gestionnaires, des organismes publics, du grand public, des services techniques des collectivités, des administrations, des étudiants, de la communauté scientifique et des experts concernés par les questions littorales. Dès les années 1980, il prône le dialogue entre scientifiques et praticiens pour inviter les décideurs, les planificateurs et les usagers à changer leur regard sur le littoral et certaines de leurs habitudes. Il propose notamment d'intégrer davantage les universitaires spécialistes aux études d'impact (Paskoff, 1989). Géographes et géologues peuvent selon lui replacer les espaces à aménager dans un cadre spatio-temporel assez ample pour que des vues prospectives fiables apparaissent.

Par cette démarche d'intégration des différents acteurs du système littoral, Roland Paskoff cherche à en promouvoir une compréhension globale. Il montre ainsi qu'un aménagement raisonné doit passer par la connaissance non seulement des acteurs (ingénieurs, élus, associations, organismes publics, usagers…), mais aussi des outils administratifs et juridiques (études d'impact, loi Littoral, SMVM[20], PPR[21]…). Il démontre que la réflexion sur l'aménagement du littoral ne peut pas se faire en vase clos, mais doit être en prise étroite avec les réalités de la société.

Dans cet esprit, Roland Paskoff prône la pluridisciplinarité. Pour lui, le dialogue entre plusieurs sensibilités, plusieurs cultures, est source de progrès. La géographie doit être une discipline ouverte aux apports extérieurs, notamment dans les domaines de l'environnement et de l'aménagement, en particulier du littoral, où la pluridisciplinarité, voire l'interdisciplinarité, sont nécessaires à l'appréhension et à la résolution des problèmes.

Il aurait probablement souscrit à ces réflexions d'autres géographes comme J. Lévy et D.L. Skole. « L'objet de la géographie n'est pas une chose, mais une dimension de toute "chose" sociale. Cela signifie que les géographes ne peuvent pas vivre dans un village épistémologique isolé mais doivent connaître, avant de proposer leurs

[20] SMVM : Schéma de Mise en Valeur de la Mer
[21] PPR : Plan de Prévention des Risques

propres parcours, les avenues et les ruelles de la ville commune » (Lévy, 1997). Dans le même esprit, pour le forum du centenaire des Annales de l'Association des Géographes Américains, D.L. Skole (2004) présente un article intitulé : « Geography as a great intellectual melting pot and the preeminent interdisciplinary environmental discipline ». S'ils tirent parti des hésitations identitaires de leur discipline et la reconnaissent comme science du milieu, les géographes acquièrent en effet une position privilégiée en tant que « passeurs de frontière entre sciences de la nature et sciences de la société » (Jollivet, 1992).

Ainsi, des disciplines telles l'écologie, la géologie, la climatologie, le droit, la science politique, l'économie, la sociologie, la philosophie, l'histoire, les sciences de gestion et bien sûr la géographie peuvent se conjuguer pour apporter des éclairages multiples sur cet enjeu majeur qu'est le littoral et sa gestion intégrée. De façon plus générale, les questions d'aménagement et d'environnement ont tout avantage à être étudiées à la lumière de la pluridisciplinarité (Jollivet, 1992).

B. Le fondateur d'EUCC-France

C'est avec cette volonté d'ouverture, ce désir de faire travailler ensemble tous les acteurs de la scène littorale, que Roland Paskoff crée en 1994 la branche française de *l'European Union for Coastal Conservation* (EUCC-France). Réseau européen qui rassemble aujourd'hui près de 2 700 membres, personnes ou institutions, l'EUCC s'attache à créer des liens entre les scientifiques de diverses disciplines, les praticiens, les élus et le public autour de la gestion intégrée des zones côtières. En tant que membre du bureau exécutif européen et président du centre méditerranéen, Roland Paskoff a étroitement participé aux activités et au rayonnement de cette ONG. Il a ainsi activement collaboré au programme européen Eurosion et œuvré pour la diffusion de ses recommandations. On retrouve dans ce document, publié en 2004, les points forts de sa vision d'une gestion raisonnable des côtes dans le contexte contemporain de pénurie sédimentaire : renforcer la résilience en restaurant le bilan sédimentaire, rechercher des réserves stratégiques de sédiments propres à rééquilibrer ce bilan là où il est déficitaire, prendre en compte le coût de la protection des immeubles dans les décisions d'aménagement, anticiper le recul des côtes en planifiant l'aménagement en conséquence (Eurosion, 2004).

Au fil des années, le groupe français s'est soudé autour de son président. Universitaires géomorphologues, géologues, botanistes, spécialistes de géographie humaine, techniciens ou ingénieurs d'établissements publics (ONF, BRGM, CETMEF, Conservatoire du littoral) ou de collectivités territoriales (DIREN, Conseils généraux), élus de communes littorales ou simples particuliers intéressés par la gestion des côtes, les membres d'EUCC-France constituent aujourd'hui un réseau solide de compétences multiples et complémentaires au service de la gestion du littoral.

Fidèle au principe selon lequel « tout part du terrain », la branche française de l'EUCC a mis en place une forme d'action originale et très concrète : les ateliers de terrain. Deux fois par an, scientifiques et acteurs locaux se réunissent sur un site particulièrement intéressant du point de vue de sa gestion. La première journée est consacrée à l'observation du terrain sous la conduite des acteurs locaux et des scientifiques de l'EUCC, la seconde à un débat en salle sur les problématiques étudiées la veille. Hors de tout contexte polémique et soigneusement préparés par la rédaction de livrets guides abordant toutes les questions soulevées par les perspectives d'évolution du site étudié, ces ateliers sont l'occasion d'approfondir la connaissance des lieux mais aussi de dégager des options de gestion pertinentes et durables. La formule a mis quelque temps à naître. Dans ses premières années, EUCC-France se consacrait à des activités plus classiques : réunions et conférences-débats permettant d'échanger des expériences, des savoirs et des savoir-faire, étaient organisées dans les locaux du Conservatoire du littoral, premier partenaire institutionnel et premier soutien de l'association. C'est avec la complicité de son ami Jean Favennec, responsable de la Mission Littoral au sein de l'Office national des forêts et lui aussi homme de terrain, que Roland Paskoff a envisagé de réunir les participants *in situ*. Le premier atelier, piloté par Jean Favennec et ses collègues de l'ONF, s'est tenu en septembre 2000 à Merlimont, dans le Pas-de-Calais. Il a été consacré à la gestion conservatoire des massifs dunaires. Bien d'autres ateliers ont suivi, dans le Nord-Pas-de-Calais, en Normandie, sur les côtes vendéennes et charentaises, en Aquitaine, mais aussi sur le littoral méditerranéen, en Languedoc, en Camargue et sur la presqu'île de Giens.

Après la disparition de Roland Paskoff, ses amis et collègues d'EUCC-France ont poursuivi la tâche et se sont mobilisés pour que perdure et se développe cette association qui lui tenait tant à cœur. Les ateliers continuent, le site internet (http//www.eucc.nl/fr) s'est enrichi, une publication faisant le bilan de 10 ans d'activités paraîtra aux éditions de l'Institut Océanographique en 2010, le partenariat avec les élus locaux s'est concrétisé par la préparation des journées d'études 2006 de l'ANEL sur le thème de la gestion de l'érosion marine. Au cours de cette manifestation, élus et scientifiques ont parlé d'une même voix en présentant des communications communes. C'est dans le même sens qu'EUCC-France a été le partenaire de l'UMR Espace de Nice dans les actions de formation LITMED 21, visant à renforcer les synergies entre tous les acteurs de la gestion du littoral.

C. Un homme pragmatique au service d'une gestion raisonnée des littoraux

Roland Paskoff met le pragmatisme et le bon sens au cœur de ses réflexions sur l'aménagement. Il connaît par exemple les questions de coût des défenses côtières et les intègre à ses raisonnements. Judicieusement, dans un constant souci de pédagogie et de relativisation des faits, il compare par exemple, le coût annuel de l'entretien d'un kilomètre de plage par rechargement au prix du maintien d'un kilomètre d'autoroute (Paskoff, 1996). Il est soucieux du gaspillage d'argent public. Surtout, il ne croit pas aux illusions d'une protection durable car il se projette à long terme dans les relations homme-nature. Il met ainsi en garde contre les solutions miracles et remet en cause la confiance fallacieuse que donnent les équipements « lourds ».

Quand Roland Paskoff parle d'aménagement du littoral, il fonde son raisonnement sur un système homme-nature qu'il a observé sur le terrain. Il croise les faits, les acteurs, les logiques, les échelles ; il travaille sur les relations qui relient tous les éléments du système côtier.

Dans le même esprit, appliqué au littoral, Roland Paskoff manie les notions de système en expliquant les transferts de sédiments à l'intérieur des cellules sédimentaires, ou encore en démontrant les effets indirects de la pluie sur les falaises en Angleterre (Paskoff, 1996). Il intègre et emboîte également les échelles temporelles historiques et géologiques. Il s'attache à transmettre ces notions aux gestionnaires qui n'en sont pas toujours familiers et pose ainsi certains principes clés de la Gestion intégrée des zones côtières (GIZC). Car dans le respect des principes du développement durable, la GIZC implique une approche spatiale élargie et une vision à long terme englobant les générations futures dans les préoccupations de gestion des ressources du littoral (naturelles, spatiales, *etc.*). Cette projection dans le temps long est d'autant plus difficile à réaliser que l'on est confronté aux problèmes concrets et ponctuels du terrain.

Conclusion

Roland Paskoff fut et restera un chercheur écouté et reconnu dans de très nombreuses instances, bien au-delà du monde universitaire. Il a su, par son dynamisme, ses compétences, mais aussi sa simplicité et son ouverture aux autres, être reconnu comme « un grand sage » du littoral. Cette reconnaissance se concrétise dans les très nombreuses expertises qui lui ont été confiées et dans sa place au sein du conseil scientifique du Conservatoire du Littoral. Écouté et apprécié, il fait incontestablement partie des géographes influents de ce temps.

C'est en grande partie grâce à lui, mais aussi au travail fondateur d'André Guilcher, à la pédagogie de Jean-Pierre Pinot et au « prosélytisme » d'Alain Miossec, que l'on assiste depuis le milieu des années 1990 à un basculement qui élargit les champs du possible en matière de réponse à l'érosion. Progressivement, le « corps des ingénieurs » (Ponts-et-Chaussées, SOGREAH, *etc.*) a adopté une vision moins strictement technicienne et fixiste de la « lutte contre la mer ». Peu à peu, le caractère souple et dynamique des côtes s'est imposé et a impliqué des choix d'intervention plus adaptés. Même l'option du retrait devient aujourd'hui envisageable et de plus en plus « politiquement correcte ».

Ces avancées majeures, au moins dans le discours, sont révélatrices d'une évolution qui va dans le sens d'une gestion raisonnée des littoraux.

Références bibliographiques

BIRD E.C.F., 1985. *Coastline changes*. J. Wiley, New York, 219 p.

LEVY J., 1997. *L'espace légitimé. In* Knafou R. (dir.) – *L'état de la géographie, autoscopie d'une science.* Belin, Mappemonde, p. 335-351.

EUROSION, 2004. Vivre avec l'érosion côtière en Europe. Espaces et sédiments pour un développement durable. Contrat service B4-3301/2001/329175/MAR/B3 « Érosion côtière – Évaluation des besoins d'action », Direction générale de l'Environnement, Commission européenne.

PASKOFF R., 1989. Évolution des espaces littoraux et problèmes d'aménagement. *Revue XYZ*, 38 : 7- 12.

PASKOFF R., 1990a. Érosion des côtes et problèmes d'aménagement. *Comptes rendus trimestriels des séances de l'Académie des Sciences d'Outre-Mer*, Tome XLLX, 2-3-4 : 346-352.

PASKOFF R., 1990b. Principes d'aménagement des plages. Colloque international *« Environnement, pollution, développement »*, 17-18 mai, Rabat, p. 239-243.

PASKOFF R., 1990c. Quelle défense pour les côtes ? *La Croix l'Evénement*, mardi 30 octobre, 12-13.

PASKOFF R., 1993. *Côtes en danger*. Paris, Masson, p. 86-95

PASKOFF R., 1996a. Objectif Dune ! Une reconquête de la nature ? Les Ateliers du Conservatoire du Littoral, 12, 4.

PASKOFF R., 1996b. Aménagement du littoral et protection de l'environnement en France. *L'information Géographique*, 60, 157-166.

PASKOFF R., 1998. La crise des plages : pénurie de sédiments. *Mappemonde*, 4, 11-15.

PASKOFF R., 2001. *L'élévation du niveau de la mer et les espaces côtiers : le mythe et la réalité*. Institut Océanographique, Paris, 192 p.

SKOLE D.L., 2004. Geography as a great intellectual melting pot and the preeminent interdisciplinary environmental discipline. *Annals of the Association of American Geographers*, 94(4), 739-743.

CHAPITRE 6 – PETITES ETUDES GEOGRAPHIQUES

Marie-Claude PASKOFF*
**Épouse de Roland Paskoff, Professeur de Sciences Physiques honoraire, Rédactrice en chef de l'Astronomie*

Résumé
Ce texte présente quelques petites études menées par Roland Paskoff en complément de ses travaux principaux. Elles illustrent bien l'étendue de ses intérêts et de ses publications.

Abstract
This contribution presents minor studies carried out by Roland Paskoff as a supplement to his main works. They illustrate the wide range of its interests and publications.

Introduction

Un coup d'œil jeté rapidement sur la longue liste des écrits de Roland Paskoff montre à l'évidence le grand géographe des espaces côtiers qu'il fut. Mais, en y regardant de plus près, on peut aussi y découvrir des titres qui étonnent, car ils semblent fort éloignés des grands thèmes de géomorphologie ou d'environnement du littoral qui ont constitué l'essentiel de ses recherches. Il s'agit de petites études, réalisées quand l'occasion était favorable ou, parfois aussi, parce que l'occasion avait été provoquée, lors de missions officielles ou de voyages d'agrément. Par la diversité de leurs thèmes et la richesse des informations qu'elles contiennent, ces études révèlent l'homme cultivé et d'une grande curiosité intellectuelle que Roland Paskoff ne cessa d'être. Nous évoquerons ci-dessous quelques-uns des sujets historiques, mythiques et insolites que le géographe a aimé étudier et sur lesquels il a laissé un texte, parfois un article d'une revue spécialisée, d'autres fois un article de la grande presse pour le plus grand plaisir de ses lecteurs.

1. Études portant sur des sujets historiques

1.1. L'archéologie, une science privilégiée pour le géographe

L'histoire, récente mais aussi ancienne, a toujours été pour R. Paskoff un sujet de prédilection dont il a su faire profiter son entourage familial, et aussi ses élèves à l'époque où, jeune agrégé, il enseignait cette discipline au lycée Poeymirau à Meknès au Maroc. En complément de son enseignement, R. Paskoff, attiré par les vieilles pierres, ne put alors résister à l'attrait de Volubilis, ancienne cité romaine située non loin de Meknès, au pied du Djebel Zerhoun. Avec Guy Féray, ami et collègue naturaliste, et la bénédiction du Service des Antiquités du Maroc, il entreprit des fouilles dans les environs de la ville antique. Plusieurs publications suivirent et, en particulier, en 1966, paraissait une note dans le bulletin d'archéologie marocaine où il décrit *« les deux pièces mises au jour, avec leur dallage grossier et leur toit de tuiles, (qui) appartenaient sans doute aux communs d'une "villa" installée peut-être dès le 1er siècle après J.-C. dans ce vallon fertile aujourd'hui encore soigneusement cultivé...* » (Paskoff, 1966). Cette première occasion donnée au géographe de reconstituer la vie de l'homme du passé dans son cadre naturel fut loin d'être unique.

Par la suite, au cours de sa carrière, Roland Paskoff eut souvent la possibilité et le plaisir de travailler avec des archéologues. Il y eut des missions en Corse orientale, à Aléria (Paskoff et Sanlaville, 1985), à Bahrein (Paskoff et Sanlaville, 1986), mais c'est en Tunisie que ses recherches géomorphologiques sur la côte, associées aux travaux des archéologues, ont été d'une très grande fécondité. Les investigations menées, avec des chercheurs tunisiens et français, archéologues et géomorphologues, sont présentées dans le détail par Ameur Oueslati dans le chapitre 2 de cet ouvrage. Elles ont mis en évidence des transformations notables de l'environnement géomorphologique sur le littoral tunisien depuis l'Antiquité. Un ouvrage publié par le CNRS en 2004 (Slim *et al.*, 2004) est la synthèse de ces travaux. Rappelons, comme cela a été précisé dans un article paru en 1981 (Paskoff *et al.*, 1981), le partage des rôles dans ce type de recherches pluridisciplinaires : « *C'est au géomorphologue, soucieux de retracer l'évolution récente de la côte, qu'il appartient d'attirer l'attention sur l'intérêt présenté par des ruines submergées comme indicateurs chronologiques et altimétriques du niveau marin, pourvu que celles-ci soient aisément identifiables et datables par l'archéologue, et à condition de ne pas sous-estimer certaines difficultés d'interprétation inhérentes à l'emploi de ces indicateurs* ».

Le géomorphologue joue donc un rôle essentiel dans la compréhension de l'évolution des sites où subsistent des vestiges de l'histoire. R. Paskoff prenait très à cœur son rôle de témoin du passé et il ne mettait pas de limites à ces recherches qui lui apportaient beaucoup de plaisir. De nombreux sites anciens sur la côte tunisienne furent ainsi souvent visités et revisités, y compris lors de promenades en famille. Il arrivait fréquemment que ce soit la jeune génération Paskoff qui aille, sous l'eau et avec des directives bien précises, faire des repérages de traces d'anciennes carrières ou de vestiges d'installations portuaires. Dans l'une des îles Kerkennah, la surveillance du grignotage par la mer de certaines cuves de salaison faisait l'objet, sur le site affecté par l'érosion, de visites régulières et appréciés par toute la famille.

1.2. Une étude exemplaire : l'île du monastère de Saint Fulgence

Les îles Kneiss, au fond du Golfe de Gabès, furent l'objet d'une étude particulière (Trousset *et al.*, 1992). C'est en effet sur l'un de ces îlots qu'avait été présumé, au XIXe siècle, l'existence d'un monastère où aurait séjourné l'évêque de Ruspe, Saint Fulgence. Des recherches effectuées par Ch. Saumagne et L. Poinssot au siècle suivant conduisirent ces derniers à démentir ce fait et à localiser le monastère ailleurs, sur un site relié à la côte seulement à marée basse. Pour savoir où était la vérité, il convenait donc d'effectuer une nouvelle étude des textes et des lieux. Archéologie et géomorphologie avaient là une belle occasion de dénouer ensemble une énigme. Il fallut tout d'abord faire une relecture soigneuse du texte essentiel, *La vie de Fulgence*, écrit au VIe siècle par le diacre Ferrandus, seul texte relatant le monastère maritime. Puis, une enquête de terrain fut entreprise dans le cadre du programme tuniso-français d'étude du littoral de la Tunisie dans l'Antiquité. Cette reconnaissance put s'effectuer à la fois du côté terre, en face des îlots, et en mer, avec une embarcation de pêcheurs. Toutes les îles furent visitées et sur l'une d'elles, Dzirat el Laboua, très petite, les ruines d'une ancienne construction importante étaient visibles. La comparaison de ce site avec celui où Ch. Saumagne et L. Poinssot avaient cru pouvoir localiser le monastère tournait nettement à l'avantage de l'îlot, car certains détails du texte ancien apportaient une confirmation. Cependant, la question se posait de l'exiguïté des lieux, car il semblait difficile d'admettre qu'une communauté religieuse, même réduite, ait pu exister sur une surface aussi minuscule (45 m x 40 m). Il revenait au géomorphologue de proposer une explication : « *Il est des plus vraisemblables que le configuration de cette partie du littoral où se trouve l'archipel des Kneiss a subi depuis l'Antiquité des modifications importantes... On peut légitimement penser que, à l 'époque où s'élevait le monastère qui abrita Saint Fulgence, Dzirat el Laboua était plus étendu que le chicot rocheux auquel il a été réduit depuis lors, à la fois par l'érosion des vagues et par l 'élévation du niveau de la mer...* ».

Cette étude est tout à fait exemplaire de l'intérêt d'une approche interdisciplinaire dans ce type de recherches : la prise en compte de l'évolution du milieu naturel par la recherche archéologique qui, en retour, fournit des repères chronologiques fort utiles à la recherche géomorphologique.

2. Études s'appuyant sur des mythes et légendes

2.1 Rivages disparus, mythes et réalités

Nombreuses sont les légendes qui associent la mer à de grandes catastrophes. Leurs bases scientifiques sont souvent minces, mais pas complètement inexistantes. Roland Paskoff se plaisait à y regarder de plus près. Il prononça sur ce sujet une conférence à la Société de géographie humaine de Paris, le 28 janvier 1992[22].

[22] Conférence publiée dans la *Revue économique française*, bulletin trimestriel de la Société de géographie humaine de Paris, 1992, 1, 43-44.

Il y fut question de la ville engloutie d'Ys dans la baie de Douarnenez, et de l'envahissement en 709 par la mer de la forêt de Scissy, dans la baie du Mont-Saint-Michel. Et que penser de l'Atlantide ? Selon R. Paskoff, l'explosion volcanique de l'Ile de Santorin dans la mer Egée vers 1600 av J.-C. pourrait être à l'origine de la légende de cette île disparue dans l'Antiquité. Il rappelait qu'un phénomène similaire se produisit en 1883 dans l'île de Krakatoa qui a vu brutalement sa surface réduite de 33,5 km^2 à 4,6 km^2 .

Quant au Déluge et aux croyances en un débordement universel que l'on trouve chez beaucoup de peuples de la Terre, R. Pakoff les explique par la transgression postglaciaire qui se produisit entre 15 000 ans et 5 ou 6 000 ans avant le temps présent. Le niveau de la mer a été déplacé en moyenne de - 100 m à sa position actuelle, et la mémoire collective aurait gardé une trace de cette montée des eaux .

Faisant référence à une catastrophe naturelle qui s'était produite à Nice en 1974 – un glissement de terrain avait provoqué l'engloutissement d'une partie d'un nouvel aéroport en construction - , R. Paskoff rappelait l'histoire tragique de la ville grecque Héliké, engloutie dans la mer en en une nuit, en l'an 373 av J.-C, sans laisser un seul survivant. Il signalait aussi que, en 1905, une portion de rivage en Côte d'Ivoire s'était abîmée dans la mer par suite d'un éboulement dans le canyon sous-marin dont la tête se trouve très proche de ce rivage à cet endroit.

Ainsi, R. Paskoff a montré, et ce fut redit dans plusieurs articles ultérieurement, combien la compréhension des évolutions naturelles des rivages et la connaissance de la géomorphologie côtière peuvent parfois éclairer les légendes de mers envahissantes et de rivages engloutis.

2.2. Le mythe de la mer saharienne

Roland Paskoff et son ami archéologue Pol Trousset ont plusieurs fois publié sur un sujet qui les a passionnés tous les deux, « *La mer saharienne* » (Paskoff et Trousset, 1992 ; Paskoff et Trousset, 1993 ; Paskoff et Trousset, 2000). Ces publications étaient destinées au grand public, car il s'agit ici, essentiellement, d'un fait historique s'appuyant sur une légende.

Un projet pharaonique de création d'une mer intérieure dans le Sahara tuniso-algérien a été envisagé très sérieusement dans les années 1870. À l'origine de ce projet, l'identification de vastes dépressions, appelées chotts, situées généralement au-dessous de la mer, avec ce que des auteurs anciens, en particulier Hérodote, ont désigné sous le nom de lac Triton. La légende raconte que le dieu Triton aurait montré aux Argonautes qui s'y seraient échoués le passage pour en sortir : une voie d'eau avec le golfe de Gabès. L'idée des ingénieurs, soutenus par Ferdinand de Lesseps, consistait à mettre les chotts en liaison avec les eaux du golfe et pour cela il fallait creuser un canal traversant le seuil d'Oudref. Après une période de travaux préliminaires, différentes causes – des problèmes techniques plus importants que prévus, des réticences locales et aussi le climat politique de l'époque - eurent raison du projet qui fut abandonné au grand dam de son initiateur, le commandant Roudaire. Comme le soulignent R. Paskoff et P. Trousset dans l'article publié dans la revue *L'Histoire*, les porteurs du projet se souciaient peu de l'impact environnemental que cette mer intérieure aurait pu avoir. Ils n'y voyaient que des avantages pour les régions concernées, ce qui apparaît aujourd'hui comme tout à fait douteux. Quelles étaient les bases scientifiques du projet ? En complément du récit historique de « *l'aventure de la mer saharienne* » largement détaillé dans l'article mentionné ci-dessus, une étude géomorphologique des lieux s'imposait. On la trouve en annexe de l'article précédemment cité ; elle présente les arguments d'ordre topographique, sédimentologique, paléontologique et tectonique qui étaient avancés par les promoteurs du projet. Tous ces arguments sont aujourd'hui démolis par les connaissances scientifiques actuelles, démontrant la vanité du projet et son manque de base scientifique. Ainsi, comme il est précisé dans la conclusion de l'article : « *Tout indique donc que les chotts du bas Sahara algéro-tunisien n'ont jamais été une annexe de la Méditerranée pendant le Quaternaire et, a fortiori, à l'époque historique* ».

La légende était belle et le rêve grandiose. Il a été utilisé par Jules Verne qui a bâti un roman, *L'invasion de la mer*, publié en 1905. R. Paskoff, très amateur des romans verniens, reconnaissait que celui-ci faisait partie des ouvrages qui avaient joué un rôle dans sa vocation de géographe des bords de mer.

3. Études sur des rivages insolites ou des îles oubliées

3.1. La côte albanaise

En décembre 1982, dans le cadre d'échanges universitaires officiels franco-albanais, Roland Paskoff fut l'hôte de l'Université de Tirana. À cette époque, les relations avec ce pays qui faisait partie du bloc soviétique étaient quasi inexistantes. Il put, avec l'accompagnement et sous le regard vigilant du directeur du département de géographie, effectuer des observations sur la côte albanaise. Très peu de documentation étant disponible, il s'agissait simplement d'une mission de reconnaissance qui fit l'objet d'une publication, que nous résumons ci-après (Paskoff, 1985).

Les observations conduisent à diviser la côte albanaise, longue de 385 km, en 5 secteurs : le secteur nord représente le prolongement de la côte dalmate, un littoral bas d'accumulation avec tendance à une progradation de la ligne de rivage ; le secteur centre-nord, sous la dépendance d'une structure oblique, est une alternance de caps et de baies où aboutissent des rivières descendues des montagnes de l'arrière-pays et se terminant par des deltas ; le secteur centre-sud est une côte basse, présentant les caractères d'un littoral deltaïque ; le secteur sud-est est fondamentalement rocheux, c'est la montagne qui tombe dans la mer, ménageant quelques rares plages ; le secteur sud se situe sous l'abri de l'Île de Corfou et la côte offre tous les traits d'une submersion récente : un rivage rocheux et un semis d'îlots entre l'île de Corfou et le continent.

R. Paskoff conclut : « *Par la richesse de ses aspects, le littoral de l'Albanie, mériterait de faire l'objet d'une étude approfondie... Ce travail devrait être réalisé par une équipe de géomorphologues et d'archéologues car, à des formes de terrain encore lisibles, s'ajoutent de nombreux vestiges d'occupation humaine susceptibles de fournir un cadre chronologique très utile* ».

Je ne sais pas si cette recommandation a pu se concrétiser. R. Paskoff n'eut pas la possibilité de prolonger les contacts et d'approfondir sa connaissance de ce rivage comme il l'aurait souhaité.

3.2. La côte normande et Claude Monet

La côte normande fut une importante source d'inspiration pour le peintre impressionniste Claude Monet. Dans les années 1880, il se plaisait à revenir peindre sur les mêmes sites, à des saisons différentes. Plusieurs tableaux, devenus très célèbres, présentent les mêmes paysages côtiers avec des éclairages différents. Visiter ces sites, plus d'un siècle plus tard, et en estimer les transformations par le temps, tel était l'objectif d'une courte mission sur l'idée de C.H. Ovesen, géographe danois, que R. Paskoff accepta avec plaisir.

Il fallait pour cela retrouver l'exacte position où le peintre avait posé son chevalet, puis comparer la vision directe avec le tableau. L'itinéraire passait par Étretat, Pourville, Varengeville, Ailly, les Petites Dalles, Trouville. Fort heureusement, la plupart des sites du peintre dans ces lieux sont protégés et ont donc échappé à des dégradations anthropiques irréversibles. Et, curieusement, la nature s'est « retenue » aussi ; peu de changements ont été notés. À Trouville, la plage a engraissé en conséquence de la construction du port voisin et les fameuses « planches » ont été éloignées du boulevard en front de mer ; mais, sur ce boulevard, les villas sont demeurées à l'identique de l'époque de Monet.

Un constat, somme toute, très satisfaisant qui fut présenté dans une petite publication (Ovesen et Paskoff, 2000). Les touristes qui suivent « *La route des Impressionistes* » ne risquent donc pas d'être déçus.

3.3. L'Ile de Pâques

À l'occasion d'un court séjour dans cette île lointaine, au grand large de la côte chilienne, Roland Paskoff en a étudié les grands traits géomorphologiques. Deux articles et une étude de photo-interprétation furent publiés ensuite (Paskoff, 1978a ; Paskoff, 1978b ; Paskoff, 1979).

Constituée par trois volcans principaux, l'île de Pâques présente une surface formée de laves. Parce que cette roche est poreuse, aucun cours d'eau permanent n'existe sur l'île ; aussi, l'érosion subaérienne est-elle lente et les formes semblent plus ou moins figées. À noter une faible érosion par haloclastie et météorisation thermique, visible, en particulier sur les célèbres statues, les moaÎs. Par contre, l'attaque par les vagues est efficace et l'île est bordée par de hautes falaises dont le recul est assez important (2 m en 20 ans a été noté en un point). Dans le secteur de Mataveri-Hanga Roa (sud-ouest de l'île) quatre plates-formes sont visibles, probablement des surfaces d'abrasion marine limitées par des falaises mortes. C'est la plus haute, à 60-65 m qui est la plus développée, mais on n'y a trouvé ni coquilles, ni galets, contrairement aux plates-formes inférieures. Les variations glacio-eustatiques du niveau marin interviennent probablement dans la genèse de ces terrasses, mais on ne peut pas exclure des mouvements tectoniques.

Tels sont les points principaux d'une étude essentiellement observationnelle, effectuée avec des moyens très modestes et dans un contexte géomorphologique très original. Les estimations de la vitesse de recul en plusieurs points de la côte ont été possibles grâce à des observations scientifiques effectuées antérieurement. En effet, les anciens habitants de l'île avaient édifiés des plates-formes situées en bord de mer (ahu) pour y dresser les statues. L'état de leur dégradation, noté à plusieurs reprises au cours du XXe siècle par différents visiteurs de l'île (Métraux ; Englert ; Heyerdhal), est un indicateur précieux de l'érosion marine.

3.4. La Galite, île endormie

Pour découvrir cette petite île tunisienne (5 km x 2 km), située à une cinquantaine de milles au nord-ouest de Bizerte, il faut y aller par ses propres moyens ou bien trouver un passeur. C'est ainsi que Roland Paskoff put s'y rendre en 1994 et découvrir cette île escarpée à la beauté sauvage mais peu hospitalière où résident seulement deux permanents officiels : un garde national et un officier marinier.

L'objectif de cette escapade n'était pas seulement géographique. S'y mêlait l'envie de découverte d'un lieu marqué par sa « méditerranéité ». Après cette visite, R. Paskoff écrivit plusieurs articles pour la presse où il raconte l'histoire de cette île et décrit ses impressions (Paskoff, 1994a ; Paskoff, 1994b ; Paskoff, 2001).

L'île de La Galite était habitée dans l'Antiquité (Galata) et servait de base pour la pêche. Puis, elle fut oubliée. Au XIXe siècle, des familles italiennes s'y installèrent, vivant en complète autarcie des produits de la terre et de la mer. Les langoustes foisonnent dans les fonds rocheux. Ensuite, avec le protectorat français sur la Tunisie, la population, devenue de nationalité française, se stabilisait à environ deux cents personnes vivant autour d'une école, d'une église, d'un poste de gendarmerie, d'un dispensaire et d'une agence postale. L'Ile de la Galite abrita durant sept cent quarante-trois jours, de 1952 à 1954, un hôte de marque en résidence surveillée : Habib Bourguiba. On peut voir le rocher où le proscrit avait coutume de s'installer, essayant d'apercevoir dans le lointain la Tunisie qu'il voulait indépendante.

Le temps a passé, encore, et l'île semble endormie. Roland Paskoff raconte : *« Aujourd'hui, la seule âme dans ce village est un berger... il surveille un petit troupeau de moutons et de chèvres qui s'égaillent dans l'île et dont le propriétaire habite Bizerte. Les autres demeures, envahies pas les frondaisons exubérantes des arbres de leur jardin tombent en ruines. Des figuiers au tronc noueux offrent généreusement leurs fruits... Seule l'ancienne école où résident les deux représentants de l'autorité est à peu près entretenue. Sur l'un des murs, une boîte aux lettres signale mélancoliquement que la dernière levée de lundi est faite. Il n'y en eut plus d'autre. »*

Roland Paskoff aimait profondément cette Méditerranée sur les rives de laquelle il est né et où il a beaucoup travaillé. Cette petite étude, pour le plaisir, où se mêlent la nature, l'homme et l'histoire est tout à fait révélatrice de son attachement à cette région.

Conclusion

La variété des sujets étudiés, dont quelques éléments ont été rapportés ici, est remarquable tant par la diversité de leurs localisations dans l'espace ou dans le temps que par les types de recherches qu'ils ont impliqués. Ces petites études révèlent la grande ouverture d'esprit de Roland Paskoff, et aussi sa capacité d'adaptation à des situations différentes. Elles témoignent de son goût pour une géographie ouverte qui associe l'homme, d'aujourd'hui ou d'hier, à son environnement.

Si Roland Paskoff est devenu un géographe-aménageur des littoraux comme cela est montré dans les chapitres précédents, il n'a cependant jamais oublié la vocation première du géographe, à laquelle il est resté fidèle, celle de décrypter les paysages qu'il rencontre, d'y retrouver la trace de l'homme d'hier ou d'y préfigurer la place de l'homme de demain.

Références bibliographiques

PASKOFF R., 1966. Note sur un site romain des environs de Volubilis. *Bulletin d'archéologie marocaine*, tome VI, 523-530.

PASKOFF R. & SANLAVILLE P., 1985. Esqisse géomorphologique de la région d'Aléria. *Archéologia Corsa*, 8-9, 3-14.

PASKOFF R. & SANLAVILLE P., 1986. Shoreline changes in Bahrein since the beginning of human occupation. *Bahrein through the Ages, the Archaeology*, Londres, 15-24.

SLIM H., TROUSSET P., PASKOFF R., OUESLATI A., 2004. *Le littoral de la Tunisie, Étude géoarchéologique et historique*, CNRS éditions, Paris, 310 p.

PASKOFF R., TROUSSET P., DALONGEVILLE R., 1981. Variations relatives du niveau de la mer en Tunisie depuis l'Antiquité. *Histoire et archéologie*, 50, 52-59.

TROUSSET P., SLIM H., PASKOFF R., OUESLATI A., 1992. Les Iles Kneiss et le monastère de Fulgence de Ruspe. *Antiquités Africaines*, t. 28, 223-24.

PASKOFF R. & TROUSSET P., 1992. Le rêve évaporé du commandant Roudaire. *Le Monde*, 29 juillet 1992.

PASKOFF R. & TROUSSET P., 1993. L'extravagante aventure de la mer saharienne. *L'Histoire*, 165, 14-22.

PASKOFF R. & TROUSSET P., 2000. Histoire d'une utopie : la mer saharienne. *Les Cahiers d'Afrique du Nord*, 25.

PASKOFF R., 1985. Les côtes d'Albanie. Aspects géomorphologiques , *Bull. Assoc. Geogr. Franç.*, 2, 78-83.

OVESEN, C.H. & PASKOFF, R., 2000. The Normandy Coast. Source of inspiration for Monet. *Coastline*, 3, 8-11.

PASKOFF R., 1978a. Aspects géomorphologiques de l'Ile de Pâques. *Bull. Assoc. Géogr.*, 452, 147-157.

PASKOFF R., 1978b. Aspects géomorphologiques, archéologiques et économiques de l'île de Pâques. *Photo-interprétation*, 1, 10-16.

PASKOFF R., 1979. Easter Island: probable marine origin of step-like plarforms in the Mataveri-Hanga Roa area. *Z. Geomorpf. N. F.*, 23, 1, 91-96.

PASKOFF R., 1994a. La Galite, île désertée. *Le Monde*, 28-29 août, 3.

PASKOFF R., 1994b. La Galite, isola abandonata. *Corriere di Tunisi (corriere eurafrica)*, 15 nov. 1994.

PASKOFF R., 2001. L' île de la Galite, la Belle au bois dormant. *Les Cahiers d'Afrique du Nord*, 26, 39-43.

POSTFACE

Virginie DUVAT*
** Professeur de Géographie, UMR LIENSs,
Université de la Rochelle-CNRS 6250*

Les chapitres qui se succèdent dans cet ouvrage illustrent bien l'étendue des thèmes de recherche que Roland Paskoff a traités au cours de sa carrière ainsi que la grande diversité des côtes qu'il a arpentées. Ils montrent également que le chercheur peut apporter, non seulement à la science, en faisant progresser la connaissance, mais aussi à la société, à travers la diffusion du savoir auprès du plus grand nombre, c'est-à-dire du public, des étudiants, et des responsables politiques et administratifs.

À partir des analyses qui ont été menées précédemment, l'on insistera ici sur la modernité des pratiques de recherche de Roland Paskoff afin de mettre en évidence sa contribution à la construction d'une science moderne des littoraux. Ces éléments permettront ainsi de qualifier les évolutions récentes de cette discipline.

Se placer à l'interface Homme/Milieu

Comme d'autres spécialistes français des littoraux qui appartiennent à la même génération que lui, tels Fernand Verger ou Jean-Pierre Pinot, Roland Paskoff a choisi de dépasser les clivages existants entre géographie « physique » et géographie « humaine » en s'inscrivant très tôt à l'interface Homme/Nature. Il l'a fait dès les années 1970, d'abord en utilisant les éclairages que pouvait lui apporter l'archéologie pour mieux comprendre l'évolution du trait de côte et les variations du niveau de la mer, puis en intégrant pleinement les interventions anthropiques dans l'analyse des mutations morphologiques des côtes sableuses. Ses longues années de recherche sur les rivages de la Méditerranée, et plus particulièrement de la Tunisie, pays précocement aménagé et ayant fait l'objet d'un important développement touristique côtier au cours des dernières décennies, ont probablement joué un rôle majeur dans le façonnement de sa vision de géographe.

Sa remarquable culture de géomorphologue et, au-delà, de géographe physicien, a permis à Roland Paskoff d'appréhender avec méthode et rigueur toute la complexité qui tient, dans la formation et l'évolution des milieux côtiers, à l'imbrication des échelles spatiales et temporelles, au profit de diagnostics nuancés et solides qui établissent clairement l'influence des actions humaines. La prise en compte de l'espace et du temps, suivant une approche multi-scalaire, constitue une ligne directrice de ses travaux. Si ce constat est banal à la lecture des écrits d'un géomorphologue, plus originale en revanche est l'analyse qu'il propose de l'influence des interventions anthropiques. Son positionnement épistémologique entre Milieux et Sociétés lui a permis de montrer toute la diversité des effets des politiques d'aménagement et de gestion des littoraux à travers le monde. Il a tout autant insisté sur les effets perturbateurs des constructions trop proches du rivage et des ouvrages lourds de défense des côtes que sur les bienfaits de l'alimentation artificielle des plages et des politiques de protection cohérentes, comme celle que mènent les Pays-Bas. De la même manière, s'il a vivement critiqué l'approche technicienne de l'érosion des plages, il a défendu avec beaucoup de ferveur l'action du Conservatoire du littoral. Si donc le discours est engagé, il ne stigmatise pas les actions humaines, mais s'attache à promouvoir de manière systématique et didactique ce qui peut être considéré comme étant de « bonnes pratiques » d'aménagement et de gestion. L'Homme est pleinement intégré à l'analyse, en tant que développeur, aménageur ou élu. Cette approche est relativement originale dans les travaux menés par les géographes physiciens des années 1960 à 1980.

Au-delà des monographies, dégager des processus et des principes universels

L'œuvre de Roland Paskoff illustre remarquablement le caractère non seulement fructueux, mais nécessaire, dans la construction du savoir, des aller-retour entre les travaux de terrain qui s'appuient sur des études de cas localisées et la théorie, base de connaissances partagées et discutées au sein de la communauté scientifique, qui permet justement de dépasser l'étape de la monographie pour mettre en évidence des processus et des principes universels.

Le levé systématique *in situ* de coupes et de croquis, associé à un minutieux travail de photo-interprétation, permet au géographe de diversifier les angles d'approche et les échelles d'analyse, ce qui est nécessaire pour passer du particulier au général, autrement dit pour donner à une forme donnée une signification géomorphologique générale. Changer d'échelle spatiale ou temporelle permet de prendre du recul et de rattacher des faits précis à l'histoire régionale ou planétaire. Cette démarche est nécessaire pour parvenir à décrypter la complexité des paysages littoraux en rattachant les formes qui sont visibles ici et là à l'histoire planétaire. Roland Paskoff l'a démontré avec beaucoup de force dans ses écrits comme sur le terrain. Pour passer du particulier au général, il a aussi utilisé la cartographie, exercice difficile mais fructueux, qui impose de donner une dénomination générique à des formes spécifiques et à restituer leur localisation, leurs dimensions et leur ordonnancement. La cartographie géomorphologique, qui exige capacité de synthèse et précision, permet tout à la fois de résumer ce qui a été vu et compris, et de faire émerger de nouvelles hypothèses. Il l'a beaucoup utilisée.

Si Roland Paskoff a peu écrit sur les grands processus universels (variations eustatiques, érosion continentale...), il recherchait systématiquement des preuves de leur influence ou de leur non influence sur les littoraux qu'il arpentait afin de poser un cadre général d'interprétation des formes de relief. Le caractère méthodique de ses observations et la rigueur de ses analyses, étayées par des arguments précis et solides, en ont fait un maître pour ceux qui ont eu la chance de bénéficier de son accompagnement. Sa connaissance des littoraux planétaires et ses échanges réguliers avec des géographes du monde entier lui ont permis de se forger une vision globale des types de côtes, de la diversité et de la zonalité des processus en jeu, et de la variété des interventions humaines. Bien peu de géographes de sa génération ont développé une pratique aussi internationale de la recherche et ont acquis une connaissance aussi large des rivages du monde.

Sur cette esquisse planétaire, les études de cas ont trouvé leur place, illustrant chacune la prédominance de processus différents, comme l'illustrent bien ses manuels.

Interdisciplinarité et recherche appliquée

Roland Paskoff a très précocement pratiqué l'interdisciplinarité en nouant des relations avec des géologues, des archéologues ou des écologues, au gré des rencontres et selon les caractéristiques des régions qu'il étudiait. L'étendue de ses connaissances, sa quête de compréhension et sa curiosité personnelle l'ont incité à rechercher d'autres interprétations des faits qu'il observait. C'est ainsi qu'il a participé aux recherches de différents groupes de travail pluridisciplinaires et qu'il a tiré de ces expériences d'intéressantes pistes d'explication.

C'est tout aussi spontanément qu'il a précocement collaboré avec des acteurs de l'aménagement du territoire, avec lesquels il s'est toujours efforcé de partager ses diagnostics et ses conclusions dans la perspective de faire progresser la gestion des côtes. Les ateliers de terrain d'EUCC-France, que Roland Paskoff a institués et qui continuent à connaître un vif succès, illustrent bien la dynamique de réseau qu'il est parvenu à développer. La constance de ses efforts à communiquer ses résultats sous des formes variées (presse nationale, conférences, ateliers de terrain...), et ses qualités didactiques indéniables, expliquent qu'il ait atteint des objectifs ambitieux dans ce domaine, en parvenant à faire adopter certains principes de bonne gestion des littoraux au plan national.

Ces deux témoins d'une recherche moderne, l'interdisciplinarité et la recherche action, marquent naturellement son parcours, qu'il a construit avec beaucoup de pragmatisme et d'ouverture sur l'extérieur. Son itinéraire apporte d'ailleurs la preuve que le chercheur peut occuper une position centrale dans la société en jouant des rôles divers et complémentaires.

La géographie des littoraux au cœur des développements contemporains de la science

C'est parce qu'elle est en prise avec de nombreuses questions de société que la géographie des côtes constitue une voie privilégiée pour le géographe soucieux d'être utile. Des questions majeures, comme celles qui sont relatives à la biodiversité, au changement climatique ou au développement urbain, par exemple, font des littoraux des espaces centraux dans la dynamique mondiale.

S'il y a de multiples façons de la pratiquer, comme l'illustre la diversité des approches qui sont développées dans les thèses de doctorat actuellement soutenues, il apparait que les voies privilégiées par Roland Paskoff continuent à connaître un grand succès, que l'on considère la géoarchéologie, la géomorphologie ou la gestion de l'érosion côtière.

Liste des publications de Roland Paskoff

*Pour les compte rendus d'ouvrages ou d'articles, seuls les principaux d'entre eux ont été incorporés dans cette liste. Leur numéro est suivi d'un *.*

1957

1. Les hautes plaines du Maroc oriental : la région de Berguent. *Cahiers d'Outre-Mer,* 10, 34-64.

2. Oujda, esquisse de géographie urbaine. *Bull. Econ. Soc. Maroc*, 21, 71-80.

1960

3. (en collaboration avec G. Féray) Volubilis : quelques observations sur l'origine et l'altération des matériaux de construction. *Bull. Archéol. Marocaine,* 4, 481-487.

4. Note sur quelques vestiges archéologiques des environs de Berguent (Maroc Oriental). *Libyca* (Préhistoire), 8, 295-297.

1962

5. L'aménagement de la basse vallée de la Moulouya (Maroc oriental). *Cahiers d'Outre-Mer,* 15, 89-91.

1963

6*. Nouvelles données sur la géographie agraire du Chili. *Cahiers d'Outre-Mer,* 16, 193-201.

7. Indices morphologiques d'un stationnement de l'Océan Pacifique à 5-7 m au-dessus de son niveau moyen actuel sur le littoral du Chili central. *C.R. somm. Soc. Géol. France,* 6, 191.

8. Note préliminaire sur l'âge de la Cordillère de la Côte du Chili central. *C.R. somm. Société Géol. France,* 7, 217.

9. Réponse à la communication de M. O. Dollfus : « Observations aux communications de M. Roland Paskoff ». *C.R. somm. Soc. Géol. France*, 8, 281.

10. Probabilidad de un antiguo nivel del Océano Pacífico 1 o 2 m más alto que el nivel actual. *Bol. Univ. Chile,* 41, 45-46.

11. Observations morphologiques sur les dépôts quaternaires de la basse vallée du Rio La Ligua (Chili central). *Bull. Soc. Géol. France.*, 7° sér., 5, 644-649.
12. Genesis de las orillas cuaternarias. *Rev. Chil. Hist. Geog.,* 131, 261-268.
13. Remarques sur des niveaux marins et fluviaux autour de la baie de Coquimbo (Chili). *Bull. Ass. Géog. Franç.*, 320-321, 2-18.
14. Observaciones sobre formas volcánicas en los alrededores de Ovalle. *Informaciones Geográficas,* 11-14, 9-17.

1965

15. (en collaboration avec H. Fuenzalida, R. Cooke, K. Segerstrom et W. Weischet) High stands of Quaternary sea level along the Chilean coast. *Spec. Paper, Geol. Soc. Am.,* 473-496.
16. La investigación geomorfológica en Francia. *La Geografía en Francía,* Inst. Central Hist. Geog., Universidad de Concepción, 39-42.

1966

17*. Les régions géographiques du Chili. *Cahiers d'Outre-Mer,* 19, 193- 201.
18*. Le régime de la propriété rurale au Chili. *Cahiers d'Outre-Mer,* 19, 414-415.
19. Note sur un site romain des environs de Volubilis. *Bull. Archéol. Marocaine,* 6,, 523-530.
20. (en collaboration avec G. Féray) Recherches sur les carrières romaines des environs de Volubilis. *Bull. Archéol. Marocaine,* 6, 279-300.
21. Estudio morfométrico de los rodados de la terraza principal del curso inferior del Río la Ligua. *Unión Geográfica.Internacional, Conferencia Regional, Mexico,* 3, 82-87.
22. Observaciones geomorfológicas sobre el curso inferior del Río Limari, Chile. *Unión Geográfica Internacional Conferencia Regional*, Mexico, 3, 281-283.
23. Premiers résultats de l'étude morphométrique des cailloutis de la formation Las Chilcas (Chili central). *Estudios Geográficos,* Universidad de Chile, 157-163.
24. (en collaboration avec R. Hoffstetter). Présence des genres *Macrauchenia* et *Hippidion* dans la faune pléistocène du Chili. *Bull. Mus. Nat.*, 2° sér., 38, 476-490.
25. Terrasses littorales et tectonique récente entre l'embouchure du Rio Limari et la baie Teniente, province de Coquimbo, Chili. *Revista Geográfica*, 65, 57-67.
26. (en collaboration avec D. Herm et J. Stiefel) Premières observations sur les environs de la baie de Tongoy (Chili). *Bull. Soc. Géol. France,* 7° sér., 8, 21-24.
27. (en collaboration avec D. Herm) Note préliminaire sur le Tertiaire supérieur du Chili centre-nord. *Bull. Soc. Géol. France,* 7° sér., 8, 760-765.

1967

28*. Un symposium sur les déserts côtiers. *Cahiers d'Outre-Mer,* 20, 394-399.
29*. Aspects nouveaux de la géologie du Chili. *Annales de Géographie*, 416, 500-505.

30. Recent state of investigations on Quaternary sea levels along the Chilean coast between 30° and 33° S. *Journ. Geosc. Osaka City University,* 10, 107-113.
31. Une coupe du Quaternaire marin près de La Serena, province de Coquimbo, Chili. *Bull. Assoc. Franç. Etude Quaternaire,* 11, 87-101.
32. (en collaboration avec D. Herm) Vorschlag zur Gliederung des marinen Quartärs in Nord und Mittel-Chile. *N. Jahrb. Min. Geol. Pal.,* 10, 577-588.
33. Notes de morphologie glaciaire dans la haute vallée du Rio Elqui, province de Coquimbo, Chili. *Bull. Assoc. Géog. Franç.*, 350-351, 44-55.
34. Los cambios climáticos plio-cuaternarios en la franja costera de Chile semi-árido. *Bol. Asoc. Geóg. Chile,* 1, 3.
35. Antecedentes generales sobre la evolución del litoral de Chile del Norte durante el Plioceno y el Cuaternario. *Bol. Asoc. Geóg. Chile,* 3, 3-4.

1968

36*. Mélanges de géographie chilienne. *Cahiers d'Outre-Mer*, 21, 217-218.
37. Proposition de classification du Pliocène continental du Chili centre-nord. *C.R. somm. Soc. Géol. France,* 7, 226-227.

1970

38. *Recherches géomorphologiques dans le Chili semi-aride*. Bordeaux, Biscaye, 420 p.
39. Sur les relations possibles entre un ensemble de terrasses marines émergées et les caractères de la marge continentale du Chili entre 30° et 33° Sud. *Quaternaria,* 12, 35-45.

1971

40. Edad radiométrica del mastodonte de Los Vilos. *Notic. Mens. Museo Hist. Nat.* Santiago, 177, 11.
41. Etat résumé des acquisitions récentes sur le Quaternaire Chilien. *Cahiers Géogr. Québec,* 35, 289-314.

1972

42. Les terrasses d'abrasion de la côte du Chili semi-aride. *International Geography*, Montréal, 1, 96-98.
43. Formes de glaciation résiduelle dans la Cordillère de l'Elqui, province de Coquimbo, Chili. *Photo-Interprétation,* 3, 8-13.
44. Morphogenèse quaternaire aux alentours de l'embouchure du Rio Elqui, province de Coquimbo, Chili. *Photo-Interprétation,* 4, 1-7.

1973

45. Geomorphological processes and characteristic landforms. *Mediterranean Regions of the World. Ecological Studies, Analysis and Synthesis,* 7, 71-93.
46. Regards sur la géographie physique des Andes méridionales. *Information Géographique,* 2, 71-93.
47. The Plio-Quaternary climatic changes along the semi-arid seaboard of Chile. *Coastal Deserts,* Univ. Arizona Press, 147-151.
48. Radiocarbon dating of marine shells taken from the north and central coast of Chile. *IX INQUA International Congress Proceedings,* Christchurch, 221-222.
49. (en collaboration avec V. Auer) South America: Argentine and Chile. *World Bibliography and Index of Quaternary Tephrochronology*, University of Alberta, 111-119.

1975

50*. Une étude géomorphologique de la vallée du Rio Aconcagua (Chili). *Annales de Géographie,* 464, 502-504.
51. (en collaboration avec D. Herm, R. Karray et P. Sanlaville) Sur deux dépôts à *Strombus bubonius* du golfe de Tunis. *C.R. somm. Soc. Géol. France,* 1, 21-22.
52. (en collaboration avec D. Herm, A. Miossec et P. Sanlaville) Sur le Quaternaire marin des environs de Metline (Tunisie nord-orientale). *C.R. Acad. Sc.*, Paris, 281 D, 759-761.
53. (en collaboration avec C. Caviedes) Quaternary glaciations in the Andes of north-central Chile. *Journal of Glaciology,* 14, 70, 155-170.
54. (en collaboration avec A. Guilcher) Remarques sur la géomorphologie littorale de l'archipel maltais. *Bull. Assoc. Géog. Franç.*, 427, 226-231.

1976

55*. (en collaboration avec P. Sanlaville) Le Quaternaire marin de la Toscane et du Latium. *Annales de Géographie.*, 468, 242-245.
56*. Les Allemands au Chili. *Annales de Géographie*, 467, 120-121.
57*. Un ouvrage sur les terrains salés. *Annales de Géographie*, 469, 353-355.
58. (en collaboration avec G. Beaudet, D. Herm et R. Laharie) Sur l'existence du Pliocène marin le long de la côte du Sud du Pérou. *C.R. somm. Soc. Géol. France*, 1, 12-13.
59. Les glaciations quaternaires dans les Cascades et dans les Andes méridionales aux latitudes tempérées: bilan des recherches et comparaisons. R*ev. Géogr. Alpine,* 2, 125-152.
60. Sur l'origine du grand escarpement côtier du désert chilien. *XXIII International Geographical Congress,* Moscou, I, 207-211.
61. (en collaboration avec P. Sanlaville) Sur le Quaternaire marin de la région de Mahdia, Sahel de Sousse, Tunisie. *C.R. Acad. Sc.*, Paris, 283 D, 1715-1718.

1977

62. Quaternary of Chile: the state of research. *Quaternary Research,* 8, 2-31.

63. (en collaboration avec R. Karray) Carte géomorphologique La Goulette au 1/50 000 . *Publ. Fac. Lettres Sc. Humaines Tunis,* 2° sér., 9, 15 p.

64. (en collaboration avec Sanlaville) Les formations quaternaires de l'île de Jerba (Tunisie): essai sur les lignes de rivage. *C.R. somm. Soc. Géol. France,* 4, 217-219.

65*. (en collaboration avec A. Moign) Érosion et protection des côtes du littoral caucasien de la mer Noire. *Méditerranée*, 3, 63-68.

1978

66. Aspects géomorphologiques de l'île de Pâques. *Bull. Assoc. Géog. Franç.*, 452, 147-157.

67. Aspects géomorphologiques, archéologiques et économiques de l'île de Pâques (Chili). *Photo-Interprétation,* 1, 10-16.

68. (en collaboration avec P. Sanlaville) Observations géomorphologiques sur les côtes de l'archipel maltais. *Z. Geomorph. N.F.*, 22, 310-328.

69*. Géomorphologie, d'après l'ouvrage de R. Coque. *Revue Tunisienne de Géographie*, 1, 124-126.

70. L'évolution géomorphologique du grand escarpement côtier du désert chilien. *Géogr. Phys. Quat. 32*, 4, 351-360.

71. (en collaboration avec P. Sanlaville) Sur l'origine de la formation Tlêt et sa place dans la stratigraphie du Quaternaire récent de la région de Jerba-Zarzis (Sud tunisien). *C.R. Acad. Sc.* Paris, 287 D, 1265-1268.

72. Évolution de l'embouchure de la Medjerda (Tunisie). *Photo-Interprétation,* 5, 1-23.

1979

73. Aspects géomorphologiques du grand escarpement côtier du désert chilien. *Photo-Interprétation,* 1, 19-32.

74*. Un colloque au Brésil sur les variations du niveau de la mer pendant l'Holocène. *Annales de Géographie,* 488, 485-489.

75. Easter Island: probable marine origine of step-like platforms in the Mataveri-Hanga Roa area. *Z. Geomorph. N.F.,* 23, 1, 91-96.

76. Un exemple de raccord fluvio-marin: les terrasses du cours inférieur du Rio Copiapo, désert d'Atacama, Chili. *C.R. somm. Soc. Géol. France,* 1, 30-33.

77. Déplacement de la ligne de rivage et variations du niveau de la mer en Tunisie depuis l'Antiquité. *Bull. CEDAC Carthage,* 2, 11-12.

78. Late Cenozoic crustal movements and sea level variations in the coastal area of northern Chile. *Earth Rheology, Isostasy, and Eustasy,* 487-496.

79. (en collaboration avec P. Sanlaville) *Livret-guide de l'excursion-table ronde sur le Tyrrhénien de Tunisie.* INQUA, Commission des lignes de rivage, Sous-Commission Méditerranée-Mer Noire, 6-13 avril, 51 p

80. (en collaboration avec J.-M. Miossec) Évolution des plages et aménagements touristiques à Jerba (Tunisie): le cas du littoral nord-est de l'île. *Méditerranée*, 1-2, 99-106.

81. (en collaboration avec J.-M. Miossec) L'érosion des plages dans le Sud tunisien: exemples à Jerba (côtes est et sud-est) et à Zarzis. *Revue Tunisienne de Géographie,* 2, 137-155.

82. (en collaboration avec P. Sanlaville) Le Quaternaire récent de Jerba et de la presqu' île de Zarzis. *Revue Tunisienne de Géographie,* 3, 43-68.

83*. Strombes actuels et anciens. *Revue Tunisienne de Géographie,* 3, 73-77.

84*. Aspects de la morphologie littorale du Liban. *Revue Tunisienne de Géographie*, 3, 97-99.

85. Un espace côtier à protéger : la flèche littorale de Ras Rmel à Jerba. *Échanges,* 3, 371-377.

86. (en collaboration avec E.C.F. Bird) Relationships between vertical changes of land and sea level and the advance and retreat of coastlines. *Proceedings of the 1978 International Symposium on Coastal Evolution in the Quaternary,* Sao Paulo, 29-40.

87. Données à propos des variations relatives du niveau de l'Océan Pacifique au cours de l'Holocène sur la côte du Chili du Nord et du centre. *Proceedings of the International Symposium on Coastal Evolution in the Quaternary,* Sao Paulo, 449-552.

88. Les grandes étapes de l'évolution géomorphologique des Andes pendant le Cénozoïque dans le Sud du désert d'Atacama (Chili). *C.R. Acad. Sc.*, Paris, 289 D, 1203-1206.

89*. Géographie physique de la Bahiret el Biban. *Revue Tunisienne de Géographie*, 4, 127-130.

90*. Une excursion table-ronde sur le Tyrrhénien de la Tunisie. *Revue Tunisienne de Géographie,* 4, 131-133.

91. Évaluation de la vulnérabilité à l'érosion marine de sites archéologiques antiques de la côte tunisienne. *Cahiers de Tunisie,* 109-110, 301-326.

92. Sobre la evolución geomorfológica del gran acantilado costero del Norte de Chile. *Norte Grande,* 6, 7-22.

93. Évolution géomorphologique pendant le Plio-Quaternaire et exploitation minière dans le Sud du désert d'Atacama (Chili). *Photo-Interprétation*, 2, 32-38.

94. (en collaboration avec P. Arnould et R. Karray). Remarques sur les dépôts quaternaires des environs d'Hammam-Lif (banlieue sud-est de Tunis, Tunisie). *Travaux de Géologie Tunisienne*, 13, 103-106.

95. (en collaboration avec N. Ben Ayed, Cl. Bobier, A. Oueslati et Cl. Viguier) Sur la tectonique récente de la plage du R'mel, à l'Est de Bizerte (Tunisie nord-orientale). *Géologie Méditerranéenne,* 6, 423-426.

1980

96. (en collaboration avec J.A. Naranjo) Evolución geomorfológica del desierto de Atacama entre los 26° y 33° latitud Sur : revisión cronológica. *Revista de Geología de Chile,* 10, 85-89.

97*. Mouvements de la population et transformations de l'agriculture au Chili. *Annales de Géographie,* 492, 247-248.
98*. Progrès récents dans la connaissance géologique du Chili. *Annales de Géographie,* 495, 647-649.
99. Remarques sur les causes et les remèdes à l'érosion des plages à Jerba. Actes du colloque sur l'environnement et l'érosion des plages à Jerba, *Office national du tourisme tunisien,* Documents 23, 6
100. (en collaboration avec P. Sanlaville) Le Tyrrhénien de la Tunisie : essai de stratigraphie. *C.R. Acad. Sc.,* Paris, 290 D, 393-396.
101. (en collaboration avec R. Dalongeville, P. Sanlaville, J. Thommeret et Y. Thommeret) Témoins d'un niveau marin holocène supérieur à l'actuel en Tunisie méridionale. *C.R. Acad. Sc.*, Paris, 290 D, 303-306.
102. (en collaboration avec D. Herm et P. Sanlaville) La stratigraphie des falaises d'Hergla (Sahel de Sousse, Tunisie) et son importance pour la compréhension du Quaternaire marin récent de la Tunisie. *C.R. somm. Soc. Géol. France,* 1, 25-28.
103. (en collaboration avec A. Ozer, P. Sanlaville et A. Ulzega) Essai de corrélation du Pléistocène supérieur de la Sardaigne et de la Tunisie. *C.R. Acad. Sc.*, Paris, 291 D, 801-804.
104. Evaluation of marine erosion on archaelogical sites along the Tunisian coast. *International Geographical Union, Commission on the Coastal Environment, Coastal Archaeology Session,* Shimoda, Japon, 82-86.
105. (en collaboration avec H. Ben Ouezdou et M. Bourgou) Note sur les formations tyrrhéniennes des bords de la Mer de Bou Grara. *Revue Tunisienne de Géographie,* 6, 139-144.
106. (en collaboration avec A. Oueslati et P. Sanlaville) Nouvelles observations à Jerba sur l' âge de la formation Tlêt. *Revue Tunisienne de Géographie,* 6, 133-138.
107. (en collaboration avec Y. Nouri). Remarques sur le comportement actuel des plages dans le fond du golfe de Tunis. *Revue Tunisienne de Géographie,* 6, 145-151.
108. (en collaboration avec P. Sanlaville). Formations marines quaternaires et tectonique littorale en Tunisie. *Actes colloque Niveaux marins et tectonique quaternaires dans l'aire méditerranéenne*, C.N.R.S. et Univ. Paris I, 29 nov. 1980, 355-374.

1981

109. *L'érosion des côtes.* Presses Universitaires de France, Coll. Que sais-je ? 128 p.
110. (en collaboration avec P.Trousset et R. Dalongeville). Variations relatives du niveau de la mer en Tunisie depuis l'Antiquité. *Histoire et Archéologie*, Dossiers, 50, 52-59.
111. (en collaboration avec A. Oueslati et P.Sanlaville) Stratigraphie quaternaire et néotectonique des Îles Kerkennah (Tunisie orientale). *C.R. somm. Soc. Géol. France,* 3, 93-96.
112. L'évolution de la lagune littorale de Ghar el Melh, delta de la Medjerda, Tunisie nord-orientale. *Bull. Soc. Languedocienne Géogr.*, 15, 49-57.

113. Note sur l'évolution actuelle de l'embouchure de la Medjerda, Tunisie nord-orientale. *Bull. Soc. Languedocienne Géogr.*, 15, 1-2, 59-63.
114. Tendances actuelles de la recherche en géomorphologie littorale. *Z. Geomorph. N.F.,* 25, 359-363.
115. (en collaboration avec P. Sanlaville). Tyrrhenian deposits and neotectonics at Monastir, Tunisia. *Z. Geomorph. N.F.*, Suppl.-Bd. 40, 183-192.
116. Évolution récente de la flèche de Foum el Oued, delta de la Medjerda (Tunisie nord-orientale). *Méditerranée,* 4, 39-42.
117. (en collaboration avec P. Sanlaville). Le Tyrrhénien de la Sardaigne. *Annales de Géographie,* 502, 744-747.
118. (en collaboration avec J.A. Naranjo). Estratigrafia de los depósitos cenozóicos de la región de Chiuchiu-Calama, desierto de Atacama. *Revista Geológica de Chile*, 13-14, 79-85.
119. (en collaboration avec S. Mathlouti). Modifications de la ligne de rivage dans la baie de Bizerte depuis un siècle. *Revue Tunisienne de Géographie,* 7, 91-102.
120. L'érosion des plages en Tunisie. *Revue Tunisienne de Géographie*, 8, 81-96.
121. (en collaboration avec A. Oueslati). L'évolution géomorphologique de l'espace côtier de la Tunisie depuis 15 000 ans. *Géographie et développement*, 5, 99-104.
122. (en collaboration avec J.A. Naranjo). Estratigrafia de los unidades sedimentarias cenozoïcas de la cuenca del Rio Loa en la pampa del Tamarugal, region de Antofagasta, Chile. *Revista geologica de Chile,* 15, 49-57.
123. (en collaboration avec P. Sanlaville). Sur les dépôts tyrrhéniens et würmiens des littoraux de la Méditerranée occidentale. *Compte-rendu de l'Acad. des Sc.,* Paris, 294 II, 737-740.
124. (en collaboration avec A. Oueslati et P. Sanlaville). Le Tyrrhénien de Tunisie : essai de synthèse. *Bull. Soc. Géol. France*, 2, 173-178.
125. (en collaboration avec A. Oueslati). Observations sur les flèches sableuses à pointe libre de la côte orientale de la Tunisie. *Revue Tunisienne de Géographie,* 9, 89-102.
126. (en collaboration avec J.A. Naranjo). Aspects du volcanisme cénozoïque dans la haute cordillère des Andes du désert chilien. *Photo-Interprétation*, 1, 51-58.
127*. La désertification dans le Petit Nord chilien. *Annales de Géographie*, 508, 765-766.

1983

128. (en collaboration avec P. Sanlaville et M. Bourgou). Stratigraphie et genèse des éolianites du Würm et de l'Holocène sur le littoral de la Tunisie. *C.R. Acad. Sc.*, Paris, 296 II, 1263-1266.
129. (en collaboration avec E.C.F. Bird). Geomorphological problems on Mediterranean coasts. *Coastal Problems in the Mediterranean Sea,* Bologne, 7-17.
130. Geomorphology and hydrology of the gulf of Tunis from Landstat 2 imagery. *Coastal Problems in the Mediterranean Sea*, Bologne, 121-127.
131. L'érosion des plages. *La Recherche,* 140, 20-28.

132. (en collaboration avec P. Sanlaville) *Les côtes de la Tunisie, variations du niveau marin depuis le Tyrrhénien.* Maison de l'Orient Méditerranéen,, Université de Lyon 2, 192 p.

133. (en collaboration avec S. del Canto). Características y evolución geomorfológica actual de algunas playas del Chile central, entre Valparaiso y San Antonio (V Región). *Norte Grande*, 10, 31-45.

134. (en collaboration avec J.A. Naranjo). Formation et évolution du piémont andin dans le désert du Nord du Chili (18°-21° latitude Sud) pendant le Cénozoïque supérieur. *C.R. Acad. Sc.*, Paris, 297 II, 743-748.

135. (en collaboration avec J. Bonvallot) Observations sur les "couches rouges" du Quaternaire supérieur dans la péninsule du Cap Bon (Tunisie). *Cahiers O.R.S.T.O.M.,* sér. Géol., 2, 101-110.

136. Les plages. *Documentation Photographique,* 6068, 40-41.

1984

137. Les déserts sud-américains. *Documentation Photographique,* 6073, 39.

138. Érosion et protection des plages: une nouvelle approche. *Actes du Colloque sur l'Hydraulique et la Maitrise du Littoral,* Société Hydrotechnique de France, Marseille, 3, 7.1-7.7.

139. (en collaboration avec P. Sanlaville). Aperçu géomorphologique sur le mont IIIB de Janussan. La nécropole de Janussan (Bahrein). *Travaux de la Maison de l'Orient Méditerranéen,* Université de Lyon 2, 6, 173-176.

140*. Une géomorphologie du Japon. *Annales de Géographie,* 515, 96-97.

141*. Une géographie du Chili. *Annales de Géographie*, 515, 114.

142. (en collaboration avec J.A. Naranjo) Volcanisme, tectonique et réseau hydrographique sur le piémont andin du désert du Nord du Chili. *Géogr. phys. Quat.*, 2, 201-204.

143. La erosión de las playas. *Revista Geográfica de Valparaiso*, 14, 31-40.

144. (en collaboration avec Cl. Martinez). Indices de distension pendant le Quaternaire récent en Tunisie. *Cah. O.R.S.T.O.M.,* sér. Géol., 2, 153-161.

145. (en collaboration avec A. Oueslati). L'évolution géomorphologique de l'espace côtier de la Tunisie depuis 15 000 ans. *Géographie et Développement*, 5, 99-106.

146. Formes littorales d'origine volcanique et corallienne à Mayotte (Océan Indien). *Photo-Interprétation*, 5-4, 25-23.

1985

147. *Les plages de la Tunisie*. Éditec, Caen, 198 p.

148. *Les littoraux, impact des aménagements sur leur évolution.* Masson, Paris, 188 p.

149. *Géographie de l'environnement*. Université de Tunis, 227 p.

150. Malta and Tunisia. *The World's Coastline,* Van Nostrand Reinhold, 431-437 et 523-530.

151. Plages à la dérive. *Le Monde,* 23-24 juin, 10.

152. (en collaboration avec H. Hurst et F. Rakob). Position du niveau de la mer et déplacement de la ligne de rivage à Carthage (Tunisie) dans l'Antiquité. *C.R. Acad. Sc.*, Paris, 300 II, 613-618.

153. (en collaboration avec P. Sanlaville). Esquisse géomorphologique de la région d'Aléria (Corse orientale). *Archeologia Corsa*, 8-9, 3-14.

154. (en collaboration avec J.A. Naranjo). Evolución cenozóica del piedemonte andino en la Pampa del Tamarugal, Norte de Chile (18°-21° S). *Actas IV Congreso Geológico Chileno,* Antofagasta, 5, 149-165.

155. (en collaboration avec N. Bernat et P.Sanlaville). Datation de terrasses marines de la côte est de la Tunisie: méthode Io-U appliquée aux mollusques fossiles; un exemple de contamination subactuelle. *Revue Géol. dyn. Géogr. phys.*, 26, 157-161.

156. L'Homme et l'érosion des plages, une nouvelle réponse : le recul stratégique. *Actes du colloque Océanologie Côtière,* Aderma, Bordomer 1985, Bordeaux, 8-11 octobre 1985, 163-171.

157. L'érosion des plages: l'originalité de la Méditerranée. *Coastal Planning: Realities and Perspectives,* Gênes, l35-l49.

158. Les côtes d'Albanie, aspects géomorphologiques. *Bull. Assoc. Géogr. Francais*, 2, 77-83.

1986

159. (en collaboration avec O. Conchon, M.-D. Loÿe-Pilot et P. Sanlaville). Preuves de l'âge anté-würmien de la formation quaternaire de Vadina-urbino, et conséquences sur l'interprétation de la néotectonique de la région d'Aléria (Corse orientale). *C.R. Acad. Sc.,* Paris, 302 II, 821-824.

160. (en collaboration avec P. Sanlaville) Shoreline changes in Bahrein since the beginning of human occupation. *Bahrein through the Ages, the Archaelogy,* Londres, 15-24.

161. (en collaboration avec P. Sanlaville). Oscillations climatiques en Tunisie littorale depuis le dernier interglaciaire jusqu'au début de l'Holocène. *Bull. Assoc. Franç. Etud. Quat.,* 1-2, 78-83.

162*. Coastal changes. *Journal of Coastal Research,* 2, 502.

163. (en collaboration avec O. Conchon, M.-D. Loÿe-Pilot et P. Sanlaville). Quaternary marine and lagoonal deposits in the Vadina-Urbino area (Aleria region, eastern Corsica): radiometric datings and field evidence. *Z. Geomorph. NF,* Suppl.-Bd. 62, 103-108.

164. (en collaboration avec G.H. Miller et C.E. Stearns). Amino acid geochronology of Pleistocène littoral deposits in Tunisia. *Z. Geomorph, NF*, Suppl.-Bd. 62, 197-207.

165. L'évolution des côtes de la Tunisie depuis le dernier interglaciaire. *Changements globaux en Afrique durant le Quaternaire. Passé, présent, futur,* O.R.S.T.O.M., Paris, 363-364.

166. (en collaboration avec G.H. Miller, C.E. Stearns et B.J. Szabo) Chronology of Quaternary shorelines along eastern Tunisia. *Abstracts AMQUA 9th biennal meeting,* University of Illinois.

167. (en collaboration avec A. Gauthier). *Évolution actuelle de la ligne de côte sur trois terrains (Mucchiatana, Terrenzana, Pinia) du Conservatoire de l'Espace Littoral et des Rivages Lacustres en Corse orientale*. Association pour la Gestion des Espaces Naturels de la Corse, Ajaccio, 19 p.
168. (en collaboration avec A. Oueslati). Tunisia. International Bibliography on Coastal Geomorphology (1983-1986). *Informaciones Geográficas,* 33, Santiago (Chile), 16.

1987

169. Le programme de travail de la Commission sur l'environnement côtier de l'Union Géographique Internationale. *Cahiers Nantais*, 29, 7-8.
170. Archaeological data on shoreline displacements in the Mediterranean since Antiquity. *Journal of Coastal Research,* 3, 107-110.
171. Le delta de la Medjerda (Tunisie): présentation géomorphologique. *Les deltas méditerranéens,* Centre Européen de Coordination de Recherche et de Documentation en Sciences Sociales, Vienne, 365-379.
172. Les variations du niveau de la mer. *La Recherche*, 191, 1010-1019
173. (en collaboration avec A. Oueslati, H. Slim et P. Trousset). Déplacements de la ligne de rivage en Tunisie d'après les données de l'archéologie à l'époque historique. *Déplacements des lignes de rivage en Méditerranée*, CNRS, Paris, 67-85.
174. (en collaboration avec P. Sanlaville, R. Dalongeville et J. Evin). Modification du tracé littoral sur la côte arabe du golfe persique en relation avec l'archéologie. *Déplacements des lignes de rivage en Méditerranée*, CNRS, Paris, 211-222.
175. Bilan du colloque. *Déplacements des lignes de rivage en Méditerranée,* CNRS, Paris, 223-225.
176. Plages et tourisme en Tunisie. *Le développement du tourisme dans les espaces voisins des grandes zones de fréquentation touristique,* Union géographique internationale et Office national du tourisme tunisien, Tunis, 276-287.
177. Las variaciones del nivel del mar. *Mundo Científico*, 74, 1058-1071.

1988

178. Les risques du littoral. *La Croix l'Evénement,* 22 juin, 13.
179. Tunisia. *Artificial Structures and Shorelines*, Kluwer Academic, 269-271.
180. Coastal progradation as a by-product of human activity: an exemple from Chanaral Bay, Atacama Desert, Chile. *Abstracts, International Geographical Union, 26th International Congress,* Sydney, 21-26 août, 442.
181. (en collaboration avec Sanlaville). L'espace côtier des environs d'Aléria (Corse) : présentation géomorphologique. *Terrina et le Terrinien,* Ecole française de Rome, 109, 21-26.

1989

182. (en collaboration avec R. Petiot). L'ensablement d'une côte comme conséquence du rejet sur le rivage de stériles miniers : l'exemple de la baie de Chañaral, désert d'Atacama (Chili). *Les Littoraux,* Second Forum du Groupe Français de Géomorphologie, Caen, 24-25 novembre 1988, 30-32.

183. Évolution des espaces littoraux et problèmes d'aménagement. *Revue XYZ,* Association Française de Topographie, 38, 7-13.

184. (en collaboration avec A. Oueslati). Acquisitions récentes à propos du Quaternaire supérieur des côtes de la Tunisie. *Méditerranée,* 2, 79-84.

185. Le reflux du littoral. *Le Monde*, 5 juillet 1989, 17.

186. Les dunes du littoral. *La Recherche*, 212, 888-895.

187. Las dunas del litoral. *Mundo Científico*, 95, 958-965.

188*. Les variations du niveau de la mer. *Annales de Géographie,* 546, 215-218.

189. Zonality and main geomorphic features of the Chilean coast. *Essener Geogr. Arbeiten,* 18, 237-267.

1990

190*. Les littoraux: aspects physiques, évolution et aménagement. *Annales de Géographie,* 551, 82-85.

191. (en collaboration avec R. Petiot). Coastal progradation as a by-product of human activity: an example from Chañaral Bay, Atacama Desert, Chile. *Journal of Coastal Research,* n°spécial 6, 91-102.

192. Quelle défense pour les côtes ? *La Croix L'Evénement*, 30 octobre, 12-13.

193*. Les variations du niveau de la mer pendant le Quaternaire. *Annales de Géographie,* 556, 720-721.

194. Érosion des côtes et problèmes d'aménagement. *Mondes et Cultures,* 49, 346-358.

195. (en collaboration avec M. Bonifay, A. Oueslati, H. Slim et P. Trousset). Programme tuniso-français d'étude du littoral de la Tunisie, bilan des travaux. *Bulletin Travaux Institut National du Patrimoine*, Tunis, 5, 95-116.

1991

196. (en collaboration avec D. Kelletat). Review of coastal problems. *Z. Geomorph. N.F.,* Suppl.-Bd. 81, 149-162.

197. (en collaboration avec A. Oueslati). Modifications of coastal conditions in the gulf of Gabes (southern Tunisia) since classical Antiquity. *Z. Geomorph. N.F.*, Suppl.-Bd. 81, 149-162.

198. Likely occurrence of a mega-tsunami in the middle Pleistocene, near Coquimbo, Chile. *Revista Geológica de Chile*, 18, 87-91.

199. (en collaboration avec P. Trousset). Les sites submergés de Tunisie. *Thracia Pontica,* 4, 367-384.

200. (en collaboration avec H. Slim et P. Trousset). Le littoral de la Tunisie dans l'antiquité : cinq ans de recherches géoarchéologiques. *Comptes rendus des* *séances de l'Académie des Inscriptions et Belles-Lettres,* Paris, juillet-octobre, 515-546.

201. L'érosion littorale. *Eaux de Rhône, Méditerranée, Corse,* Agence de l'Eau, Lyon, 203-207 et 225-227.

202. Bahiret el Biban. *Encyclopédie Berbère*, 10, 1489-1490.

203. Bou Grara. *Encyclopédie Berbère*, 10, 1568-1569.

204. Principes de défense des plages contre l'érosion de la mer. *Actes Colloque Droit, Littoral et Mer,* Faculté de Droit et des Sciences Politiques, Université de Nantes, 35-48.

1992

205*. Les dunes littorales. *Annales de Géographie,* 563, 97-99.

206. (en collaboration avec P. Trousset). L'ancienne baie d'Utique : du témoignage des textes à celui des images satellitaires. *Mappemonde,* 1, 30-34.

207*. La réponse à l'érosion des côtes. *Annales de Géographie,* 565, 341.

208. (en collaboration avec P. Trousset). Le rêve évaporé du Commandant Roudaire. *Le Monde,* 29 juillet, 10.

209. Neotectonics of the Tunisian coast: two case studies, R'mel and Monastir. *Quaternary International,* 15/16, 113-117.

210. Sandy beaches evolution and management in North Africa. *Coastal systems studies and sustainable development*, Unesco technical papers in marine sciences, 64, 187-195.

211. Principes d'aménagement des plages. *Environnement et Développement*, Actes du colloque Environnement, Pollution, Développement, Rabat, 17-19 mai 1990, Comité Environnement des Associations Régionales et Spécialisées, Rabat, 239-246.

212*. Incertitudes à propos des conséquences sur l'environnement de l'effet de serre. *Annales de Géographie*, 566, 692-694.

213. (en collaboration avec P. Trousset, H. Slim et A. Oueslati). Les îles Kneiss et le monastère de Fulgence de Ruspe. *Antiquités africaines*, 28, 223-247.

214. Les variations du trait de côte : facteurs et conséquences. *Le littoral, ses contraintes environnementales et ses conflits d'utilisation,* Faculté des Sciences et des Techniques, Université de Nantes, 29-33.

215. Eroding Tunisian beaches: causes and mitigation. *Bolletino di Oceanologia Teorica ed Applicata*, 10, 2-3-4, 85-91.

216. (en collaboration avec P. Trousset). Du lac Triton au mythe de la mer saharienne. *Mondes et Cultures*, 2-3-4, 456-458.

1993

217. *Côtes en danger.* Masson, Paris, 250 p.

218. (en collaboration avec Y. Ota). Holocene deposits on the coast of north-central Chile: radiocarbon ages and implications for coastal changes. *Revista Geológica de Chile*, 1, 20, 15-22.

219. (en collaboration avec P. Trousset). L'extravagante aventure de la mer Saharienne. *L'Histoire*, 165, 14-22.
220. Le Chili, les milieux naturels. *Encyclopaedia Universalis*, vol. 5, 460-462.
221. La connaissance prospective du comportement évolutif du trait de côte : une donnée essentielle pour l'aménagement des espaces littoraux. *Aménagement littoral et évolution des côtes*, M. Berriane et A. Laouina édit., Comité National de Géographie du Maroc, Rabat, 15-19
222. *Geomorfologia de Chile semiarido*. Université de La Serena, Chili, 321 p.

1994

223. *Les littoraux, impacts des aménagements sur leur évolution* (2e édition entièrement révisée et augmentée). Masson, Paris, 256 p.
224. Les forêts de la mer. *Calypso Log*, 130, 4-6.
225. La cartographie prospective de l'évolution du trait de côte : un instrument indispensable pour l'aménagement des espaces littoraux. *Cahiers Nantais*, 41-42, 291-297.
226. Impacts sur les espaces côtiers d'une élévation du niveau de la mer. *Séminaire Eaux-Environnement*, 4, Ministère de l'Environnement, Paris, 105-112.
227. Le mur de l'Atlantique attaqué par la mer. *Le Monde*, 13 juillet, 13.
228. La Galite, île désertée. *Le Monde*, 28-29 août, 3.
229. (en collaboration avec J.A. Naranjo et C.F. Ramirez). Morphostratigraphic evolution of the northwestern magin of the Salar de Atacama basin (23°S-68°W). *Revista Geológica de Chile,* 21, 1, 91-103.
230. Le delta de la Medjerda (Tunisie) depuis l'antiquité. *Études Rurales*, 133-134, 15-29.
231. Connaissances actuelles sur les mécanismes sédimentaires littoraux. *Actes Conférence Internationale Érosion Côtière*, Observatoire de l'Environnement Littoral et Marin, Boulogne-sur-Mer, 7-23.

1995

232. (en collaboration avec P. Trousset). Formations quaternaires et carrières littorales antiques en Tunisie. *L'Homme méditerranéen*, Publications de l'Université de Provence, Aix-en-Provence, 57-66.
233. (en collaboration avec Y. Ota, T. Miyauchi et M. Koba) Plio-Quaternary marine terraces and their deformation along the Altos de Talinay, north-central Chile. *Revista Geológica de Chile*, 22, 1, 89-102.
234. Field meeting in the La Serena-Coquimbo Bay area (Chile). Livret-guide, PIGC, Projet 367, ORSTOM, Santiago-du-Chili, 69 p.
235. (en collaboration avec F. Chelbi et P. Trousset). La baie d'Utique et son évolution depuis l'antiquité : une réévaluation géoarchéologique. *Antiquités Africaines*, 31, 7-51.
236. Le Conservatoire du littoral confronté au problème de l'érosion marine. *Cahiers du Conservatoire du Littoral*, 7, 65-74.

1996

237. Upper Quaternary eolianites in coastal Tunisia: a review. *Z. Geomorph. N.F.*, Suppl.-Bd. 102, 135-149.
238. La restauration des plages et la réhabilitation des dunes littorales *Les Français dans leur environnement*, Nathan, Paris, 95-106.
239. Objectif dune! Une reconquête de la nature ? *Ateliers du Conservatoire du littoral*, Paris, 12, 1-7.
240. Littoraux, mers, océans. *Composantes et concepts de la géographie physique*, M. Derruau édit., Masson, Paris, 115-130.
241. *Atlas de las formas de relieve de Chili.* Instituto Geogràfico Militar, Santiago, Chili, 288 p.
242. Aménagement du littoral et protection de l'environnement en France. *L'Information Géographique*, 60, 157-166.
243. Les risques naturels sur les côtes : inondations, érosions et glissements. *Risques naturels, risques de sociétés*, A.S. Bailly édit., Economica, Paris, 35-49.

1997

244. (en collaboration avec A. P. Grootjans, P. Jones, F. van der Meulen, édit.). *Ecology and restoration perspectives of soft coastal ecosystems.* Opulus Press, Uppsala, 102 p.
245. (en collaboration avec F. Joly, G. Bocquet, M. Chardon, G. Kieffer et J. Vogt) France. *Geomophological hazards of Europe*, Elsevier, Amsterdam, 115-145.
246. (en collaboration avec P. Trousset). Évolution du littoral de la Tunisie depuis l'Antiquité. *La dynamique des paysages protohistoriques, antiques, médiévaux et modernes,* Centre de Recherches Archéologiques, CNRS, Sophia Antipolis, 413-430.
247. Typologie géomorphologique des milieux dunaires européens. *Biodiversité et protection dunaire*, J. Favennec et P. Barrère édit., Lavoisier, Paris, 198-219.
248. Protéger les plages. *Pour la Science*, 238, 25.
249. Cheminées de sable. *Pour la Science*, 239, 106-107.
250. (en collaboration avec H. Manriquez). Manejo del borde costero y desarrollo sustentable en Chile central (IV y V regiones). *Terra Australis*, 42, 73-89.

1998

251. Conséquences possibles sur les milieux littoraux de l'élévation du niveau de la mer prévue pour les prochaines décennies. *Annales de Géographie*, 600, 233-248.
252. La mer envahit la Petite Camargue. *Pour la Science*, 247, 22.
253. Les littoraux, impacts des aménagements sur leur évolution (3e édition revue et corrigée), A. Colin, Paris, 260 p.
254. Les dunes littorales de première ligne : un essai de terminologie. *Actes du séminaire sur les dunes de la zone côtière du Portugal,* Leiria, EUROCOAST-PORTUGAL, 49-63.

255. Réchauffement de la Terre et mythe du Déluge. *Le Monde*, 6 Juin, p. 15.
256. Le réveil des dunes. *Pour la Science*, 254, 29.
257. Impacts à attendre d'une élévation du niveau de la mer sur les côtes françaises. *Impacts potentiels du changement climatique en France au XXI° siècle,* Paris, Ministère de l'aménagement du territoire et de l'environnement, 46-53.
258. La crise des plages: pénurie de sédiments. *Mappemonde*, 52, 11-15.
259. (en collaboration avec L. Cuitiño et R. Petiot). Carácter relicto de la Gran Duna de Iquique, Región de Tatarapacá, Chile. *Revista Geológica de Chile*, 25, 2, 255-263.

1999

260. (en collaboration avec H. Manriquez). Ecosystem and legal framework for coastal management in central Chile. *Ocean & Coastal Management*, 42, 105-117.
261. (en collaboration avec F. Verger). Une tendance actuelle de la géographie des littoraux. *Revue de Géographie de Lyon*, 74, 1, 3-6.
262. Préface du livre de V. Cazes-Duvat *Les littoraux des îles Seychelles*, L'Harmattan, Paris.
263. Sauver les remparts d'Essaouira. *Les Cahiers d'Afrique du Nord*, 22, 48-53.
264. Cheminées de dissolution et éolianites du Pléistocène supérieur en Tunisie septentrionale. *Geoarqueologia i Quaternari Litoral. Memorial M.PFumanal.* Département de Géographie, Université de Valence, 5266, 375-379.
265. Contribuciones recientes al conocimiento del Cuaternario marino del centro y norte de Chile. *Revista de Geografía Norte Grande*, 26, 43-50.
266. (en collaboration avec L. Slim, M. Bonifay et P. Trousset). L'usine de salaison de Neapolis (Nabeul) : premier résultat des fouilles 1995-1998. *Africa*, 17, 153-197.
267. Le développement durable de la plage nord de Mahdia. *Développement durable en zone côtière*, Actes du séminaire international, Mahdia, Tunisie, 21-24 juin 1999, Paris, UNESC0, 171-175.

2000

268. La mer qu'on voit monter. *Libération*, 11 janvier, p. 5.
269. L'érosion des plages est due à un déficit naturel en sédiments. *Pour La Science*, 269, 21-22.
270. (en collaboration avec H. Manriquez, L. Cuitiño et R. Petiot). Características, origen y cronología de los cordones dunares de la playa de Santo Domingo, Región de Valparaíso, Chile. *Revista Geológica de Chile*, 27, 3-13.
271. (en collaboration avec P. Trousset). Histoire d'une utopie : la mer saharienne. *Les Cahiers d'Afrique du Nord*, 25, 3-13.
272. (en collaboration avec six auteurs). Recommendations. *Sea level change and coastal processes, implications for Europe*, Luxembourg, Communauté Européenne, 1-8.

273. (en collaboration avec C. H. Ovesen). The Normandy coast, source of inspiration for Monet. *Coastline*, 3, 8-11.
274. Dunes en liberté. *Pour La Science*. 278, 23-24.
275. Implications of accelerated sea-level rise (ASLR) for France. *Proceeding of SURVAS Expert Workshop on European Vulnerability and Adaptation to Impacts of Accelerated Sea-Level rise (ASLR),* A.C. de la Vega-Leinert, R.J. Nicholls et R.S.J. Tol (édit.), Université d'Hambourg et Université du Middlesex, 47-51.

2001

276. Dune management on the Atlantic coast of France. *Coastal dune management*, J.A. Houston, S.E. Edmondson et P.J. Rooney édit., Liverpool University Press, Liverpool, 34-40.
277. Le rempart historique d'Essaouira (anciennement Mogador), Maroc, au péril de la mer. *Eaux sauvages, eaux domestiquées*, V. Prosper-Laget (édit.), Publications de l'Université de Provence, Aix-en-Provence, 325-331.
278. Beach erosion and tourism on Jerba Island. *Coastline*, 1, 8-9.
279. Aspects de la recherche en géomorphologie littorale. *Géomorphologie : relief, processus, environnement*, 1, 3-4.
280*. Les milieux désertiques. *Pour la Science*, 284, 111.
281. L'Île de la Galite, la Belle au Bois Dormant. *Les cahiers d'Afrique du Nord*, 26, 39-43.
282. *L'élévation du niveau de la mer et les espaces côtiers.* Institut Océanographique, Paris, 191 p.
283. Et si on laissait faire la nature ? *Le Figaro*, 15 août, 8.
284. (en collaboration avec D. Moulis et J. Favennec). Synthèse des recherches en restauration : réhabilitation des systèmes dunaires. *Recréer la nature, réhabilitation, restauration et création d'écosystèmes*, J.L. Chapuis, V. Barre et G. Barnaud (édit.), Ministère de l'Aménagement du Territoire et Muséum d'Histoire Naturelle, Paris, 157-164.
285. (édit.). *Le changement climatique et les espaces côtiers.* Mission Interministérielle de l'Effet de Serre, Paris, 97 p.
286. Les plages et l'élévation du niveau de la mer : risques et réponses. *Le changement climatique et les espaces côtiers,* R. Paskoff (édit.), Mission Interministérielle de l'Effet de Serre, Paris, 14-19.
287. Le changement climatique, l'élévation du niveau de la mer et les espace côtiers : synthèse et perspectives. *Le changement climatique et les espacs côtiers,* R. Paskoff (édit.), Mission Interministérielle de l'Effet de Serre, Paris, 88-91.
288. Analogies entre les dunes littorales du nord-ouest du Portugal et celles du sud-ouest de la France. *Homagem (*in honorarium) *Professor Doutor Gaspar Soares De Carvalho*, Universidade do Minho, Braga, Portugal, 301-306.
289. Changement climatique : l'impact physique de l'élévation du niveau de la mer sur les côtes à lagunes, le cas du littoral du Languedoc. *Actes des tables rondes*

« Changements climatiques, fantasme ou réalité », Entente Interdépartementale pour la Démoustication, Montpellier, 31-35.

290. Pour une définition des falaises. Actes du colloque *les falaises de Picardie, état des lieux, enjeux, actions,* J.-M. Hoeblich (édit.), Pôle Universitaire Cathédrale, Amiens, 11-14.

2002

291. L'érosion des côtes : un phénomène naturel contre lequel il faut lutter avec discernement. *Espaces, Tourisme et Loisirs*, 191,19-22.

292*. La défense des côtes contre l'érosion. *Annales de Géographie*, 623, 95.

293. Effects of sea-level rise on coastal cities and residential areas. *Encyclopedia of Life Support Systems*, EOLSS Publishers Co. Ltd., Oxford, http: / / www. eolss.net.4

294. (en collaboration avec F. Verger). Travaux de recherche, aides à la décision. *Les Cahiers du Conservatoire du Littoral*, 13, 12-15.5

295. (en collaboration avec H. Manriquez, L. Cuitiño et R. Petiot). Nuevos antecedentes sobre la geomorfología del campo de duna colgadas de Concón (Provincia de Valparaiso, V Región, Chile central). *Terra Australis*, 47, 43-50.

296. (en collaboration avec V. Cazes-Duvat et P. Durand). Évolution récente des deux îles coralliennes du banc des Seychelles (océan Indien occidental) : Denis et Bird. *Géomorphologie*, 3, 211-222.

297. L'élévation du niveau de la mer : le mythe et la réalité. *La Géographie*, 1507, 65-71.

2003

298*. Recul des plages et aménagements. *Annales de Géographie*, 632, 442.

299. L'érosion des côtes : le cas des plages de l'île de Jerba (Tunisie). Actes du colloque *Gestion du risque eau en pays semi-aride*, Société Hydrotechnique de France", Tunis, 123-130.

300. L'élévation du niveau de la mer : le mythe et la réalité. *L'Homme et l'environnement*, J. Pérard et M. Perrot (édit.), Université de Bourgogne, Dijon, 277-288.

301. La conservation des dunes littorales implique-t-elle leur stabilisation ? L'exemple de la côte atlantique. *Nature Sciences Sociétés*, 11, 288-294.

302. La contribution des géographes naturalistes à la géographie des littoraux. *Oceanis*, 28, 1-2, 27-38.

303. (en collaboration avec A. Salman). EUCC support to Natura 2000 in France. Coastline, 3/4, 7-8.

304. (en collaboration avec L. Cuitiño et H. Manriquez). Origen de las arenas dunares de la región de Copiapó, Desierto de Atacama, Chile. *Revista Geológica de Chile*, 30, 2, 355-361.

2004

305. L'érosion des côtes : le cas des plages de l'île de Jerba (Tunisie) *La Houille Blanche*, 1, 48-51.
306. Le monastère de Saint Fulgence. *Les Cahiers d'Afrique du Nord*, 39, 40-42.
307. (en collaboration avec Virginie Cazes-Duvat). Les littoraux des Mascareignes entre nature et aménagement. L'Harmattan, Paris, 187 p.
308*. Gestion intégrée des zones côtières : outils et perspectives pour la préservation du patrimoine naturel. *Natures, Sciences, Sociétés*, 12, 106-107.
309*. Côtes et estuaires : milieux naturels. *Natures, Sciences, Sociétés*, 12, 107-109.
310. L'île de Djerba (Tunisie) et le développement durable : une vision de géographe. *La Géographie*, 1513, 27-34.
311. Potential implications of sea-level rise for France. *Journal of Coastal Conservation*, 20, 424-434.
312. *Jusqu'où la mer va-t-elle monter ?* Le Pommier, Paris, 60 p.
313. Les littoraux sableux et dunaires : de l'abondance à la pénurie en sédiments. *Géographies, Bulletin de l'Association de Géographes Français*, 81, 3, 371-382.
314. Tunisia. *The World's Coasts: Online* (TCO), Springer, Dordrecht, www.wkap.nl/subjects/TWCO
315. (en collaboration avec F. Costard et D. Ballereau). Glissements de terrain sur Mars et dans le désert d'Atacama. *L'Astronomie*, 118, 570-572.
316. *Las dunas de las costas de Chile* (en collaboration avec H. Manriquez). Instituto Geográfico Militar, Santiago du Chili, 112 p.
317. (en collaboration avec H. Slim, P. Trousset et A. Oueslati). *Le littoral de la Tunisie, étude géoarchéologique*. CNRS Editions, Paris, 508 p.

2005

318. A unique coastal dune in the Atacama desert: the Cerro El Dragón, Chile. *Journal of Coastal Research*, SI, 42, 63-67.
319. (en collaboration avec R. Morgan et P. Bull). Origin of the Cerro El Dragón dune, Iquique, Atacama desert, Chile. *Zeitschrift für Geomorphologie* 49, 2, 167-182.
320. Faulted coasts. *Encyclopedia of Coastal Science*, M.L. Schwartz (édit.), Springer, Dordrecht, 463-466.
321. Karst coasts. *Encyclopedia of Coastal Science*, M.L. Schwartz (édit.), Springer, Dordrecht, 581-586.
322. L'élévation attendue du niveau de la mer, scénarios d'évolution sur les côtes de France, *Découverte*, 326-327, 51-61.
323. (en collaboration avec C. Clus-auby et F. Verger). *Impact du changement climatique sur le patrimoine du Conservatoire du littoral, scénarios de d'érosion et de submersion à l'horizon 2100,* www.conservatoire-du-littoral.fr, 44 p.
324. (en collaboration avec V. Cazes-Duvat). L'érosion des plages de Maurice, *La Géographie,* 1517, 56-64.
325. *Les plages vont-elles disparaître ?* Le Pommier, Paris, 60 p.

326. (en collaboration avec C. Clus-Auby). Coastal change in France, *Coastline*, 1/2, 7.
327. (en collaboration avec N. Calderaro et C. Clus-Auby). Les lais et relais de mer. *Études foncières*, n° 117, sept-oct 2005, 17-21.
328. Caractérisation et gestion d'un type de dune littorale : les avant-dunes. *Sécheresse,* 16 (4), 247-253.
329. Progradation et érosion des plages depuis l'Holocène moyen. *Geomorfologia littoral i quaternari, Homenaje al professor Vicenç M. Rosello i Verger,* Universitat de Valencia, p. 325-331.
330. (en collaboration avec P. Sanlaville). The site of Qal at al-Bahrain and its relations with the sea, chap. IV *In* : Qal at al-Bahrain a trading and military outpost, Brepols Publishers.

2006

331. (en collaboration avec C. Clus-Auby et F. Verger). Le patrimoine foncier du Conservatoire du littoral et le changement climatique : scénarios d'évolution par érosion et submersion. *Annales de Géographie*, 648, 15-132.

2007

332. (en collaboration avec C. Clus-Auby). *L'érosion des plages : les causes, les remèdes.* Coll. Propos, Institut Océanographique, Paris, 184 p.

TABLE DES MATIERES

L'HARMATTAN, ITALIA
Via Degli Artisti 15 ; 10124 Torino

L'HARMATTAN HONGRIE
Könyvesbolt ; Kossuth L. u. 14-16
1053 Budapest

L'HARMATTAN BURKINA FASO
Rue 15.167 Route du Pô Patte d'oie
12 BP 226
Ouagadougou 12
(00226) 76 59 79 86

ESPACE L'HARMATTAN KINSHASA
Faculté des Sciences Sociales,
Politiques et Administratives
BP243, KIN XI ; Université de Kinshasa

L'HARMATTAN GUINÉE
Almamya Rue KA 028
En face du restaurant le cèdre
OKB agency BP 3470 Conakry
(00224) 60 20 85 08
harmattanguinee@yahoo.fr

L'HARMATTAN CÔTE D'IVOIRE
M. Etien N'dah Ahmon
Résidence Karl / cité des arts
Abidjan-Cocody 03 BP 1588 Abidjan 03
(00225) 05 77 87 31

L'HARMATTAN MAURITANIE
Espace El Kettab du livre francophone
N° 472 avenue Palais des Congrès
BP 316 Nouakchott
(00222) 63 25 980

L'HARMATTAN CAMEROUN
BP 11486
Yaoundé
(00237) 458 67 00
(00237) 976 61 66
harmattancam@yahoo.fr

597922 - Février 2015
Achevé d'imprimer par

1livre.com
du rêve à la réalité !

www.ingramcontent.com/pod-product-compliance
Lightning Source LLC
LaVergne TN
LVHW011151061026
849535LV00003B/694
* 9 7 8 2 2 9 6 1 3 2 6 4 1 *